식·물·도·감

꽃의 세계

The World of Flowers

사진·글 최 우 일

머리말

길이 있는 곳은 그 어디서나 꽃이 있고
꽃이 있는 곳에는 늘 사색과 성찰의 시간이 있다.
시인 김춘수는 한 송이의 꽃도 우리가 관심을 가지지
않을 때에는 그냥 자연의 몸짓에 지나지 않지만,
우리가 그 꽃에 대하여 관심을 가지면 그 꽃이 나에게로 와서
의미를 가지게 된다고 노래했다. 그렇다! 자연은 우리가
관심을 가지는 것만큼 우리에게 의미를 부여한다.
꽃은 우리가 생명 있는 것에 대하여 느끼는 경이와 환희
그 자체이다. 그 자태와 그 색깔과 그 느낌은 인간사의
다채로운 모습을 드러내는 듯하다. 우리는 한 송이의
들꽃을 들여다보면서 사람살이의 저 심연을 발견한다.
피고, 지고, 흔들리고, 스러지는 시간이 카메라 속에서
하나의 장면을 고정 되는 순간, 꽃은 온몸으로 자신의
존재를 밝힌다. 그 아름답고 소중한 순간들을 여기에
담는다. 이토록 자연의 건강한 생명력을 담아 낼 수
있는 것이 들꽃 촬영의 또 다른 매력이 아닌가 생각한다.
인고의 시간이 지나야 아름다운 꽃을 피운다는 자연의 질서를
보고 느끼고 배울 수 있도록 식물도감 형식으로 정리, 많은
사람들에게 무궁한 자연의 섭리와 아름다움을 전해 줄 것으로 확신한다.
이 책에서는 1,260여 종의 들꽃과 원예품종 꽃이 자라가는 면모와
생태, 그리고 꽃이 피어나는 과정 등, 꽃의 신비스런 면을
여러 각도에서 살펴보았다.
이 작은 책이 자연을 사랑하고 꽃을 사랑하는 사람들에게
꽃 촬영의 소중함과 가치를 전해주었으면 한다.
그들과 더불어 꽃의 신비를 만나는 작은 기쁨을 나눌 수 있다면
더 이상의 보람이 없을 것이다.
출간되기까지 주위에서 도와준 여러분들에게 감사드린다.

2020. 1
최 우 일

추천의 글

나의 살던 고향에는 봄, 여름, 가을, 겨울 내내 복숭아꽃, 살구꽃, 아기진달래 등 꽃들이 피고 진다. 아름다운 꽃과, 잎 그리고 열매와 향기를 지니는 식물은 자연 그 자체이며 미의 결정체이다. 늘 우리들의 삶의 보금자리를 편안하고 쾌적하게 해주며, 육체적이고 정신적인 건강을 유지시켜 주는 bio~energy를 제공해 준다.

꽃이 피는 나무를 꽃나무(woody floral plants)라 하고, 꽃이 피는 풀을 풀꽃(herba ceous floral plants)이라 한다. 산과 들에 피는 꽃들을 야생화(wild floral plants)라 하고, 우리나라에서 자라고 꽃 피는 풀꽃과 꽃나무들을 자생화(native floral plants)라 한다.

우리나라 야생화 사진작가 최우일 선생은 오랜 세월 동안 한반도의 산과 들에서 피고 지는 꽃들을 카메라에 담아 왔다. 그냥 담는 것이 아니라, 봄이 오고 여름이 가고, 겨울이 가고 봄이 오는 길목에서 수많은 꽃들과 대화를 하고 그들이 표현하는 노래와 이야기를 과학적이고 예술적으로 기록하고 연출하였다.

자연의 질서와 사계절 꽃들의 형태, 생리, 생태적인 특성을 관찰하고 그들의 습성을 날카로운 관찰력으로 분석하고 과학적으로 담고, 정리한 연출력에 다시 한번 감탄과 찬사를 보낸다.

평생을 꽃이 피고 지는 원리와 생리 · 생태적인 연구를 해온 전문 과학자 이상의 예리한 통찰로 꽃의 일생, 꽃의 세계, 꽃의 우주를 카메라에 담아 정리하였다.

인고의 시간이 지나야 아름다운 꽃을 피운다는 자연의 질서를 보고 느끼고 배울 수 있도록 도감 형식으로 정리한 이 책은 많은 사람들에게 무궁한 자연의 섭리와 아름다움을 전해 줄 것으로 확신하며, 출간을 다시 한번 진심으로 축하하는 바이다.

2020. 1

한국 화훼연구소장 농학박사

서 정 근

추천의 글

어떤 이득을 바라지 않고 그저 사진이 좋고 자연이 좋아 아름다운 자연을 찾아 일생 동안 찾아 다녔다 하면 바보가 아닌가 할 사람도 있을 게다. 그런 손가락질이 있는 것을 모르는 바 아니나 자연에서 얻는 위로와 기쁨이 훨씬 더 크다 하면 변명이 될 수 있을지. 아니 그런 바보임을 자연 속에 몰래 숨어들어 즐기는지도 모르겠다.

여기에 그런 사람을 한 명 더 들자면 바로 사진작가 최우일이다.

오십 여 년을 때로는 동료로 때로는 후배로 사진 인생을 같이 걸어왔기에 그와 나는 같은 세상을 살아왔고 앞으로도 그렇게 손잡고 갈 것이다.

그와의 인연은 대한민국 육군 본부 종군 사진작가 시절 때 그곳 보도부에서 만남으로 시작되었다. 그는 단국대학교에서 젊음을 보내면서 한 손에는 카메라를 들고 또 한 손으로는 사보 편집과 집필을 하며 자연을 소재로 많은 작품집뿐만 아니라 사진 촬영 입문서를 비롯하여 풍경사진과 인물사진을 위한 실용서 등 여러 권의 책을 출판하였다. 그는 왕성한 창작활동의 결실을 여러 차례의 개인전에서 발표하였으며, 다수의 공모전에서도 금상을 비롯해 많은 입상을 해왔다. 또한 한국사진작가협회 회원, 신상회 회장, 사단법인 한국식물사진가협회 회원으로 중진 사진작가로서의 화려한 입지를 착실히 다져왔다.

이번에 그가 야심 차게 준비한 『꽃의 세계』는 꽃에 관심이 많고 꽃을 사랑하는 많은 독자들에게 자연 속에서의 꽃의 진면목을 보여주리라 기대한다. 아울러 자연사진을 배우는 후배들에게도 많은 도움을 주리라 생각한다. 앞으로도 순수한 자연을 닮은 변함없는 바보 사진작가로서의 길을 끊임없이 뚜벅뚜벅 걸어가길 바라며 격려와 추천사를 대신하는 바이다.

2020. 1

한국사진작가협회 자문위원

송 기 엽

일러두기

❶ 이 책에는 우리나라 산과 들에서 흔하게 자라는 야생화, 원예종, 나무 꽃과 열매, 다육식물 등 1,780종이 수록되었다.

❷ 이 책에서는 우리나라 백두에서 제주 한라산까지 전국 어디에서나 흔하게 볼 수 있는 것과 원예종, 열대, 아열대의 관엽식물들이 자라가는 면모와 생태, 꽃의 신비스러운 면을 여러 각도에서 살펴보았다.

❸ 이 책에 수록된 식물이 초등학교, 중학교 학생들의 자연 학습 과정에 좋은 참고 자료가 되고, 야생화 촬영에 관심 있는 분들에게 도움을 주기 위해 사진적인 면에 치중하여 편집하였다.

❹ 이 책의 편집은 봄, 여름, 가을, 겨울에 피는 풀꽃과 나무에서 피는 꽃과 열매를 계절별로 구분하여 식물의 기본 생태와 꽃의 아름다운 이미지를 사진적으로 표현하는 데 주력하였다. 겨울꽃은 눈꽃으로 대신하였다.

❺ 식물의 설명문은 기본적인 식물 분류, 과(科), 학명 등 식물의 크기, 잎과 줄기의 모양, 꽃이 피는 시기, 활용성 등을 중심으로 일반 식물도감과 사진 자료에 충실하였고, 어려운 식물학 용어는 가능한 쉽게 이해할 수 있도록 풀어 놓았다.

❻ 부록에는 식물 사진의 이해를 돕기 위해 식물 용어 해설과 꽃과 잎의 구조와 모양, 꽃차례 등을 수록하였다.

Contents

두메양귀비와 일출(백두산 정상)

두메양귀비

Papaver radicatum Rottb, Var. Sendo~radicalum Kitam

두메양귀비 꽃은 강렬한 색깔을 발휘하여 벌과 나비 등 곤충을 기다리며 강인한 자태로 꽃을 피운다. 백두산 지역의 높은 산에서 두해살이풀로 노란색, 흰색 꽃이 핀다.

흰노루귀

흰노루귀

Hepatica asiatica Nakai

첫사랑, 그리움, 순결성 등 슬픔이 묻어 번지는 꽃, 이른 봄 언 땅을 뚫고 새싹이 나와 꽃을 피우는 강인한 식물 '흰노루귀'는 줄기에 솜털이 돋아나는 모습이 마치 노루귀 모양 같다하여 붙여진 이름이다.

할미꽃

할미꽃

Pulsatiia koreana Nakai

하얀 솜털을 뒤집어쓰고 태어난다. 양지바른 잔디밭이나 묘지 주위에서 자란다. 꽃은 자주색, 흰색, 노랑색 꽃이 핀다. 열매가 흰 깃털로 덮여 있는 것이 할머니 머리 모양 같다하여 '백두옹'이라고도 한다.

얼레지(소프트렌즈)

얼레지

Erythronium japonicum Decen

이른 봄 꽃대가 자라 홍자색 꽃이 고개를 약간 숙여 핀다. 저녁이 되면 꽃잎이 오므라든다. 잎 표면에 자주색의 얼룩무늬가 있어 붙여진 이름이 '얼레지'이다.

쥐손이풀

쥐손이풀

Geranium sibiricum Linné

잎자루가 길고 잎은 손바닥 모양으로 뾰족하다. 가지 끝에 연한 붉은색 또는 흰 꽃이 줄기 끝에서 핀다. '분홍쥐눈이', '털쥐눈이' 흰색으로 피는 '털쥐눈이풀' 등이 있다.

나도여로

나도여로

Zygadenus sibiricus A. Gray

우리나라 북부 지역과 중국 동북 지역에 분포되어 자란다. 꽃은 연한 황록색, 자주빛이 들기도 한다. 꽃은 10mm 정도로 총상화서를 이루며 핀다. 키는 20~30cm 정도 숲에서 자란다.

백두산 천지(두메양귀비 · 호범꼬리)

두메양귀비 · 호범꼬리

Papaver radicatum Rottb. Var. Seude~radicalum Kitam

백두산 지역의 높은 산에서 자라는 두메양귀비와 호범꼬리, 잎이 없이 꽃줄기에 노란 꽃이 핀다. 백두산 천지 주변에 어우러져 있는 이 꽃은 나비, 벌 등 곤충을 기다리며 강인한 자태로 꽃을 피운다.

벌노랑이

벌노랑이

Lotus corniculatus Linné

들의 밭뚝에서 20~30cm 정도 자란다. 노란색 또는 연한 주황색 꽃이 나비 모양으로 잎겨드랑이에서 1~4송이씩 핀다. 7~8월이면 타원형의 꼬투리 열매로 성숙된다.

각시투구꽃

각시투구꽃

Aconitum monanthum Nakai

주로 백두산 소천지 주변에 분포되어 자란다. 습기가 많은 고산지에서 자란다. 잎은 피침형, 원줄기 끝에 보라색 꽃이 1~3송이씩 핀다. 일명 '산투구꽃', '초우'라고 한다.

흰복주머니난

흰복주머니난

Cypripedium macranthum twartz

우리나라에 10여 종이 백두산을 비롯해 만주 일대에 해발 700~800m 언저리에서 서식한다. 복주머니난을 비롯해 왕복주머니난, 노랑복주머니난 등 교접에 의해 만들어진 얼치기복주머니난, 흰, 노랑 등 중간 형태의 개체들이 발견된다.

노랑복주머니난

노랑복주머니난

Cypripedium calceolus Linné

우리나라 북부 지역 산지에서 30~40cm 정도 자란다. 타원형의 잎은 아랫부분을 감싼다. 꽃 아래에 붉은색 반점이 있다. 복주머니난과 비슷하나 노랑꽃이 가지 끝에 2송이씩 핀다. 일명 '노랑개불알꽃'이라고 한다.

닭의장풀

닭의장풀

Commelina communis Linné

길가나 빈터에서 흔히 볼 수 있는 한해살이풀. 키는 25~50cm 정도, 잔잔한 하늘색 꽃이 7~8월에 핀다. 닭장 주변에서 흔하게 자란다 하여 붙여진 이름. 꽃잎이 닭벼슬 같다하여 '달개비'라고도 한다.

구슬붕이

구슬붕이

Gentiana squarrosa Ledebour

산기슭이나 들에서 자라는 2년초. 키는 5~10cm 정도 자란다. 줄기는 밀생하고 가지가 많이 갈라진다. 잎은 대생, 피침형, 끝이 뾰족하다. 꽃은 5~8월 연한 보라색, 꽃받침은 5갈래, 화관은 종 모양이다. 열매는 삭과, 긴 자루가 있다.

변산바람꽃

변산바람꽃

Eranthis byunsanensis B. Y. Sun

이른 봄 제주도 한라산, 지리산, 변산반도, 서해 풍도에 분포되어 자란다. 줄기 끝에 달리는 잎처럼 생긴 총포는 가늘게 갈라진다. 꽃받침은 흰색, 꽃밥은 연한 자주색 꽃이 핀다.

봄에 피는 풀꽃

봄은 어떤 발자국 소리를 내며 다가오는 걸까. 아마도 긴 겨울잠에서 깨어나 눈 속을 헤집고 피어나는 복수초, 노루귀, 깽깽이풀. 양지바른 곳에 피는 할미꽃, 솜나물들의 솟구치는 소리의 형상인 듯하다. 또한 그 소리와 향내는 우리의 마음을 들판으로 이끌어 간다. 겨우내 가둬 두었던 열정을 환하게 피워내는 꽃마을에서 우리의 정서를 고양시키고 삶의 환희를 느끼게 하는 가장 화려한 향연장이 될 것이다.

앉은부채

앉은부채잎

앉은부채

앉은부채 (천남성과)

Symplocarpus renifolius Schott ex Miq.

깊은 산골짜기의 습기 많은 응달에서 자라는 여러해살이풀. 키는 30~40cm 정도 자라고, 꽃은 4~6월에 핀다. 2~3월 꽁꽁 언 땅을 뚫고 올라와 잎보다 꽃이 먼저 핀다. 타원형의 꽃덮개 속에는 도깨비방망이 모양의 꽃이삭이 들어 있다. 꽃이 질 때쯤이면 뿌리에서 나는 부채 모양의 큰 잎이 돋는다. 가을이 되면 붉은색으로 열매가 성숙된다. 긴 겨울잠에서 깨어난 반달곰이 즐겨 먹는다.

애기앉은부채

애기앉은부채

애기앉은부채 잎

애기앉은부채 (천남성과)

Symplocarpus nipponicus Makino

산림에서 자라는 여러해살이풀. 뿌리에서 모여 나는 잎은 긴 달걀형, 6~7월에 3~5cm 정도의 줄기가 올라온다. 타원형 꽃덮개 속에 도깨비방망이 모양의 육수꽃차례가 들어 있다. 줄기 끝에 둥글게 모여 달리는 열매는 땅속에 묻힌 채로 자라 다음 해 꽃이 필 때쯤 아기 주먹 만한 크기로 성숙된다. 일명 '애기우엉취'라 한다.

처녀치마

처녀치마 잎

처녀치마

처녀치마 (백합과)

Heloniopsis koreana Fuse, N. S. Lee

산지의 습한 곳에서 자라는 늘푸른 여러해살이풀. 키는 20~40cm 정도 자란다. 뿌리줄기에 모여나는 뿌리 잎은 땅바닥에 방석처럼 펼쳐진다. 잎에는 광택이 난다. 4~6월에 자주색, 보라색 꽃이 핀다. 봄이 오기 전에 눈 덮인 언 땅을 뚫고 강인한 생명력을 자랑하며 자라는 대표적인 풀이다. 잎 사이에서 10~15cm의 줄기가 나와 그 끝에 3~10개의 자주색, 분홍, 보라색 꽃이 고개 숙여 핀다.

모데미풀

모데미풀의 어린싹

모데미풀

모데미풀 (미나리아재비과)

Megaleranthis saniculifolia Ohwi

깊은 산의 능선 근처에서 자라는 여러해살이풀. 키는 20~30cm 정도 자란다. 꽃이 핀 다음 손바닥 모양의 뿌리 잎이 돋아난다. 날카로운 톱니가 있다. 3~4월에 흰 꽃이 하늘을 향해 핀다. 잎이 나오기 전에 꽃이 먼저 핀다. 꽃 밑에는 총포가 크게 자라 잎처럼 보인다. 지리산 모데미 마을에서 처음 발견하여 붙여진 이름이다. 세계적으로 우리나라에서만 서식하는 한국 특산 식물이다.

흰노루귀

노루귀꽃망울

노루귀

노루귀 (미나리아재비과)

Hepatica asiatica Nakai

수줍음, 그리움, 첫사랑, 순결성 등 슬픔이 묻어 번지는 꽃. 이른 봄 언 땅을 뚫고 새싹이 나와 꽃을 피우는 강인한 식물. 낮에는 꽃잎을 펴고, 밤이 되면 꽃잎을 접어 자기 체온 관리에 철저하다. 3~4월에 잎이 나오기 전에 분홍색, 흰색, 보라색 꽃이 핀다. 이른 봄 새싹이 틀 때 꽃잎과 줄기에 솜털이 돋아나는 모습이 마치 노루귀 모양 같다 하여 '노루귀'라고 한다.

분홍노루귀

청색노루귀

분홍노루귀

분홍노루귀 (미나리아재비과)

Hepatica asiatica

여러해살이풀. 산과 들에 양지 바른 곳에서 자란다. 이른 봄에서 4월까지 흰색 또는 연한 분홍색 꽃이 잎보다 먼저 긴 꽃대 위에 1개씩 붙는다. 흰 털이 빽빽이 난다. 꽃잎 없고 꽃잎 모양의 꽃받침이 6~8개 있다. 꽃받침은 대부분 연한 자주빛이다. 열매는 수과로 털이 나며 6월에 총포에 싸여 성숙한다.

큰개불알풀

큰개불알풀

큰개불알풀

큰개불알풀 (현삼과)

Veronica persica Poiret

유럽이 원산으로 길가나 빈터에서 흔하게 자라는 한두해살이풀. 키는 10~30cm 정도 자란다. 가지에 부드러운 털이 있다. 세모진 달걀형의 잎은 줄기 밑 부분에서 마주나고, 윗부분에서는 어긋난다. 4~5월에 줄기 윗부분의 잎겨드랑이에서 나온 꽃자루에 하늘색 꽃이 핀다. 꽃잎에는 짙은 색깔의 줄무늬가 있다. 둥근 타원형의 열매에는 그물 무늬가 있다.

얼레지

눈 속의 얼레지

얼레지의 꽃

얼레지 (백합과)

Erythronium japonicum Decne

높은 산의 숲속에서 군락을 이루며 자라는 여러해살이풀. 이른 봄 25cm 정도의 꽃대가 나오고 그 밑에 2개의 잎이 수평으로 퍼진다. 4월에 홍자색 꽃이 고개를 약간 숙여 핀다. 꽃이 피면 꽃잎이 뒤로 말린다. 저녁이 되면 꽃잎이 오므라든다. 잎 표면에 자주색의 얼룩무늬가 있어 '얼레지'라고 한다. 잎은 나물로 먹고, 비늘줄기는 약용한다. 일명 '가재무릇'이라고 부른다.

복수초

눈 속에서 피는 복수초 꽃봉오리

복수초

복수초 (미나리아재비과)

Adonis amurensis Regel et Radde

계절의 시작을 알리며 깊은 산에서 피어나는 여러해살이풀. 키는 10~30cm 정도 자란다. 4월 초순 줄기 끝에 한 송이의 노란 꽃이 잎보다 먼저 핀다. 한낮에는 꽃잎이 벌어지고 저녁이 되면 오므라든다. 긴 잎자루 밑에는 녹색 턱잎이 있다. 결실은 5월에 하는데 열매가 꽃받침에 둥글게 모여 달린다. 생태의 지혜를 가진 풀이다.

복수초 꽃 피는 생태 과정

영원한 행복, 슬픈 추억 등의 꽃말을 지니고 있다. 추운 겨울이 채 끝나기 전에 눈 속에서 꽃을 피워낼 정도로 생명력이 강하여 붙여진 이름이 '복수초'이다. 일명 '복풀', '얼음새꽃'이라고도 한다. 위 6장의 사진은 한나절에 걸쳐 복수초의 꽃피는 생태 과정을 촬영한 것이다.

개복수초

개복수초

복수초

개복수초 (미나리아재비과)

Adonis amurensis Regel

여러해살이풀로 복수초와 닮았으나 복수초에 비해 꽃이 여러 송이가 핀다. 깃꼴겹잎의 작은 잎은 복수초보다 넓고 그 꽃받침이 꽃잎보다 좁다. 개화는 복수초와 같다. 3~4월에 피어 5월이면 진다. '가지복수초', '눈색이꽃', '복풀', '얼음새꽃', '원단화', '설연' 등 이름이 다양하다.

깽깽이풀

흰깽깽이풀

깽깽이풀

깽깽이풀 (매자나무과)

Jeffersonia dubia (Maxim.) Benth. et Hook. Fil. ex Baker et S. Moore

산지에서 자라는 여러해살이풀. 키는 20~30cm 정도 자란다. 4~5월에 잎보다 먼저 엷은 자홍색 꽃이 핀다. 때로는 흰 꽃이 핀다. 태양의 각도에 따라 꽃을 피우는 데, 오전에는 동쪽을 향하고, 낮에는 위를 보고, 저녁이면 서쪽을 향해 돌아간다.
씨앗에 당분이 많은 밀선이 있어 개미들이 씨앗이 먹이인줄 알고 자기 집으로 가져가 씨앗이 멀리 퍼지게 된다. 환경부 지정 멸종 위기 식물로 보호받고 있다.

섬노루귀

섬노루귀 어린 잎

섬노루귀 꽃봉오리

섬노루귀 (미나리아재비과)

Hepatica maxima Nakai

숲속의 그늘에서 자라는 여러해살이풀. 눈 속에서도 싱싱함을 유지하며 잘 자라는 풀이다. 줄기와 잎에 유난히 솜털이 많다. 4월이면 연분홍색 꽃이 잎보다 먼저 핀다. 햇빛이 나면 꽃잎을 펴고, 흐리거나 해가 지면 꽃잎을 닫는 지혜를 가진 꽃이다. 방추형의 열매는 검게 익는다. 일명 '큰노루귀'라고 한다. 한국 특산 식물이다.

연령초

연령초

연령초 (백합과)

Trillum kamtschaticum Pall.ex Pursh

높은 산 숲속에서 자라는 여러해살이풀. 크기는 30~40cm 정도 자란다. 5~6월에 넓은 잎 사이에서 자라는 짧은 꽃자루 끝에 1개의 흰 꽃이 핀다. 꽃잎과 꽃받침이 각각 3장인 것이 특색이다. 열매는 검은자주색, 뿌리는 약용하고, 일명 '흰삿갓풀', '큰연령초'라고 부른다.

머 위

머 위

점 머위

머 위 (국화과)

Petasites japonicus Maxi.

산과 들의 습기 있는 곳에서 자라는 여러해살이풀. 키는 10~20cm 정도 자라는데 꽃줄기가 잎보다 먼저 자라 그 끝에 둥글게 모여 핀다. 꽃은 4월에 암수딴그루에서 핀다. 암꽃은 흰색, 수꽃은 황백색이다. 꽃이 진 다음 30cm 정도 자란다. 6월이면 털이 달린 씨는 바람을 타고 퍼진다. 잎자루와 어린 잎은 식용한다.

변산바람꽃

변산바람꽃

변산바람꽃

변산바람꽃 (미나리아재비과)

Eranthis byunsanensis B.Y. Sun

숲속의 나무숲 가장자리에서 자라는 여러해살이풀. 키는 10cm 정도 자란다. 꽃자루는 1cm 정도이며 가는 털이 있다. 줄기 끝에 달리는 잎처럼 생긴 총포는 가늘게 갈라진다. 3월에 꽃받침은 흰색, 꽃밥은 연한 자주색 꽃이 핀다. 제주도 한라산, 지리산, 변산반도, 서해안의 풍도에 분포되어 자란다.

괭이눈

괭이눈

애기괭이눈

괭이눈 (범의귀과)

Chrysosplenium grayanum Maxin.

산과 들의 습한 곳에서 자라는 여러해살이풀. 키는 5~20cm 정도 자란다. 꽃이 진 다음 뻗어가는 가지가 자라면서 마디에서 뿌리를 내린다. 4~5월에 연한 황색 꽃이 핀다. 수술은 4개이고 꽃밥은 노란색이고, 꽃 옆쪽의 꽃싸개 잎도 노란색으로 보여 전체가 꽃처럼 보인다. 익은 열매를 햇빛 아래서 보면 꽃 모양이 괭이눈처럼 생겼다하여 붙여진 이름이다. 일명 '괭이눈물'이라고 한다.

산괭이눈

산괭이눈

산괭이눈

산괭이눈 (범의귀과)

Chrysosplenium japonicum

산기슭 응달의 습한 곳에서 자라는 여러해살이풀. 10~15cm 정도 자란다. 꽃이 진 다음 땅바닥 가까이에 작은 살눈이 생긴다. 뿌리에서 나오는 3~4개의 신장형의 뿌리잎은 가장자리에 톱니가 있다. 줄기에 어긋나는 2~3개의 잎은 가장자리에 톱니가 있다. 4~5월에 연한 황록색 꽃이 핀다.

산괴불주머니군락

산괴불주머니

산괴불주머니

산괴불주머니 (현호색과)

Corydalis Speciosa Maxim.

산기슭의 돌 틈이나 습한 곳에서 자라는 두해살이풀. 키는 40cm 정도 자란다. 줄기는 곧게 서고 속이 비였다. 줄기에 어긋나는 잎은 2회 깃꼴겹잎이고 좁은 타원형이다. 4~5월에 노란색 꽃이 총상꽃차례로 핀다. 돌이 많은 척박한 땅에서 잘 자란다. 일명 '산뿔꽃', '암괴불주머니', '국화황련'이라고도 한다.

현호색 (현호색과)

Corydalis turtschanovii Besser

숲속에서 자라는 여러해살이풀. 키는 20cm 정도 자란다. 4~5월에 연한 자주색, 또는 보라색 꽃이 줄기와 가지 끝에 5~10송이가 달린다. 물기가 많은 줄기는 약한 힘을 가해도 부러진다. 꽃 모양이 입술 모양으로 피는데, 뒷부분은 긴 꿀주머니로 되어 있다. 그리스어 'Corydalis' 우리말로는 종달새라는 뜻이다

현호색

왜현호색 (현호색과)

Corydalis ambigua Chamisso et Schleehtendal

산기슭에서 자라는 여러해살이풀. 키는 10~30cm 정도 자란다. 물기가 많은 줄기에 2개의 잎이 어긋난다. 잎 밑 부분에 포처럼 생긴 잎이 있다. 잎은 잎자루가 길고 1~3회 3출엽이다. 작은 잎은 긴 타원형으로 가장자리가 3개씩 갈라지고 끝이 둔하다. 4월에 입술 모양의 하늘색 꽃이 원줄기에 총상 꽃차례로 핀다. 일명 '산현호색'이라고 한다.

왜현호색

애기현호색

애기현호색 (현호색과)

Corydalis fumariaefolis Maxi.

산에서 자라는 여러해살이풀. 키는 20~30cm 정도 자란다. 현호색과 함께 자란다. 잎은 어긋나고 잎자루가 길며 1~2회 3출엽이다. 작은 잎은 깃골로 잘게 갈라진다. 갈래 조각은 선형이다. 4월에 줄기 끝에 자주색, 하늘색 입술 모양의 꽃이 핀다. 기다란 삭과 열매는 둥글고 검은색이고 씨는 광택이 난다. 잎과 줄기는 약용한다.

자주괴불주머니

자주괴불주머니 (양귀비과)

Corydalis incisa Persoon

주로 남부 지역의 산과 들의 나무 그늘의 축축한 곳에서 잘 자라는 월년초, 키는 30~50cm 정도 자란다. 잎은 호생, 깃꼴겹잎, 가장자리에 결각상의 톱니가 있다. 4월에 붉은 자주색 꽃이 총상화서를 이루며 핀다. 옛날 어린이들이 허리춤에 차고 노는 노리개이다. 뿌리와 전초는 약용한다.

바람꽃

바람꽃 (미나리아재비과)

Anemone narcissiflora Linne

우리나라 북부 지역의 높은 산지에서 자라는 여러해살이풀. 키는 20~40cm 정도 자란다. 뿌리줄기에서 모여 나는 뿌리 잎은 긴 잎자루에 손바닥 모양의 잎몸이 붙어 있다. 줄기 끝에 3개의 잎이 붙는데 갈래 조각은 다시 잘게 갈라진다. 잎몸은 뿌리잎과 비슷하고 갈래는 선형, 잎 가장자리에 작은 톱니가 있다. 7~8월에 줄기 끝에 2~3개의 흰 꽃이 산형꽃차례로 핀다. 타원형으로 생긴 열매에는 날개가 있다.

바람꽃

새바람꽃

암매화

흰암담초

암매화 (돌매화나무과)

Diapensia lapponicavar, obovata F, schmidt

멸종 위기 야생 생물 1급으로 보호받는다. 키는 10cm 정도 자란다. 나무들 가운데 가장 키가 작은 식물이다. 가지에는 가늘고 짧은 끈처럼 생긴 잎들이 빽빽하게 모여 난다. 6~7월에 가지 끝에 1송이씩 흰색 또는 연한 홍색 꽃이 핀다. 꽃이 매화나무 꽃처럼 생겨 '돌에 핀 매화'라는 뜻으로 돌매화나무라고도 한다. 한라산 꼭대기에서만 자생한다.

흰암담초 (현삼과)

Erinusalpinus Dr. Habnie

북아프리카, 유럽 알프스 중남부 원산, 상록 여러해살이풀. 이 꽃은 산악 지역 해발 600~2,200m 고지대에서 자란다. 키는 10~30cm 정도 자란다. 잎은 뿌리에서 뭉쳐나고 거꾸로 된 달갈형, 가장자리에 톱니가 있다. 4~5월에 흰색 또는 분홍 꽃이 취산화서를 이루며 핀다.

노랑제비꽃

노랑제비꽃

제비꽃 씨

노랑제비꽃 (제비꽃과)

Viola Xanthopetala Nakai

높은 산 중턱에서 자라는 여러해살이풀. 키는 10~20cm 정도 자란다. 뿌리 잎은 잎자루가 길며 심장형이고 가장자리에 물결 모양의 톱니가 있다. 4~6월에 줄기 끝의 두꺼운 잎 사이에 노란 꽃이 2~3송이씩 핀다. 결실은 8~9월에 한다. 어린 싹은 식용하고 주로 관상용으로 키운다. 일명 '노랑오랑캐꽃'이라고 한다.

제비꽃

제비꽃

흰제비꽃

제비꽃 (제비꽃과)

Viola mandshurica W. Becker

들과 산의 양지바른 곳에서 흔하게 자라는 여러해살이풀. 키는 10~20cm 정도 자란다. 줄기가 없이 뿌리에서 잎이 모여 자란다. 4월이면 줄기 끝에 자주색 꽃이 핀다. 꽃잎 안쪽에 흰색 바탕에 자주색 줄무늬가 있다. 강남제비가 돌아올 때 쯤 핀다하여 붙여진 이름. '오랑캐꽃', '장수꽃'이라고도 부른다.

호제비꽃 (제비꽃과)

Viola yedaensis Makino

산이나 들의 양지바른 풀밭에서 자라는 여러해살이풀. 뿌리줄기는 짧고 잎은 무더기로 모여 자라며 짧은 털이 있다. 잎은 길쭉한 세모꼴로 잎 가장자리에 물결 모양의 둔한 톱니가 있다. 4~5월에 잎 사이에서 나온 꽃 줄기에 자주색 꽃이 1개씩 옆을 향해 핀다. 꽃잎은 5장, 넓은 타원형, 열매는 삭과, 타원형이다. 제비꽃에 비해 잎은 좁고 짧다. 결실은 7~8월에 한다.

호제비꽃

흰젖제비꽃 (제비꽃과)

Viola lactiflora Nakai

산과 들에서 자라는 여러해살이풀. 줄기는 없고 잎은 여러 개가 뿌리에서 뭉쳐난다. 긴 삼각형의 뿌리잎은 잎자루가 길며 잎 가장자리에 톱니가 있다. 4월에 잎 사이에서 난 가늘고 긴 줄기 끝에 흰색 꽃이 핀다. 꽃잎에 자주색 줄기 무늬가 있다. 열매는 긴 타원형의 삭과로 익으면 세 갈래로 갈라지면서 씨가 퍼진다. 결실은 6~7월에 한다.

흰젖제비꽃

고깔제비꽃

고깔제비꽃 (제비꽃과)

Viola rossii Hemsley

산에서 자라는 여러해살이풀. 키는 10~15cm 정도 자란다. 땅위줄기는 없고, 땅속줄기가 통통하며 마디가 있다. 잎은 심장형이고, 가장자리에 톱니가 있고 양면에 털이 있다. 4~5월에 붉은색, 홍자색 꽃이 줄기 끝에 핀다. 꽃받침은 5장이고, 긴 타원형, 끝이 뭉뚝하다. 열매는 희미한 갈색 반점이 있는 삭과가 달린다. 잎이 나올 때는 말려 나오는데 그 모습이 고깔을 닮았다고 해서 '고깔제비꽃'이라고 한다.

태백제비꽃

태백제비꽃 (제비꽃과)

Viola albida Palibin

산기슭이나 숲에서 자라는 여러해살이풀. 키는 20~25cm 정도 자란다. 줄기는 없고, 밑둥에서 여러 개의 잎이 밀생한다.

잎은 긴 심장형, 가장자리에 톱니가 있다. 4~5월에 흰색 꽃이 핀다. 향기가 있다. 강원도 태백산에서 처음 발견된 종으로 본래는 한국 특산종이었으나 만주 등지에서 많이 발견되어 특산종에서 제외되었다. 여전히 희귀 식물로 분류하고 있다.

남산제비꽃 (제비꽃과)

Viola dissecta var. Chaerophylloides

산과 들의 응달에서 자라는 여러해살이풀. 키는 15cm 정도 자란다. 뿌리에서 모여나는 잎은 잎몸이 새의 깃털처럼 갈라진다. 4~5월에 꽃줄기 끝에 흰색 꽃이 옆을 향해 핀다. 꽃 뒷부분에 긴 꿀주머니가 있다. 이 꽃은 서울 남산에서 처음 발견되어 남산제비꽃이라고 한다.

남산제비꽃

잔털제비꽃 (제비꽃과)

Viola keiskei Miq

우리나라 중부 이남의 산지에 자라는 여러해살이풀. 키는 10~15cm 정도 자란다. 줄기가 없고 잎은 뿌리에서 모여난다. 잎에는 털이 많다. 잎 가장자리에 톱니가 있다. 4월에 잎 사이에 긴 꽃줄기 끝에 흰색 꽃이 핀다. 꽃잎 뒷부분에 기다란 꿀주머니가 있고 꽃잎 안쪽에 자주색 줄무늬가 있다. 일명 '둥근잎제비꽃'이라고 한다.

잔털제비꽃

민둥제비꽃

민둥제비꽃 (제비꽃과)

Viola phalacrocarpa Maximowicz

털제비꽃과 흡사한 꽃이 양지바른 들이나 구릉지에서 자라는 여러해살이풀. 줄기는 없고 잎은 좁은 난형, 심장형이다. 수술은 5개, 꽃받침은 삼각이나, 사각 모양, 톱니가 있다. 털제비꽃과 닮았으나 털이 없는 것이 다른 점이다. 4~5월에 홍자색 꽃이 줄기 끝에서 핀다.

털제비꽃

털제비꽃 (제비꽃과)

Viola phalacrocarpa Maximowicz

들판의 양지바른 쪽 구릉지에서 자라는 여러해살이풀. 전체에 거친 털이 있다. 줄기는 없고, 잎은 무더기로 나고 퍼진다. 가장자리에 물결 모양의 톱니가 있다. 잎자루는 3~10cm 정도 되고 심장형, 위쪽에 좁은 날개가 있다. 4~5월에 홍자색 꽃이 줄기 끝에 핀다. 꽃받침 잎은 넓은 피침형, 겹꽃잎의 아래에 털이 있다. 열매는 삭과로서 잔털이 빽빽이 난다.

애기금강제비꽃 (제비꽃과)

Viola yazawana Makino

경기도 명지산에서 발견한 여러해살이풀로 땅속줄기는 약간 굵고 옆으로 뻗는다. 잎은 금강제비꽃과 같이 양 가장자리가 안으로 말린다. 긴 심장형, 가장자리에 엉성한 톱니가 있다. 4~5월에 흰색 꽃이 핀다. '애기금강제비꽃'은 금강제비꽃에 비해 왜소해서 붙여진 이름이다.

애기금강제비꽃

한계령풀 (매자나무과)

Leontice microrhyncha S. Moore

높은 산 경사진 곳에서 자라는 여러해살이풀. 키는 30~40cm 정도 자란다. 뿌리가 콩나물처럼 긴 줄기 끝에 감자 모양의 괴근이 있다. 잎은 2회 3출 복엽이다. 4~5월에 원줄기 끝에 노란색 꽃이 핀다. 중부 이북 지역에 분포되어 자란다. 열매는 둥근 모양으로 성숙된다. 일명 '메감자'라고 한다. '한계령풀'은 설악산 한계령 능선에서 처음 발견하여 붙여진 이름이다.

한계령풀

큰괭이밥

괭이밥

덩이괭이밥

큰괭이밥 (괭이밥과)

Oxalis obtriangulata Maxim

깊은 산 숲에서 자라는 여러해살이풀. 키는 10~30cm 정도 자란다. 잎은 잎자루가 길고, 잎 가운데가 오목하게 들어간다. 4~5월에 잎보다 먼저 엷은 노란색 꽃이 핀다. 해가 지면 꽃잎이 오므라진다. 꽃받침에는 잔털이 있다. 결실은 7~8월이 되면 약 2cm 정도 되는 열매로 성숙된다.

앵 초

앵 초

흰앵초

앵 초 (앵초과)

Primula sieboldii E. Morren

산기슭이나 냇가의 습한 곳에서 자라는 여러해살이풀. 키는 15~40cm 정도 자란다. 전체에 부드러운 털이 있고 줄기는 곧게 선다. 뿌리에 모여나는 길쭉한 달걀형 잎은 잎면이 우글쭈글하고 잎자루는 길다. 4~5월에 꽃줄기 끝이 우산살 모양으로 갈라져 그 끝에 붉은 자주색 꽃이 핀다. 꽃이 아름다워서 관상용으로 많이 쓰이고, 뿌리는 '사포닌'이 들어 있어 약용으로 사용한다. 일명 '깨풀', '연앵초'로 부른다.

설앵초

설앵초 (앵초과)
Pirmula modesta Bisset et Moore

높은 산 바위틈에서 자라는 여러해살이풀. 일명 '눈깨풀'이라고 한다. 키는 15cm 전후로 자란다. 뿌리에서 모여나는 잎은 달걀형에 잎자루가 있다. 뒷면에는 연한 황색 가루로 덮인다. 5~6월에 홍자색 꽃이 산형꽃차례를 이루며 핀다. 열매는 삭과, 통형으로 가운데서 5개로 갈라진다.

큰앵초

큰앵초 (앵초과)
Primula jesoana Mig

높은 산의 습한 곳에서 자라는 여러해살이풀. 키는 20~40cm 정도 자란다. 잎은 뿌리에서 모여난다. 긴 잎자루 끝의 둥글넓적한 신장형 잎에는 톱니가 있다. 줄기에 부드러운 털이 가득 차 있다. 5~6월에 자홍색, 분홍색 또는 흰 꽃이 꽃줄기 위에 층층으로 5~6송이씩 핀다. 꽃받침은 통 모양이며 끝이 5갈래로 갈라진다. 열매는 삭과로 긴 타원이며 꽃받침보다 길다. 큰앵초는 잎이 둥글고, 설앵초는 잎이 좁으면서 꽃자루가 길다.

좀설앵초

좀설앵초

좀설앵초 (앵초과)

Prinula sachalinensis Nakai

우리나라 제주도 한라산과 경상남도의 해발 800m 이상의 고산지대, 백두산 소천지 주변의 이끼 낀 바위에서 다소곳하게 자라는 여러해살이풀. 키는 10cm 전후로 자란다. 잎은 근생엽이며 피침형, 끝이 둔하거나 뾰족하다. 잎 후면에 황백색 가루가 있다. 6~7월에 분홍색 꽃이 핀다. 설앵초에 비해서 작으므로 '좀설앵초' 또는 '애기눈깨풀'라고 한다. 흰 꽃이 피는 좀설앵초도 있다.

족두리풀

족두리풀 새싹

활짝 핀 족두리풀

족두리풀 (쥐방울과)

Asarum sieboldii Miq

산지의 숲에서 자라는 여러해살이풀. 키는 10~20cm 정도 자란다. 4월에 잎 사이에서 나온 짧은 꽃줄기 끝에서 족두리 모양의 홍자색 또는 흑자색 꽃이 수줍은 듯 옆을 보고 핀다. 이 꽃은 허리를 굽혀야만 꽃을 볼 수 있는데 드러내지 않고 소박하게 핀다. 꽃 모양이 여인들 머리에 쓰는 족도리 같다 하여 붙여진 이름이다. 일명 '개족도리', '섬족도리'라고도 부른다.

황족족도리풀 (쥐방울과)

Asarum sieboldii Miquel

숲에서 자라는 여러해살이풀. 잎은 심장형이며 줄기 끝에서 2장씩 자란다. 뒷면 맨 위에 잔털이 난다. 가장자리는 밋밋하다. 4~5월에 녹황색 꽃이 핀다. 족도리풀과는 격리되어 자라며 족도리풀과 닮았다. 백두산 쪽에 큰 군락을 이루고 자란다.

황족족도리풀

쇠뜨기 (속새과)

Equisetum arvense Linné

봄이면 들에서 쉽게 접할 수 있다. 습지나 건조한 곳에서 자란다. 땅속줄기가 길게 뻗어 번식한다. 포자가 달린 생식줄기가 이른 봄에 먼저 나와 뱀 대가리 같은 포자낭이삭을 만든다. 시들 무렵 녹색의 마디에 잎이 돌려나는 새 줄기가 난다. 영양체 줄기는 30~40cm 자라고 속이 비어 있다. 마디에 가지와 비늘 같은 잎이 윤생한다. 가지에 4개의 능선이 있고, 포자낭이삭은 긴 타원형이며 4개의 탄사가 있어 포자를 산포한다. 일명 '뱀밥', '필두채'라고도 한다. 소가 좋아하는 풀이라서 '쇠뜨기'라고 부른다.

쇠뜨기

솜나물

솜나물 (국화과)

Leibnitzia anandria (L.) Nakai

산과 들의 건조한 풀밭에서 자라는 여러해살이풀. 키는 봄에 피는 꽃은 10~20cm 정도 자라고, 가을에 피는 것은 30~60cm 정도 자란다. 봄에 피는 꽃은 거미줄 같은 흰털에 싸여 있다. 봄에 줄기 끝에 흰 꽃이 피는데 해가 지면 꽃이 오므라든다. 가을에 피는 꽃은 꽃잎이 벌어지지를 않는다. 이런 꽃을 '폐쇄화'라고 한다.

홀아비바람꽃

홀아비바람꽃 (미나리아재비과)

Anemone Koraiensis Nakai

산지의 숲속 습한 곳에서 자라는 여러해살이풀. 키는 7~8cm 정도 자란다. 뿌리잎은 잎자루가 길고, 잎몸은 5개로 갈라진다. 4~5월에 가지 끝에 흰 꽃이 1개씩 핀다. 독성이 강하며 희귀 멸종 위기 식물로 분류하고 있다. 일명 '홀바람꽃', '좀바람꽃' 이라고 한다. 이 꽃은 남성적인 명칭이 붙긴했지만 여러모로 여성적인 느낌을 풍기는 꽃이다. 속명이 아네모네로 (Anemone) 그리스어로는 '바람의 딸'을 뜻한다.

홀아비꽃대

홀아비꽃대 (홀아비꽃대과)

Chloranthus japonicus Sieb

산지의 숲속 응달에서 자라는 여러해살이풀. 키는 20~30cm 정도 자란다. 뿌리줄기의 마디에서 줄기가 돋아나 잎은 줄기 끝에 2장씩 마주 나는데 마디 사이가 짧아서 4장이 돌려난 것처럼 보인다. 꽃잎 가장자리에 날카로운 톱니가 있고 광택이 난다. 5~6월에 양성화로 이삭꽃차례에 흰색 솔 모양의 흰 꽃이 핀다. 수술대는 3개이며 씨방은 1실이 뒤쪽에 있다. 9~10월에 결실한다.

홀아비꽃대

돌단풍

돌단풍

돌단풍 (범의귀과)

Aceriphyllum rossii Engler

산기슭의 도랑이나 바위틈에서 자라는 여러해살이풀. 키는 20~30cm 정도자란다. 일명 '돌나리'라고 한다. 뿌리줄기는 바위 틈새로 뻗어 자란다. 손바닥 모양의 잎은 5~7개로 갈라지고 표면에는 광택이 나고 톱니가 있다. 5~6월에 꽃줄기 끝에 취산꽃차례에 흰 꽃이 촘촘히 모여 핀다. 단풍나무 잎과 비슷하고 바위 틈에서 자란다하여 '돌단풍'이란 이름이 붙게 되었다. 어린 잎은 식용한다. 정원의 돌 틈에 심어 가꾼다.

별꽃

별꽃

별꽃

별 꽃 (석죽과)

Stellaria media (L) Villars

전국적으로 분포하며 밭이나 길가에서 자라는 두해살이풀. 키는 10~20cm 정도 자란다. 줄기 밑에서 가지가 많이 나와 모여난 것처럼 보이고 줄기에 1줄의 털이 있다. 잎은 달걀형, 꽃은 가지 끝에 취산 꽃차례로 핀다. 씨방 끝에 3개의 암술대가 있다. 열매는 삭과, 씨는 납작한 신장형이고 8~9월에 결실한다. 어린 순은 식용한다. 전 세계적으로 가장 분포 지역이 넓은 식물 중 하나이다.

왕별꽃

큰개별꽃

개별꽃

왕별꽃 (석죽과)

Stellaria radicans linne

산지의 습한 곳에서 자라는 여러해살이풀. 키는 50~80cm 정도 자란다. 줄기 전체에 털이 있고, 잎은 피침형, 양면에 가는 털이 있다. 줄기 끝이나 잎겨드랑이에 흰색 꽃이 취산꽃차례를 이루며 핀다. 꽃자루는 꽃이 핀 다음 구부러지고 잎 모양의 포가 있다. 어린 순은 식용한다.

큰개별꽃 (석죽과)

Pseudostellaria palibiniana

여러해살이풀, 키는 10~20cm 정도 자란다. 줄기에는 흰 털이 있다. 잎은 마주나기며 주걱 모양 또는 거꾸로 세운 바소 꼴이며 털이 있다. 끝이 뾰족하며 가장자리는 밋밋하다. 꽃은 4~6월에 흰색 꽃이 위를 향해 핀다. 열매는 삭과로 둥글며 4개로 갈라지면서 종자가 나온다.

개별꽃 (석죽과)

Pseudostellaria heterophylla (Mig) Pax

꽃이 별처럼 생겼다고 해서 붙여진 꽃으로 산지의 숲에서 자라는 여러해살이풀. 키는 15~20cm 정도 자란다. 잎은 마주나고 4~5월에 가는 꽃자루 끝에 흰 꽃이 하늘을 향해 앙증맞게 핀다. 다섯 장으로 된 별꽃과 꽃잎은 같지만 별꽃의 꽃잎은 V자로 갈라져 모두 10장으로 보인다는 점이 다를 뿐이다. 결실은 6~7월 열매가 성숙된다. 어린 순은 나물로 먹는다.

삼지구엽초

붉은삼지구엽초

삼지구엽초

삼지구엽초 (매자나무과)

Epimedium koreanum Nakai

산지의 숲속에서 자라는 여러해살이풀. 키는 20~30cm 정도 자란다. 4~5월에 노란 꽃이 핀다. 한 포기에서 세 개의 가지가 나오고 가지마다 세 개의 잎이 달려 총 아홉 개의 잎이 달린다하여 붙여진 이름이다. 산양이 먹으면 음란해진다하여 '음양각'이라고도 한다. 또는 '신령비', '천량금', '선약초'로 부르기도 한다.

매발톱꽃

매발톱(흰 꽃)

매발톱꽃(노랑꽃)

매발톱꽃 (미나리아재비과)

Aquilegia oxysepala Trautv. et C.A. Mey.

산에서 자라는 여러해살이풀. 키는 40~60cm 정도 자란다. 가지 끝에 적갈색 꽃이 땅을 향해 핀다. 고산(백두산)에서 자라는 '하늘매발톱'은 보라색, 청남색의 꽃이 피고, 그 외 '노랑매발톱꽃', '흰매발톱꽃' 등이 있다. 위로 뻗은 긴 꽃뿔이 매의 발톱처럼 안으로 굽은 모양이어서 '매발톱꽃'이라고 한다.

산매발톱꽃

하늘매발톱꽃

산매발톱꽃

산매발톱꽃

산매발톱(하늘매발톱) (미나리아재비과)

Aquilegia flabellata Siebold et Zuccarini

높은 산 중턱 바위 근처에서 자라는 여러해살이풀. 일명 '하늘매발톱'이라고 한다. 키는 30~40cm 정도 자란다. 잎자루는 길고, 2회 3출의 작은 잎으로 핀 겹잎이다. 작은 잎은 삼각형 잎이다. 보라색, 짙은 하늘색 꽃이 원줄기 끝에 1~3송이씩 핀다.

할미꽃

할미꽃씨

할미꽃

할미꽃 (미나리아재비과)

Pulsatilla koreana Nakai

이른 봄 양지바른 잔디밭이나 묘지 주위에서 자라는 여러해살이풀. 키는 30~40cm 정도 자란다. 전체에 긴 털이 밀생한다. 4월초 하얀 솜털을 뒤집어쓰고 태어난다. 잎 뿌리에서 많은 잎이 무더기로 모여나와 비스듬히 퍼지는데 잎자루는 길고 5개의 작은 잎으로 된 깃꼴겹잎이다. 꽃은 자주색이지만 흰 꽃, 노랑 꽃도 핀다. 고산에서 자라는 '분홍할미꽃'과 제주도에서 자라는 '가는잎할미꽃', 그리고 강원도 정선 지역의

노랑할미꽃

노랑할미꽃 (미나리아재비과)

Pulsatilla Cemua sprengel

Var. Koreana(NAK) Y. Lee

산이나 들의 양지 바른 곳에서 자라는 여러해살이풀. 키는 30~40cm 정도 자란다. 전체에 잔털이 밀생한다. 잎자루가 길고, 5장의 작은 잎으로 된 깃꼴겹잎이다. 4~5월에 갈래꽃으로 긴 종 모양으로 아래를 향해 핀다. 할미꽃과 닮았으나 노란색 꽃이 피고, 잎도 노란 빛이 난다. 흰 꽃이 피는 할미꽃도 있다.

흰할미꽃

산할미꽃

산할미꽃 (미나리아재비과)

Pulsatilla nivalis Nakai

높은 산 양지에서 자라는 여러해살이풀. 키는 15~20cm 정도 자란다. 뿌리 끝에서 4~5개의 잎이 뭉쳐난다. 전체에 긴 털이 있고, 잎자루는 길다. 작은 잎으로 된 깃꼴겹잎은 2~3갈래로 갈라진다. 작은 잎은 달걀 모양의 댓잎 피침형이다. 6~7월에 긴 꽃줄기 위에 자주색 꽃이 한 송이가 아래를 향해 핀다. 한국 특산 식물이다.

가는잎할미꽃

가는잎할미꽃 (미나리아재비과)

Pulsatilla cernue Thunb.

일명 '일본할미꽃'이라고 한다. 산지의 양지에서 자라는 여러해살이풀. 키는 10~30cm 정도 자란다. 전체에 털이 밀생한다. 잎은 깃꼴겹잎, 작은 잎은 5장, 2~5갈래로 갈라진다. 4~5월에 긴 꽃줄기 위에 검은 자주색 꽃이 1송이씩 아래를 향해 핀다. 꽃은 종 모양이다. 꽃받침은 6장, 긴 타원형, 겉에 긴 흰 털이 밀생한다. 뿌리는 약용하고, 꽃은 관상용.

유채꽃

유채꽃

유채와 송아지

유 채 (십자화과)

Brassica campestris Linné

산과 들, 밭에서 심어 키우는 두해살이풀. 키는 100cm 전후 자란다. 4월 초에 가지와 원줄기 끝에 노란 꽃이 총상꽃차례로 핀다. 수술 6개 중 4개는 길고 2개는 짧다. 암술은 1개로 열매는 원기둥 모양에 씨는 검은색으로 성숙된다. 씨는 식용유로 이용된다. 우리나라 남해 지역과 제주도에서 많이 재배한다.

큰꽃으아리(원예종)

큰꽃으아리

큰꽃으아리

큰꽃으아리 (미나리아재비과)

Clematis patens C. Morren et DECAIS

산기슭의 양지바른 곳에서 자라는 갈잎덩굴나무. 키는 2~4m 길이로 뻗어 자란다. 다른 물체를 감아가면서 꽃이 핀다. 5월에 가지 끝에 연노란 색의 탐스러운 꽃이 핀다. 결실은 10월에 한다. 어린 순은 식용하고 관상용으로도 인기가 좋다. 다른 이름으로는 '좀으아리', '들으아리', '응아리'라고 한다.

으아리(원예종)

으아리(원예종)

으아리(원예종)

으아리 (미나리아재비과)

Clematis mandshurica MAX

원예종으로 산기슭 양지의 덤불 속에 나는 낙엽 덩굴나무. 길이는 1.5~3m 정도 자란다. 잎은 3장의 작은 잎으로 된 깃꼴겹잎, 후면에 잔털이 있다. 5월에 가지 끝에 남색, 분홍색, 흰 꽃이 핀다. 관상용으로 인기가 높다.

사마귀풀

사마귀풀 (닭의장풀과)

Aneilenia keisak HASS

논이나 습지에서 자라는 한해살이풀. 키는 20~30cm 정도, 줄기마다 수염뿌리를 내리며 퍼져 나간다. 줄기에 어긋나는 좁은 피침형 잎은 아랫부분이 잎집으로 되어 줄기를 감싼다. 잎겨드랑이에 연한 홍자색 꽃이 1개씩 앙증맞게 핀다.

땅채송화

땅채송화 (돌나물과)

Sedum oryzifolium Makino

섬 지역의 바닷가 바위 틈에서 자라는 여러해살이풀. 무리지어 자라는 줄기는 5~15cm 정도 자란다. 다육식물로 5~7월에 노란색 꽃이 핀다. 줄기는 옆으로 뻗어 자라고 꽃차례는 3개로 갈라진다. 수술은 10개 중 5개는 꽃잎 밑에 달린다. 꽃잎은 5장이고 넓은 피침형으로 끝이 날카롭고 뾰족하다.

노랑매미꽃

노랑매미꽃 (양귀비과)

Hylomecon vernalis Max.

숲속에서 자라는 여러해살이풀. 키는 20~30cm 정도 자란다. 줄기는 연하고 곧게 선다. 근생엽은 잎자루가 길고, 깃 모양이다. 작은 잎은 잎자루가 짧다. 가장 자리에 불규칙한 톱니가 있다. 4~5월에 줄기 끝에 노란색 꽃이 핀다. 일명 '피나물'이라고도 한다.

벌노랑이

벌노랑이 (콩과)

Lotus corniculatus Linné

들판의 숲이나 밭둑에서 자라는 여러해살이풀. 키는 20~30cm 정도 자란다. 5~8월에 노란색 또는 연한 주황색 꽃이 나비 모양으로 잎겨드랑이에서 나온 긴 꽃자루 끝에 1~4송이씩 핀다. 타원형의 꼬투리 열매는 7~8월이면 성숙된다. 뿌리는 약용하고 전초는 사료로 이용된다.

중의무릇

중의무릇 (백합과)

Gagea lutea (L.) KER~GAWL

산이나 들에서 자라는 여러해살이풀. 키는 15~20cm 정도 자란다. 칼 모양의 잎은 아랫부분이 꽃줄기를 감싸고 잎몸은 안쪽으로 비스듬이 휘어진다. 꽃잎과 수술이 6개씩이다. 4~5월에 노란색 꽃이 줄기 끝에 4~10송이가 산형꽃차례로 달려 핀다. 비늘줄기는 약용한다.

석잠풀

석잠풀 (꿀풀과)

Stachys japonica MIQ

산과 들의 습한 곳에서 자라는 여러해살이풀. 키는 30cm 정도 자란다. 줄기는 모가 지고 잎은 피침형이며 잎자루가 있다. 가장자리에 톱니가 있고 끝이 뾰족하다. 연한 자주색 꽃이 잎겨드랑이나 줄기 끝에 촘촘히 핀다. 화관은 통 모양이고 끝은 입술 모양이다. 상순 꽃잎은 원형이고 하순 꽃잎은 3갈래로 갈라진다. 꽃에는 짙은 붉은색 반점이 있다. 어린 싹은 식용한다.

등대풀

등대풀

등대풀

등대풀 (대극과)

Galarheeus helioscepea L.

숲에서 자라는 두해살이풀. 줄기는 30cm 정도 자란다. 꽃대를 자르면 유액이 나오고, 줄기에 어긋나는 주걱 모양의 잎은 잎자루가 없고 잎은 호생, 5월에 줄기 끝에서 암수한그루에 황록색 꽃이 핀다. 전가지와 잎은 약용한다. 유독 식물이다.

풍로초

칼잎매화

풍로초 (쥐손이풀과)

Geranium sibiricum

우리나라 산과 들에서 자라는 여러해살이풀. 키(줄기)는 30~80cm 정도 자란다. 잎은 마주나고 손바닥 모양으로 깊게 갈라진다. 양면에 털이 있다. 꽃은 6~8월에 연한 홍색 또는 홍자색 꽃이 1개씩 핀다. 꽃잎은 5개, 열매는 삭과이며 곧게 서고 5개로 갈라지며 긴 털과 잔털이 빽빽이 섞여있다. 일명 쥐손이풀이라고도 한다.

칼잎매화 (미나리아재비과)

Japanese apricot flower

여러해살이풀. 키는 40~60cm 정도 자란다. 줄기는 곧게 선다. 가지를 치며 잎이 난처럼 가늘고 아름답다. 노란색 꽃이 핀다. 자생지는 북부 지방 백두산 등 깊은 산에서 자생한다. 잎이 칼처럼 생겼고, 노란 꽃이 매화꽃과 비슷하여 '칼잎매화'라 한다. 이명으로는 '스위스난', '고산금매화', '금매초' 등이 있다.

꽃다지 (십자화과)

Draba nemorosa Linné

양지바른 곳에서 자라는 두해살이풀. 키는 15~20cm 정도 자란다. 전체에 별 모양의 털이 있고, 근생엽은 방석처럼 땅에 깔리며, 주걱 모양이다. 톱니가 조금 있다. 잎은 긴 타원형 가장자리에 톱니가 있다. 4~6월에 노란 꽃이 핀다. 꽃다지의 특징은 전체적으로 잔털이 수북하게 나 있다. 심지어 열매에도 털이 송송 나 있다. 털이 없는 열매는 '민꽃다지'라고 한다. 냉이와 함께 봄나물로 많이 이용한다.

꽃다지

꽃황새냉이 (십자화과)

Cardamine amaraeformis Nakai

높은 산 계곡 주변에서 자라는 여러해살이풀. 땅속에서 벋는 줄기가 있다. 줄기는 곧추서며 키는 20~25cm 정도 자란다. 잎은 피침형이고 가장자리에 밋밋하거나 거친 이 모양의 톱니가 있다. 5월에 흰색 꽃이 총상화서를 이루며, 십자 모양의 많은 꽃이 핀다. 꽃잎은 꽃받침잎보다 길다. 열매는 길이 3cm의 장각과로 위를 향한다. 어린 잎은 식용한다. 우리나라 전 지역에 자생한다.

꽃황새냉이

벌레잡이제비꽃

벌레잡이제비꽃 (통발과)

Pinguicala Vulgaris L. Var. macroceras HERD.

고산지대에서 자라는 여러해살이풀. 벌레잡이 식물이다. 키는 5~15cm 정도 자란다. 잎은 뿌리에서 모여나는 타원형으로 끝이 둔하고 가장자리는 밋밋하다. 점액을 분비하여 작은 벌레를 잡는다. 꽃은 밝은 자주색 꽃이 1개씩 핀다. 꽃부리는 제비꽃과 비슷하다. 수술은 2개이고 암술대는 짧다. 열매는 삭과로 연한 갈색으로 성숙된다. 식충 식물이다.

은방울꽃

은방울꽃 (백합과)

Convallaria majalis Linné

통풍이 잘 되는 숲에서 무리를 지어 자라는 여러해살이풀. 키는 20~30cm 정도 자란다. 긴 타원형의 뿌리 잎은 2~3장이 돋는다. 잎의 끝이 뾰족하고 가장자리가 밋밋하고 아랫부분이 좁아지면서 줄기처럼 된다. 5월에 흰 꽃이 피는데 2장의 잎 사이에 은방울 모양의 꽃이 꽃대 양쪽으로 조롱조롱 매달려 핀다. 향기가 좋아서 관상용으로 사용한다. 가을이 되면 열매는 둥글고 붉은색으로 성숙된다. 일명 '비비추', '초롱꽃', '오월화', '동구라이싹'이라고 부른다.

둥굴레 (백합과)

Polygonatum oderatum. Var. japonicum HARA.

산지나 들의 양지바른 곳에서 자라는 여러해살이풀. 키는 30~70cm 정도 자란다. 윗부분의 줄기가 둥글게 휘어진다. 5~6월에 잎겨드랑이에 종 모양의 백녹색 꽃이 매달려 핀다. 9~10월이면 둥근 열매는 검은색으로 성숙된다. 어린 잎과 뿌리는 나물로 먹는다. 다른 이름으로 '태양초', '괴불꽃', '옥죽'이라고 한다.

둥굴레

무늬둥굴레 (백합과)

Polygonatum odoratum(Mill) Druce Var. Pluriglorum (Miq.) ohwi for Varigatum.

산과 들에서 자라는 여러해살이풀. 키는 40~60cm 정도 자란다.

줄기에 6개의 능각이 있다. 끝이 비스듬이 처진다. 잎은 호생, 긴 타원형이며 잎자루는 없다. 꽃은 6~7월에 줄기 밑부분의 첫 잎과 둘째 잎 사이에는 피지 않고, 셋째부터는 여덟째 잎 사이의 겨드랑이에 한두 개가 핀다. 흰 꽃이 종 모양으로 핀다. 둥굴레와 닮았으나 잎 가장자리에 흰 무늬가 있다. 주로 관상용으로 심는다.

무늬둥굴레

복주머니난

자주복주머니난

복주머니난

복주머니난 (난초과)

Cypripedium macranthum Swartz.

우리나라 중부 이북 지역의 산지에서 자라는 여러해살이풀. 키는 30~40cm 정도 자란다. 근경은 짧고 굵은 수염뿌리가 많으며 줄기는 곧게 서고, 잎은 3~4장이 어긋나기하며 거친 털이 있다. 5~6월에 줄기 끝에 계란 크기의 커다란 꽃이 자주색 또는 연한 분홍색, 흰색, 노란색 등이 핀다. 일명 '개불알꽃'이라고 부른다. 꽃이 크고 아름답고 탐스러워 관상용으로 인기가 높다.

노랑복주머니난

장미빛복주머니난

연두색복주머니난

○ 노랑복주머니난 (난초과)

Cypripedium calceolus Linné

우리나라 북부 지역 산지에서 자라는 여러해살이풀. 키는 30~40cm 정도 자란다. 타원형의 잎은 밑부분이 줄기를 감싼다. 줄기 윗부분에는 잎 같은 포가 1~3개 있다. 꽃 아랫부분에 붉은색 반점이 있다. 복주머니난과 비슷하나 노랑 꽃이 가지 끝에 2송이씩 핀다. 일명 '노랑개불알꽃' 또는 '큰자낭화'라고 한다.

큰복주머니난

얼치기복주머니난

복주머니난

노랑복주머니난

흰복주머니난

연두복주머니난

ㅇ 개불알꽃속(복주머니난속) 식물들

Cypripedium Linné

복주머니난속에는 북반구 온대에 약 40여 종이 있으며, 우리나라에는 10여 종이 분포되어 있다. 백두산을 비롯한 만주 일대에는 수많은 개불알꽃속 난초들이 해발 800~900m 언저리에서 자라고 있다. '털복주머니난'을 비롯하여 '복주머니난', '양머리복주머니난', '왕복주머니난', '겨자복주머니난', '자주색복주머니난', '노랑복주머니난'이 자라고 있으며, 교접에 의해 만들어진 '얼치기복주머니난',

흰복주머니난

미색복주머니난

자주색복주머니난

왕복주머니난

얼치기복주머니난

얼치기복주머니난

'흰노랑복주머니난'과 같은 중간 형태의 개체들이 많이 발견된다. 꽃에서 악취가 진동하기 때문에 '까마귀오줌통'이라고도 하고 가운데 구멍이 뚫려 있어 '요강꽃'이라고도 한다. 그 밖에 '개불알꽃', '작련화' 등 다양한 이름이 있다. 한반도에서 가장 아름다운 꽃의 하나로 일컬어지는 개불알꽃속의 식물들을 촬영할 때는 언제나 즐겁다.

털복주머니난

털복주머니난

털복주머니난

털복주머니난 (난초과)

Cypripedium guttarum Swartz

백두산 주변에서 자라는 여러해살이풀. 키는 20~30cm, 꽃대 전체에 솜털이 있다. 5~6월에 가지 끝에 1송이씩 화려한 색깔과 무늬를 가지고 핀다. 복주머니난과 같이 꽃에 뚜껑이 있다. 뚜껑이 닫혀 있다면, 이 꽃은 꽃가루받이가 끝났다는 신호일 것이다. 또 다른 특징은 황백색 꽃 바탕에 검은 자주색 반점이 있어 더욱 화려함을 보여준다.

광릉요강꽃

광릉요강꽃(광능복주머니난)(난초과)

Cypripedium japonicum Thunberg

여러해살이풀. 근경은 옆으로 뻗고 키는 20~30cm 정도 자란다. 잎은 대생, 줄기 끝에 2장이 붙고 부채 모양이다. 맨 위에 약간의 털이 있고, 주름져 있다. 4~5월에 연한 황록색 바탕에 홍자색 맥이 있는 꽃이 핀다. 입술 꽃잎은 주머니 모양이고, 꽃줄기에 많은 털이 있다. '광능복주머니난'이라고도 한다.

광릉요강꽃

고비

고 비 (고비과)

Osmunda japonica Thunberg.

산지의 평편한 숲에서 자라는 여러해살이풀. 3~5월에 어린 싹은 잎이 얇고, 적갈색 솜털로 덮여 자라다가 잎이 핀 다음에는 솜털이 없어진다. 대가 20~30cm 정도 자란다. 잎은 두 가지형으로 피침형, 긴 피침형으로 끝이 뾰족하고 가장자리에 톱니가 있으며 Y자 모양으로 갈라진다. 기부는 비스듬하고, 성숙한 잎은 광채가 나고 포자엽은 영양엽이 둘러난 가운데 나며 곧게 서고 자루가 있다. 관상용으로도 심고 식용, 약용한다.

우산나물

우산나물 (국화과)

Syneilesis palmata (Thunb.) Maxim.

산지의 숲속에서 자라는 여러해살이풀. 키는 50~100cm 정도 자란다. 줄기에 2~3개의 잎이 어긋난다. 밑부분의 잎은 잎자루가 길며 밑부분이 줄기를 둘러싸며 둥근 잎몸이 7~9개로 깊게 갈라진다. 잎 가장자리에 톱니가 있다. 줄기 끝에 연한 홍자색 꽃이 핀다. 봄에 나오는 잎이 우산 같은 모양으로 자라기 때문에 붙여진 이름이다. 새순은 나물로 먹는다. 일명 '삿갓나물' 이라고 한다.

산고사리

음양고비

산고사리 (우드풀과)

Athyrium alpestre Rylands

습기가 있는 숲에서 자라는 여러해살이풀. 키는 40~70cm 정도 자란다. 잎은 총생하고, 전체에 털은 없다. 잎가장자리에 가시와 같은 톱니가 있다. 어릴 때에는 비늘 조각이 드문드문 있다. 잎몸은 긴 타원형, 3회 깃꼴로 갈라진다. 포자낭군은 원형이고, 간혹 타원형도 있다.

음양고비 (고비과)

Osmunda claytoniana Linne

일명 '개고비'라고 한다. 습지에서 자라는 여러해살이풀. 키는 50cm 정도 자란다. 잎은 어릴 때는 연한 자갈색, 회색 털이 있으나 바로 떨어진다. 잎자루는 잎몸보다 짧다. 잎은 흰빛이 도는 녹색으로 1회 깃꼴도 갈라진다. 영양엽의 길이 30~40cm, 너비 15~25cm, 포자엽은 영양엽의 1/3 아래에 달린다. 포자낭은 흑갈색이다. 포자기는 5~7월이다.

꿩고비

꿩고비 (고비과)

Osmunda cinnamomea Linné

산기슭 그늘 지역 습기가 많은 곳에 뭉쳐서 자라는 여러해살이풀. 잎은 두 가지형으로 어린 순은 적갈색 솜털로 덮여 나오다가 성숙하면서 털이 없어진다. 영양엽은 누런색으로 끝이 뾰족하다. 아랫부분은 다소 좁아지고, 연한 종이질이며 자루가 없고 뾰족하다. 열편은 끝이 둥글고 가장자리가 밋밋하다. 잎맥은 Y자 모양으로 갈라진다. 키는 40~80cm 정도 자란다. 식용과 약용, 관상용으로 이용한다.

미역고사리

미역고사리 (고란초과)

Polypodium vulgare L.

상록다년초. 바위틈이나 나무줄기에 붙어서 자란다. 엽신은 난상 타원형으로 털이 없고, 비늘조각이 일생하며 비늘조각은 피침형으로 갈색이다. 깃 조각은 선상 긴 타원형으로, 가장자리에 뚜렷하지 않은 잔 톱니가 있고, 끝이 둔하고 양면이 모두 뚜렷하지 않다. 일본, 중국과 한국에는 경상북도 울릉군에 분포한다.

청나래고사리 (우드풀과)

Matteuccia struthiopteris (L.) Todaro

습기가 있는 숲속에서 자라는 여러해살이풀. 줄기는 곧게 서고 잎은 다보록이 나고, 잎자루는 단면이 평평한 삼각형, 피침형이다. 영양엽의 잎몸은 끝이 뾰죽하고, 1회 깃골로 갈라진다. 열편은 긴 타원형, 좁은 난형, 물결 모양의 잔톱니가 있다. 포자엽은 가을에 나온다. 잎자루가 잎몸보다 짧고 표면에 넓은 흠이 있다. 포자기는 9~11월, 일명 '포기고사리'라고 한다.

청나래고사리

고양이발톱고사리 (넉줄고사리과)

Davallia mariesii Moore ex Baker

바위 위나 나무에 붙어 자라는 여러해살이풀. 키는 16~20cm 정도 자란다. 잎은 넓은 삼각형, 3~4회 깃 모양으로 깊게 갈라지며. 긴 타원형 또는 댓잎피침형으로 끝이 뾰족하다. 5~6월에 포자가 달리는데 포자주머니들은 마지막으로 갈라진 잎 조각의 잎맥 끝에 1개씩 달려 6~7월에 영근다. 남부와 중부 지방에 분포한다. 관상용, 약용으로 사용한다.

고양이발톱고사리

갈퀴나물

갈퀴나물 (콩과)

Vicia amoena Fischer

들에서 자라는 덩굴성 여러해살이풀. 길이는 60~150cm 정도 자란다. 줄기는 모가 나 있다. 잎은 깃꼴겹잎, 끝에 덩굴손이 있다. 타원형이며 피침형으로 끝이 뾰족하다. 홍자색 꽃이 총상꽃차례를 이루며 핀다. 일명 '말굴데풀'이라고 한다.

가는칼퀴나물

가는칼퀴나물 (콩과)

Vicia angustipinnata Nakai

들에서 자라는 두해살이풀. 키는 70~80cm 정도 자란다. 잎은 짝수 깃꼴겹잎이고 줄기 끝에 덩굴손의 흔적이 남아 있고 턱잎은 피침형이다. 5월에 잎겨드랑이에 나비 모양의 보라색 꽃이 핀다. 열매는 협과, 납작하고 길이는 4~5cm 가량 된다. 일명 '가는 말굴레풀'이라고 한다

등갈퀴나물

등갈퀴나물 (콩과)

Vicia cracca Linné

들이나 산기슭에서 자라는 덩굴성 여러해살이풀. 길이는 100~120cm 정도 자란다. 잎은 깃꼴겹잎, 끝에 갈라진 덩굴손이 있다. 작은 잎은 피침형이고 양끝이 좁다. 5~6월 잎겨드랑이에 남자색 꽃이 핀다.

바위말발도리

바위말발도리 (범의귀과)

Deutzia prunifolia Rehder

산기슭의 바위가 많은 곳에서 자라는 낙엽관목. 키는 100cm 정도 자란다. 잎은 난형, 타원형, 양 끝이 뾰족하다. 가장자리에 톱니가 있다. 4~5월에 흰 꽃이 산방화서를 이루며 햇가지에 핀다.

꽃고비

꽃고비 (꽃고비과)

Polemonium raecmcsum(Regel) Kitamura

우리나라 북부 지역 높은 산에서 자라는 여러해살이풀. 키는 60~90cm 정도 곧게 자란다. 잎은 깃꼴겹잎으로 6~12쌍의 작은 잎이 마주 붙는다. 작은 잎은 달걀형으로 끝이 뾰족하다. 줄기 끝에 원추꽃차례에 자주색 꽃이 핀다. 흰색 또는 보라색 꽃이 피는 것도 있다.

쥐오줌풀

쥐오줌풀 (마타리과)

Valeriana fauriei Briquet

산지의 습기가 많은 그늘에서 자라는 여러해살이풀. 키는 40~80cm 정도 자란다. 줄기는 곧장 서고, 마디에 흰털이 있다. 잎자루는 길고, 깃꼴겹잎에 가장자리에 톱니가 있다. 5~8월에 연분홍, 흰색 꽃이 산방꽃차례로 핀다. 개량된 원예종의 뿌리는 약용하고, 어린 잎은 식용한다.

기린초

기린초

기린초

기린초 (돌나물과)

Sedum kamtschaticum Fischer

산과 들의 밭이나 바위틈에서 자라는 여러해살이풀. 키는 10~20cm 정도 자란다. 뿌리는 비대하고 줄기는 밀생한다. 잎은 호생, 넓은 피침형, 끝이 둥근 모양이고 양면에 털이 없으며 가장자리에 둔한 톱니가 있다. 긴 타원형 잎은 통통한 육질로 물기가 많다. 자잘한 노란 꽃이 모여 커다란 송이로 핀다. 일명 '각시기린초', '넓은잎기린초'라고도 한다. 어린 잎은 식용한다.

섬기린초

섬기린초 (돌나물과)

Sedum takesimense Nakai

섬 지역에서(울릉도) 자라는 여러해살이풀. 키는 30~50cm로 비스듬이 자란다. 줄기에 어긋나는 주걱 모양의 잎은 통통한 다육질로 가장자리에 둔한 톱니가 있다. 줄기 끝에 노란색 꽃이 모여 핀다. 꽃잎은 5장으로 이루어졌다.

바위채송화

바위채송화 (돌나물과)

Sedum polytrichoides Hemsley

산기슭의 바위 틈에서 자라는 여러해살이풀. 키는 옆으로 뻗으면서 10~15cm 정도 자란다. 줄기에 촘촘히 어긋나는 통통한 다육질이다. 꽃은 가지 끝에 취산꽃차례에 자잘한 노란색 꽃이 촘촘히 모여 핀다. 포는 꽃보다 다소 길고 꽃받침 조각과 꽃잎은 5개씩이다. 수술은 10개, 꽃잎보다 짧다. 열매는 골돌과로서 5개다. 한국, 일본, 중국 등지에 분포한다.

지 황 (현삼과)

Rehmannia giutinoss (Gaertner) Liboschitz

여러해살이풀. 키는 20~30cm 정도 자란다. 뿌리잎은 뭉쳐나고 긴 타원형인데 끝이 둔하고 밑이 좁아진다. 가장자리에 톱니가 있다. 줄기에 달린 잎은 어긋난다. 홍자색 꽃이 꽃줄기 끝에 총상화서를 이루며 핀다. 줄기에는 잎처럼 생긴 꽃턱잎이 달리며 전체적으로 끈적끈적한 털이 빽빽하게 난다. 꽃부리는 통 모양이다.

지황

광대나물 (꿀풀과)

Lamium amplexicaule Linné

밭이나 길가에서 자라는 월년초. 키는 15~30cm 정도 자란다. 줄기는 네모지고 자주빛이 난다. 잎자루가 길고 둥근 모양 잎은 심장형, 가장자리에 톱니가 있다. 4~5월에 붉은 꽃이 잎겨드랑이에 핀다. 어린 식물체는 식용하고 전초는 약용한다. 일명 '작은잎광대수염'이라고도 한다.

광대나물

광대수염

광대수염 (꿀풀과)

Lamium album Linné

전국적으로 분포되어 산기슭의 그늘진 곳에서 자라는 여러해살이풀. 키는 20~50cm 정도 자란다. 줄기는 네모지고, 심장형, 가장자리에 땅속줄기에서 나온 원줄기는 네모지고 잎은 난형으로 양면에 털이 약간 있다. 연한 홍자색 꽃이 잎겨드랑이에 3~6송이씩 핀다.

섬광대수염

섬광대수염 (꿀풀과)

Lamium takesimense Nakai

산기슭에서 자라는 여러해살이풀. 키는 60~100cm 정도 자란다. 줄기에 모가지고 털은 없다. 잎은 대생, 잎자루는 짧다. 끝이 길고 뾰족하다. 가장자리에 굵은 톱니가 있고 긴 털이 퍼져 있다. 5~6월에 흰색, 분홍색 꽃이 잎겨드랑이에 핀다. 광대수염과 비슷하다.

박새

박새 잎

박새

박 새 (백합과)

Veratrum oxysepalum Turcz.

깊은 산 습한 곳에서 자라는 여러해살이풀. 키는 60~150cm 정도 자라며 줄기의 속은 비어 있다. 줄기에 어긋나는 타원형 잎은 세로로 주름이 지며 줄기를 감싸준다. 주로 무리 지어 자란다. 꽃은 줄기 끝의 원추꽃차례에 녹색이 도는 흰 꽃이 촘촘히 모여 핀다. 열매는 익으면 세 조각으로 벌어진다. 독성이 강해 벌레 잡는 살충제로 사용한다.

보춘화

두화소심

복륜화

보춘화꽃속 (난초과)

Cymbidium Swartz goeringii Reichb. fil.

남부 지역의 산의 숲에서 자라는 늘푸른여러해살이풀. 뿌리가 통통한 다육질로 흰색이다. 키는 30~40cm 정도 자란다. 3~4월 잎 사이에 10~20cm 정도의 꽃대가 나와 그 끝에 1~2개의 연한 황록색 꽃이 핀다. 향기가 있고 일명 '춘란'이라고 한다. 관상용으로 화분에 심어 가꾼다.

황 화 (난초과)
Cymbidium goeringii Reichb. fil

난초과에 속하는 늘 푸른 여러해살이풀. 흔히 보춘화로 불리며, 동양란을 대표하는 품종이다. 뿌리는 굵은 우동 가락 같은 것이 잎으로부터 사방으로 퍼져 자란다. 전체적인 윤곽이 뚜렷하고 꽃대도 우뚝 솟아 선비의 굳은 절개를 나타내 주고 있다. 꽃은 여름에 화아가 분화되어 이듬 해 3~4월경에 연한 황록색 꽃을 피운다. 원예화된 돌연변이종으로 인기가 높다.

황화

풍 난 (난초과)
Neofinetia fulcata (Thunb.) Hu

나무줄기와 바위 틈에 붙어서 자라는 늘 푸른 여러해살이풀. 줄기는 짧고 두꺼우며 구부러지고 수개의 잎이 좌우에서 서로 마주보고 자란다. 꽃줄기는 3~10cm 정도 자란다. 밑부분에서 끈 같은 뿌리가 자란다. 넓은 선형잎은 2줄로 마주 안으며 윗부분은 뒤로 젖혀지고 밑에 고리마디가 있다. 3~5개의 흰 꽃이 총상꽃차례로 핀다. 향기가 좋으며, 혀 모양의 입술 꽃잎은 3개로 갈라지고 다육질이다. 꿀주머니는 선형이며 밑으로 굽는다. 일명 '소엽풍란'이라고 한다.

풍난

손바닥난초

흰손바닥난초

손바닥난초 (난초과)

Gymnadenia conopsea (L.) R. Brown

고산 지역 숲에서 자라는 여러해살이풀. 키는 30~50cm 정도 자란다. 잎은 긴 타원형이며 넓은 피침형이다. 담홍색 꽃이 이삭꽃차례를 이루며 핀다. 입술꽃잎은 원형으로 끝이 3갈래로 갈라진다. 결실은 9월에 한다. 제주도 한라산, 지리산 북부 지역과 백두산에 분포되어 자란다.

흰손바닥난초 (난초과)

Gymnadenia conopsea Linné R. Brown for. albiflora Y. Lee

우리나라 북부 지역의 고산에서 드물게 자라는 여러해살이풀. 키는 30~50cm 정도 자란다. 뿌리가 손바닥 모양이고 잎은 긴 타원형이며 넓은 피침형이다. 입술꽃잎은 원형으로 끝이 3갈래로 갈라진다. 흰 꽃이 이삭꽃차례를 이루며 핀다. 결실은 9월에 한다.

금새우난

여름새우난초

새우난초

금새우난 (난초과)

Calanthe Sieboldii Decaisne

우리나라 남부 지역의 숲에서 자라는 여러해살이풀. 키는 40cm 전후로 자란다. 땅속 줄기는 염주 모양이며 많은 수염뿌리가 있다. 잎은 타원형이며, 주름이 많은 잎은 잎자루가 길며 아랫부분에서 줄기를 감싸고 섰다가 점점 벌어진다. 5월이면 노란색 꽃이 총상꽃차례로 촘촘히 붙어 핀다. 제주도, 울릉도, 충남 안면도에 분포되어 자란다. 관상용으로 키운다.

여름새우난초 (난초과)

Calanthe reflexa Max.

본래 새우난초는 봄꽃인데 반해 이 품종은 여름에 꽃이 피어 '여름새우난'이라고 한다. 전반적으로 서로 비슷해 꽃이 피는 것을 보고 구분한다. 산기슭 숲에서 자라는 여러해살이풀. 키는 30~40cm 정도 자란다. 잎은 타원형, 밑둥에서 난다. 꽃은 연분홍색 꽃 총상화서를 이루며 핀다. 잎술꽃잎은 처지고, 3갈래며 가장자리에 주름이 있다.

새우난초 (난초과)

Calanthe discolor Lindley

제주도를 비롯한 남해안 섬 지방과 서해안 안면도에서 자라는 여러해살이풀. 키는 30~60cm 정도 자란다. 땅속줄기는 짧고 굵다. 잎은 2~3장, 긴 타원형, 4~5월 꽃줄기 윗부분에 총상꽃차례에 보라색을 띤 흰색 꽃이 핀다. 꽃잎은 연한 자갈색을 띤다. 황남색으로 피는 '금새우난', 분홍색의 '여름새우난', 흰 꽃이 피는 '큰새우난' 등이 있다.

잠자리난초

닭의난초

타래난초

잠자리난초 (난초과)

Habenaria linearifolia Maxim.

고산 지역의 고원 습지에서 자라는 여러해살이풀. 키는 50~70cm 정도 곧게 자란다. 줄기에 2~3개의 잎이 어긋나며 끝이 뾰족하다. 흰색 꽃이 가지마다 총상꽃차례로 매달려 핀다. 꽃은 십자 모양으로 갈라지고 기다란 꿀주머니는 끝 부분이 점점 굵어진다. 결실은 9월에 하고 관상용으로 이용한다.

닭의난초 (난초과)

Epipactis thunbergii A. Gray

풀밭의 습한 곳에서 자라는 여러해살이풀. 키는 30~60cm 정도 자란다. 줄기에 어긋나는 달걀형 잎은 끝이 뾰족하다. 줄기 윗 부분의 잎겨드랑이마다 총상꽃차례로 노란색 꽃이 핀다. 입술꽃잎 안쪽에는 홍자색 반점이 있다. 일명 '닭의란'이라고 한다.

타래난초 (난초과)

Spiramthes sinensis (Rers.) Ames

산과 들의 풀밭에서 자라는 여러해살이풀. 가느다란 줄기는 10~30cm 정도 자란다. 분홍색 꽃이 핀다. 이삭꽃차례를 이루며 실타래처럼 비비 꼬이면서 밑에서부터 꽃이 핀다.

큰방울새난초

개잠자리난초

호노루발

큰방울새난초 (난초과)

Pogonia japonica Rchb.fil

습지에서 자라는 여러해살이풀. 키는 20cm 정도 자란다. 여러 개의 수염뿌리가 있다. 밑동에 막질로 된 비늘잎이 있다. 줄기에 달리는 타원형의 잎은 끝이 뾰족하다. 5~7월에 흰색 바탕에 연한 홍자색 꽃이 1송이가 반쯤 벌어지면서 줄기 끝에 핀다. 결실은 9월에 한다.

개잠자리난초 (난초과)

Habenaria cruciformis ohwi

습지에서 자라는 여러해살이풀. 키는 50~70cm 정도 자란다. 5~7월에 흰 꽃이 핀다. 잠자리난초에 비해서 꽃뿔 끝이 뭉툭하며, 곁꽃잎이 현저하게 젖혀진다. 결실은 9월에 한다.

호노루발 (노루발과)

Pyrola dahurica (H..Anders) Kom.

산지의 축축한 숲에서 자라는 여러해살이풀. 키는 20~30cm 정도 자란다. 6~7월에 흰색 꽃이 총상꽃차례로 핀다. 백두산 주변 고원 지역에 분포되어 자란다. 전초는 이뇨제와 해독제로 쓰인다. 일명 '북노루발풀'이라고 한다.

물망초

물망초 (지치과)

Myosotis Scorpioides L.

유럽이 원산인 여러해살이풀. 화분이나 꽃밭에 심어 관상용으로 가꾼다. 키는 15~20cm 정도 자란다. 줄기 전체에 털이 있다. 잎은 넓은 비늘 모양, 모여나기하고, 긴 타원형으로 어긋난다. 5~6월에 줄기 끝에 하늘색 꽃이 모여 핀다. 꽃잎은 5쪽으로 깊게 갈라진다. 꽃말은 '진실한 사랑', '나를 잊지 마세요.'

자란

자 란 (난초과)

Bletilla striata (Thunb.) Rchb.Fil.

우리나라 남부 지역(전라도)의 양지 바른 숲에서 자라는 여러해살이풀. 키는 30~40cm 정도 자란다. 달걀형의 뿌리에서 나온 5~6개 잎이 서로 감싸면서 줄기처럼 된다. 긴 타원형 잎 끝이 뾰족하다. 5~6월에 꽃줄기 끝의 총상꽃차례로 6~7개의 홍자색 꽃이 핀다. 덩이 줄기는 한약재로 쓰인다. 흰 꽃이 피는 '흰자란'을 '백화자란'이라고 한다. 일명 '백급', '대암풀', '대왕풀', '주란'이라고도 한다.

풍선난초 (난초과)

Calypso bulbosa Rchb.Fil.

백두산 지역의 침엽수림에서 자라는 여러해살이풀. 키는 10cm 전후로 자란다. 뿌리줄기에서 잎과 줄기가 각각 1개씩 자란다. 달걀형 잎은 밑이 둥글고 끝이 뾰족하다. 뒷면은 자주빛이 돌고 잎자루가 있다. 줄기 밑부분에 2개의 잎이 달린다. 5~6월에 줄기 끝에 연한 담홍색 꽃이 옆을 보고 핀다. 입술꽃잎은 풍선처럼 부풀려진다. 꽃 끝부분이 2갈래로 갈라진다.

풍선난초

해오라기난초 (난초과)

Habenaria radiata (Thunb.) Spreng.

습기가 있는 숲에서 자라는 여러해살이풀. 키는 20~40cm 정도 자란다. 줄기 아랫부분에 칼집 모양의 잎이 있으며, 잎은 넓은 선형으로 비스듬히 선다. 밑부분은 잎집으로 되어 줄기를 둘러싼다. 줄기 끝에 1~2개의 흰 꽃이 핀다. 입술꽃잎은 3개로 갈라지는데 가운데 갈래 조각은 선형, 반달 모양의 옆 갈래 조각은 가장자리가 잘게 갈라진다. 꽃 모양이 날개를 활짝 핀 해오라기 같다 하여 '해오라기난초'라고 한다.

해오라기난초

동의나물

애기똥풀

동의나물 (미나리아재비과)

Caltha palustris Linné

산지의 습한 곳이나 물가에 자라는 여러해살이풀. 키는 50cm 전후로 자란다. 4~5월에 줄기 끝에 노란색 꽃이 1~2송이씩 핀다. 꽃받침은 5장, 여러 개의 수술과 암술이 있다. 어린 잎은 나물로 먹고, 뿌리와 줄기는 약용한다. 일명 '참동의나물', '원숭이동의나물'로 불리기도 한다.

애기똥풀 (양귀비과)

Chelidonium majus L.

산지의 양지쪽에서 자라는 두해살이풀. 키는 30~70cm 정도 자란다. 5~8월에 가지 끝에 노란 꽃이 핀다. 일명 '젖풀'이라고도 한다. 줄기를 자르면 노란 즙이 나오는데 애기똥 같다하여 '애기똥풀'이라고 붙여진 이름이다.

조름나물 (조름나물과)

Menyanthes trifoliata L.

여러해살이풀. 키는 20~35cm 정도 자란다. 잎은 가장자리에 둔한 톱니가 있거나 밋밋하다, 피지 않은 꽃봉오리는 붉은색을 띠고 있으나, 꽃은 5~6월에 흰색 또는 분홍색 꽃이 핀다. 꽃은 잎 사이에서 꽃 줄기 끝부분이 20~30개 정도 뭉쳐서 핀다. 열매는 8~9월경에 원형으로 달린다. 동물들이 뜯어 먹으면 졸음이 밀려온다고 하여 붙여진 이름이다. 강원도, 함경도, 백두산에 분포한다. 희귀 식물(2급)

조름나물

백 선 (운향과)

Diclamnus albus Linné

산기슭의 숲에서 자라는 여러해살이 풀. 키는 60~80cm 정도 곧게 자란다. 줄기 가운데에 촘촘히 어긋나는 잎은 2~4쌍의 작은 잎으로 이루어진 깃꼴겹잎이다. 작은 잎은 타원형이며 가장자리에 톱니가 있다. 5~6월에 연한 붉은색, 또는 흰색 꽃이 핀다. 꽃자루 포에 강한 냄새를 내는 기름샘이 있다. 꽃잎에는 홍자색 줄이 있다. 수술 10개와 암술 1개가 있다. 8월에 결실하고 뿌리는 한방에서 약재로 사용한다.

백선

윤판나물

윤판나물 (백합과)

Disporum sessile D. Don.

산이나 들의 숲에서 자라는 여러해살이풀. 키는 30~50cm 정도 자란다. 줄기는 곧장 서고 가지는 갈라진다. 잎에서 윤기가 난다. 4~6월 가지 끝에 노란색 꽃이 1~3송이씩 땅을 향해 핀다. 수술은 6개이고 암술은 1개, 7~8월이면 긴 열매가 검은색으로 성숙된다. 일명 '대애기나리'라고 한다.

돌나물

돌나물 (돌나물과)

sedum sarmentosum Bunge

산기슭의 바위틈에서 자라는 여러해살이풀. 줄기는 10~20cm 정도 자란다. 땅 위에 길게 누워 자란다. 잎은 긴 타원형 끝이 뾰족하며 3개씩 돌려난다. 전체가 통통한 다육질이다. 5~6월에 노란색, 흰색 꽃이 취산꽃차례로 이루며 핀다. 나물로 이용한다. 시골집 앞 마당가에 심어 기르기도 한다.

무늬조개나물 (꿀풀과)

Aluge multiflore Bunge

아시아(중국, 한국) 원산의 꿀풀과에 속하는 여러해살이풀. 산야에서 30cm 정도 자란다. 잎은 마주나며 흰무늬가 있다. 가장자리에 톱니가 있다. 꽃은 5~6월에 꽃자루 없이 잎겨드랑이에 여러 개가 모여 핀다. 한국의 특산종인 '지난초'와 비슷하다. 꽃이 아름다워 원예종으로 인기가 높다. 한방에서는 고혈압, 임질, 두창, 이뇨제로도 쓰인다.

무늬조개나물

큰달맞이꽃 (바늘꽃과)

Oenothera erythrosepala Borbás

길가나 빈터에서 자라는 두해살이풀. 키는 1~2m 정도 자란다. 뿌리는 굵고 곧게 자란다. 잎은 호생, 피침형으로 가장자리에 얕은 톱니가 있으며 근생엽은 로제트형이다. 노란 꽃이 핀다. 꽃 밑에 녹색의 포가 2장이 붙고, 4방의 꽃받침이 2장씩 마주 붙는다. 이 꽃은 저녁 무렵에 꽃이 피었다가 아침이면 시들기 때문에 '달맞이꽃'이라고 한다. 원산지가 남아메리카인 귀화 식물로 달맞이꽃보다 전체가 커서 '왕달맞이꽃'이라고도 부른다.

큰달맞이꽃

문주란

문주란

문주란 (수선화과)

Crinum asiaticum Linne var. japonicum Baker

제주도 바닷가의 모래 땅에서 자라는 늘 푸른 여러해살이풀. 키는 50~70cm 정도 자란다. 꽃대 끝에 하얀 꽃이 핀다. 향기가 강하다. 제주도 토끼섬에 군락을 이루어 자란다. 토끼섬 자생지를 천연기념물 19호로 지정해 보호하고 있다. 일명 '문주화'라고 한다.

두메자운

두메자운 (콩과)

Oxytopis anertii Nakai

우리나라 북부 지역의 고산(백두산) 지대 중턱에서 자라는 여러해살이풀. 키는 10~15cm 정도 자란다. 줄기 전체에 비단결 같은 털이 깔려 있다. 홍자색, 분홍색 꽃이 1~5송이씩 핀다. 꼬투리 열매는 긴 타원형으로 크게 성숙된다. 흰 꽃이 피는 '흰두메자운'도 있다.

붉은토끼풀

흰토끼풀

붉은토끼풀

붉은토끼풀 (콩과)

Trifolium protense Linné

풀밭에서 자라는 여러해살이풀. 귀화식물로 키는 30~50cm 정도 자란다. 토끼풀에 비해 꽃이 크고, 전체에 털이 밀생한다. 줄기의 일 부분은 땅을 기고, 마디에서 수염뿌리를 내고, 잎은 3장의 작은 잎으로 된 겹잎이다. 5~7월 긴 꽃자루 끝에 하얀 꽃, 또는 붉은색 꽃이 모여 핀다. 토끼가 잘 먹는다고 해서 '토끼풀'이라고 하였으며, 쪽잎 4장인 '네잎클로버'를 찾게 되면 행운이 온다고 한다. 일명 '클로버'로 불린다.

큰원추리

애기원추리

원추리

큰원추리 (백합과)

Hemoerocallis middendorffii Tratv. et C.A. May

산과 들의 풀밭에서 자라는 여러해살이풀. 키는 60~100cm 정도 자란다. 줄기 끝에 노랑 꽃이 옆을 향해 핀다. 향기가 있고, 화관은 길고 종 모양, 수술은 6개로 화피보다 짧다. 암술은 수술보다 길다. 열매는 타원형으로 성숙된다. 원추리 속에는 각시원추리, 애기원추리, 왕원추리, 홍도원추리 등 많은 종류가 있다.

왕원추리 (백합과)

Hemerocallis fulva Linné

산과 들에서 자라는 여러해살이풀. 키는 100cm 정도 자란다. 뿌리에서 칼 모양의 잎이 모여난다. 잎은 마주나기로 곧게 서고 끝이 날카롭고 활처럼 뒤로 휘어진다. 노란색 꽃이 핀다. 수술 일부가 변하여 겹으로 크게 핀다. 관상용으로도 키우고 어린 순은 식용하고 뿌리는 약용한다.

왕원추리

홑왕원추리 (백합과)

Hemerocallis fulva Linné Var. longituba(Miq.) Maximowicz

산지나 들에서 자라는 여러해살이풀. 키는 80~100cm 정도 자란다. 괴근이 있고, 뿌리는 방추형으로 뻗는다. 잎은 끝이 둥글게 뒤로 젖혀지며 흰빛이 도는 녹색으로 단단하다. 주황색 꽃이 총상화서를 이루며 핀다. 어린 잎은 식용하고 뿌리는 약용한다.

홑왕원추리

조개나물

조개나물 (꿀풀과)

Ajuga multiflora Bunge

들이나 산기슭의 양지쪽 풀밭에서 자라는 여러해살이풀. 키는 20~30cm 정도 자란다. 줄기 전체에 흰털이 빽빽이 나 있다. 잎은 타원형과 달걀형이 마주난다. 5~6월에 잎겨드랑이마다 입술 모양의 자주색 꽃이 층층으로 돌려가며 핀다. 줄기는 약용한다.

금창초

금창초(금난초) (꿀풀과)

Aluga decumbens Tunberg

산기슭이나 개울가, 구릉지에서 자라는 여러해살이풀. 키는 10~20cm 정도 자란다. 뿌리잎은 방사상으로 퍼진다. 잎은 댓잎피침형으로 가장자리에 둔한 물결 모양의 톱니가 있다. 줄기잎은 마주나며 긴 타원형, 5~6월에 잎겨드랑이에 자주색 또는 청색 꽃이 핀다. 꽃부리는 반원형, 중앙으로 갈라지며 입술 모양을 하고 있다. 수술은 4개, 2개는 길다.

꿀풀

꿀풀

꿀풀

꿀 풀 (꿀풀과)

Prunella vulgaris Linné Var. asiatia (Nak.) Hara

산기슭이나 양지에서 자라는 여러해살이풀. 키는 30~40cm 정도 자란다. 줄기는 네모지고 짧은 털이 있다. 잎은 대생, 잎자루가 있고, 긴 타원상 피침형으로 끝이 뾰족하다. 꽃은 5~8월에 붉은 빛을 띤 보라색 꽃이 줄기 위에 조밀조밀하게 모여 핀다. 화관은 입술 모양, 열매는 황갈색으로 성숙된다. 전초는 약용하고, 어린 잎은 식용한다.

구슬붕이

봄구슬붕이

구슬붕이 (용담과)

Gentiana squarrosa Ledebour

양지바른 풀밭에서 자라는 두해살이풀. 키는 2~8cm 정도 자란다. 가지가 많이 갈라져 방석처럼 퍼져 자란다. 마주 나는 작은 줄기잎은 밑부분이 합쳐져서 줄기를 감싸고 있다. 5~6월에 연한 보라색 꽃이 핀다. 화관은 종 모양이고 수술은 5개, 암술은 1개, 긴 자루 같은 열매는 9월에 성숙된다.

큰구슬붕이

큰구슬붕이 (용담과)

Gentiana zollingeri Faweett

산기슭 들에서 자라는 두해살이풀. 키는 5~8cm 정도 자란다. 잎은 조밀한 대생이고 다소 도톰하며 끝이 약간 뾰족하다. 5~6월에 보라색 꽃이 줄기 끝에 몇 송이씩, 밀생한다. 꽃받침은 5갈래, 화관은 종 모양이다. 끝이 5개로 갈라지며, 갈라진 조각 사이에 작은 부화관 조각이 있다. 꽃이 진 다음에도 화관은 떨어지지 않고 열매 표면에 남아 있다. 열매는 삭과 자루가 있고 2개로 갈라진다. 종자는 양 끝이 뾰족한 원기둥 모양이다.

큰구슬붕이

짚신나물

짚신나물 (장미과)

Agrimonia pilosa Ledebour

들이나 길가에서 흔하게 자라는 여러해살이풀. 키는 30~100cm 정도 자란다. 전체 줄기에 거친 털이 많이 난다. 잎에는 날카롭고 거친 모양의 톱니가 있다. 6~8월에 줄기 끝과 가지 끝에 총상꽃차례를 이루어 노란 꽃이 활처럼 구부러지면서 핀다. 어린 잎은 식용하고, 전초는 약용한다.

벼룩나물

벼룩나물 (석죽과)

Stellaria alsine Grimm var. undulata (Thunb.) Ohwi

빈터나 길가, 논밭에서 자라는 두해살이풀. 키는 15~25cm 정도 자란다. 줄기에 마주 나는 긴 타원형 잎은 잎자루가 없고 가장자리가 밋밋하다. 4~5월에 가지 끝에 흰 꽃이 취산꽃차례로 핀다. 밑에서 가지가 많이 갈라져서 퍼지기 때문에 큰 포기로 자라는 것처럼 보인다.

삼잎방망이 (국화과)

Senecio cannabifolius Less.

우리나라 북부 지역 높은 산에서 자라는 여러해살이풀. 키는 1~2m 정도 자란다. 줄기 전체에 자줏빛이 돈다. 잎은 호생, 끝이 뾰족하고 갓 모양으로 깊게 갈라진다. 갈래는 피침형이다. 안으로 굽은 잎에는 톱니가 있고 뒷면에는 잔털이 있다. 가지 끝에 노란색 꽃이 핀다. 줄기와 잎은 약용(지혈제)으로 사용한다.

삼잎방망이

자운영 (콩과)

Astraglus sinicus Linné

중국 원산으로 논이나 밭에 심어 기르던 것이 퍼져 나가 들에서 자라는 두해살이풀. 키는 10~25cm 정도 자란다. 밑에서 가지가 많이 갈라져 옆으로 자라다가 곧게 선다. 잎은 1회 깃꼴겹잎, 작은 잎은 타원형으로 끝이 둥근 모양이다. 4~5월에 잎겨드랑이에서 자란 꽃대 끝에서 나비 모양의 붉은색 꽃이 핀다. 뿌리에 뿌리혹박테리아가 있어 땅을 기름지게 만든다. 어린 잎은 식용하고 전체를 약용한다. 일명 '홍화채', '연화초'라고도 한다.

자운영

갯취

갯취

갯 취 (국화과)

Ligularia taquetii Nakai

제주도와 거제도의 바닷가에서 자라는 여러해살이풀. 키는 1m 전후 자란다. 줄기는 서고 전체가 분백색이다. 뿌리잎은 거꾸로 된 타원형으로 잎자루가 길게 자란다. 줄기잎은 위로 올라 갈수록 잎자루와 함께 작아진다. 회청색으로 털이 없으며 가장자리가 밋밋하다. 5~7월 줄기 끝에 노란색 꽃이 총상꽃차례로 모여 핀다. 수과 열매에는 적갈색의 털이 있다. 한국 특산 식물이다.

기생꽃 (앵초과)

Trientalis europaes Linné

고산 지역에서 자라는 여러해살이풀. 키는 10~25cm 정도 자란다. 잎은 밑부분에는 비늘 같은 잎이 나고 윗부분에 큰 잎이 모여서 돌려나기 상으로 달리며 도란상 쐐기 모양으로 둥글며 밑은 좁아져 줄기에 직접 달리고 가장자리는 밋밋한 박질이다. 꽃은 흰색 꽃이 줄기 끝에 한 송이씩 핀다. 참기생꽃을 닮았으나 꽃이 작고 습지에서 잘 자란다.

기생꽃

참기생꽃 (앵초과)

Trientalis europaea Linné

높은 산에서 자라는 여러해살이풀. 키는 10~25cm 정도 자란다. 줄기 끝에 잎이 윤생한다. 잎은 얇고 넓은 피침형이며 타원상 또는 달걀 모양으로 가장자리는 밋밋하다. 6~7월에 흰색 꽃이 줄기 끝에 1송이씩 핀다. 일명 '참꽃'이라고 한다. '참'이란 작다는 뜻이다. 기생이라는 이름이 붙은 것은 흰 꽃잎이 마치 기생의 분바른 얼굴처럼 희다고 해서 지어진 이름이다.

참기생꽃

피나물

피나물

피나물

피나물 (양귀비과)

Hyomecon vernale Maxim

숲에서 자라는 여러해살이풀. 키는 30~40cm 정도 자란다. 4~5월에 잎겨드랑이에서 나온 꽃대에 1~3개의 노란색 꽃이 핀다. 일명 '노랑매미꽃'이라고 한다. 줄기를 자르면 붉은색 즙이 나와 '피나물'이라는 이름이 붙게 되었다. 봄에 돋는 어린 순은 나물로 먹는데 독성이 있어 물에 잘 우려내야 한다.

갈래피나물 (양귀비과)

Hylomecon hylomeconoides (Nak.) Y.Lee Var. dissectfelium Y. Lee

숲속에서 자라는 여러해살이풀. 키는 20~30cm 정도 자란다. 땅에서 잎과 꽃대가 각각 따로 나온다. 피나물과 닮았으나 잎이 깃 모양이며 가장자리가 심하게 갈기갈기 찢어진다. 양성화로 4~5월에 줄기 끝에 노란색 꽃이 산형화서를 이루며 핀다. 꽃봉오리는 털이 없이 매끈하다. 꽃잎은 4개, 윤기가 나고 노란색이다. 열매는 삭과 7월에 익는다.

갈래피나물

종지나물 (제비꽃과)

Viola papilionacea Pursh

북아메리카 원산의 귀화식물, 여러해살이풀. 잎의 길이는 5~15cm 정도 자란다. 밑동에서 잎이 다보록하게 솟아난다. 잎자루는 잎몸보다 길다. 잎은 종지 모양, 심장형이다. 끝이 약간 뾰족하다. 톱니가 있다. 꽃은 뿌리에서 나오는 꽃자루에 1개씩 달리는 꽃은 4~5월에 자주색, 흰색, 황록색이 섞여 핀다. 꽃의 중앙에는 백색에 진한 자주색과 황록색의 무늬가 있다. 열매는 타원형의 갈색으로 성숙된다. 어린 잎은 나물로 먹는다.

종지나물

분홍무늬붓꽃

금붓꽃

부채붓꽃 (붓꽃과)

Iris selosa Pallas

강원도 이북 지역의 산이나 들에서 자라는 여러해살이풀. 키는 30~50cm 정도 자란다. 꽃은 6~7월에 줄기 위에 자주색 꽃이 2~3송이씩 핀다. 꽃잎 안쪽에 노란색 그물 모양의 무늬가 있다. 꽃밥은 자주색이고 열매는 삭과 타원형으로 성숙된다.

부채붓꽃

노랑무늬붓꽃

흰색붓꽃

붓꽃은 종류가 다양하다. 제비붓꽃, 대청붓꽃, 부처붓꽃, 등심붓꽃, 만주붓꽃, 노랑붓꽃, 금붓꽃, 각시붓꽃, 타래붓꽃 등 우리나라에 2속 16종이 있다.

노랑무늬붓꽃

흰붓꽃

노랑무늬붓꽃 (붓꽃과)

Iris odaesanensis Y.Lee

산이나 들에서 자라는 여러해살이풀. 키는 20~30cm 정도 자란다. 잎은 칼 모양이고 약간 넓다. 꽃은 4~5월에 꽃줄기 끝에 2송이씩 피고, 흰 바탕의 안쪽에 노란 줄무늬가 있다. 우리나라 식물분류학에 큰 업적을 남긴 이영노 박사가 오대산에서 발견하여 세계 식물학회에 발표하여 '오대산'이란 종명을 달게 되었다. 우리나라 특산 식물이다.

알록제비꽃 (제비꽃과)

Viola variegata

여러해살이풀로 키는 6cm 정도 자란다. 원줄기는 없고, 잎은 뿌리에서 모여난다. 넓은 심장형이고 두껍고 양면에 털이 나있다. 꽃은 5월에 잎 사이에서 나온 긴 꽃줄기 끝에 보라색 꽃이 하나씩 핀다. 열매는 삭과로 작은 씨앗이 들어 있다. 어린 잎은 살짝 데쳐 먹는다. 우리나라 전국 낮은 산에 분포되어 자란다.

알록제비꽃

각시붓꽃 (붓꽃과)

Iris rossii Baker

산지의 풀밭에서 자라는 여러해살이풀. 키는 10~30cm 정도 자란다. 잎은 칼 모양으로 약간 휘고 꽃이 필 때 꽃줄기와 길이가 비슷하지만 꽃이 진 다음에는 30cm 정도 자란다.

꽃은 4~5월에 잎 사이에서 자란 짧은 꽃줄기 끝에 1개의 자주색 또는 보라색 꽃이 핀다. 열매는 삭과로 둥글다.

각시붓꽃

등심붓꽃

등심붓꽃 (붓꽃과)

Sisyrinchium angustifolium Miller

북아메리카 원산의 귀화식물로 제주도 풀밭에서 자라는 여러해살이풀. 키는 10~20cm 정도 자란다. 줄기 아랫부분에 달리는 칼 모양의 잎은 줄기를 감싼다. 잎 가장자리에 톱니가 있다. 5~6월에 줄기 끝에 보라색 꽃이 피는데 내화피와 외화피가 거의 같은 모양으로 핀다. 6개로 갈라진 꽃잎에는 줄무늬가 있다.

붓꽃

붓꽃 (붓꽃과)

Iris sanguinea Hornemann

산이나 들에서 자라는 여러해살이풀. 키는 40~70cm 정도 자란다. 수염뿌리가 밀생한다. 잎은 긴 칼 모양의 잎이 떨기로 나와 곧추서는데 도드라진 맥이 없으며 밑부분이 잎처럼 되고 붉은 빛이 도는 것도 있다. 잎몸은 녹색에다 분백색을 띠는데 창포와 비슷하다. 꽃은 아름다운 무늬가 있다. 꽃 안쪽에 흰색, 노란색, 갈색, 자주색이 차례로 무늬를 이루고 있다. 5~6월 보라색 꽃이 핀다. 열매는 삭과, 세모로 성숙된다.

제비붓꽃

붓꽃

제비붓꽃 (붓꽃과)

Iris laevigata Fischer

연못이나 개울가 또는 강기슭의 갯벌에서 자라는 여러해살이풀. 키는 60~100cm 정도 자란다. 잎은 창 모양이고 잎맥이 없고 잿빛을 띤 녹색이다. 5~6월에 짙은 자주색, 보라색 꽃이 줄기 끝에 3개씩 핀다. 부채붓꽃과 비슷하나 내화피가 뚜렷하게 꽃 위로 나타난다. 열매는 삭과로 분열하지 않는다. 주로 관상용으로 이용한다.

당개지치

당개지치 (지치과)

Brachybotrys paridiformis Maxi

전 세계에 약 2,000종이 있다. 우리나라에 13속 22종이 산기슭의 숲에서 자라는 여러해살이풀. 키는 40cm 정도 자란다. 줄기는 거센 털로 덮여 있고, 잎은 보통 어긋나며 홑잎이고 턱잎이 없는 것이 지치과의 특징이다. 타원형 잎 후면에는 털이 빽빽이 난다. 5~6월에 줄기 윗부분이 잎겨드랑이에서 나온 꽃대에서 자주색 꽃이 밑을 향해 핀다. 결실은 8~9월에 한다.

왜지치

왜지치 (지치과)

Myosotis sylvatica Hoftmann

산기슭의 숲속에서 자라는 여러해살이풀. 키는 20~40cm 정도 자란다. 전체에 강모가 있고 줄기가 곧게 선다. 잎은 호생, 피침형, 근생엽은 주걱 모양, 밑부분이 길게 엽병처럼 길어지고 끝이 둥글며 줄기잎은 어긋나기하고 꺼꿀 피침 모양이다. 연한 보라색 꽃이 총상 꽃차례를 이루며 핀다.

컴프리

컴프리

컴프리 (지치과)

Symphytum officinale Linne

유럽 원산의 여러해살이풀. 키는 50~90cm 정도 자란다. 전체에 흰 털이 있다. 잎은 피침형 잎이 줄기에 연결되어 줄기에 지느러미가 달린 것 같이 보인다. 잎 표면에 거친 털이 촘촘히 난다. 5~7월에 자주색 꽃이 피는데 꽃대는 1~2회 2개로 갈라지고 끝이 꼬리처럼 말려서 밑을 향한다. 꽃부리는 넓은 통처럼 생겼다. 종 모양으로 달려 핀다. 일명 '콤푸레'라고 한다.

꽃창포

꽃창포

꽃창포 (붓꽃과)

Iris ensata Thunb. Var. spontanea (Mak.) Nakai

산과 들의 습지나 물가에서 자라는 여러해살이풀. 키는 70~120cm 정도 자란다. 줄기 끝에 적자색 꽃이 핀다. 꽃 안쪽에는 노란색 줄이 있다. 암술대는 3갈래이고 수술대는 암술머리 뒤에 숨어 있다. 열매는 삭과로 갈색으로 성숙된다.

양보, 결혼, 우아한 마음, 좋은 기별 등 예쁜 꽃말이 있다. 꽃 모양이 아름다워 관상용으로 화단에 많이 심는다. 일명 '수창포', '창포붓꽃' 으로 불린다.

산꼬리풀 (현삼과)

Pseudolysimachion rothundum (Nak.) Yamazaki.

산지의 초원에서 자라는 여러해살이 풀. 줄기는 40~80cm 정도 자란다. 줄기는 옆으로 기거나 윗부분은 서고, 아랫부분에는 가지를 치며 털이 나 있다. 잎은 대생, 긴 타원형으로 양끝이 뾰족하다. 잎 뒷면은 털이 있고 불규칙하고 톱니가 있다. 가지나 줄기 끝에 촘촘히 총상 꽃차례로 보라색 꽃이 달려 핀다. 꽃받침은 깊게 4갈래, 화관은 통부가 짧다. 끝이 4갈래로 펴지고 수술은 2개, 꽃밥은 검은 자주색, 열매는 삭과, 납작한 둥근 모양이다.

산꼬리풀

칡 (콩과)

Pueraria thunbergiana (Sieb. & Zucc.) Bentham

전국적으로 분포되어 산과 들에서 흔하게 볼 수 있는 갈잎 덩굴나무. 줄기는 다른 물체를 타고 10~15m 정도 뻗어간다. 줄기잎에는 갈색 털이 빽빽이 나 있다. 어긋나는 3출엽의 소엽은 길이와 너비가 각각 10~15cm 정도인 마름모진 난형으로 털이 있으며 가장자리가 밋밋하거나 3갈래로 갈라진다. 붉은 보라색 꽃이 잎겨드랑이에 촘촘히 달려 핀다. 뿌리는 마시는 차와 한약재로 쓰인다. 열매는 9~10월에 성숙된다.

칡

피뿌리풀

피뿌리풀

피뿌리풀 (팥꽃나무과)

Stellera chamaejasme Linné

우리나라 북부 고원 지대의 숲과 제주도 한라산 기슭에서 자라는 여러해살이풀. 줄기는 7~8cm 정도 자란다. 잎은 어긋나고 피침형, 끝이 뾰족하고 아랫부분이 둥글며 가장자리가 밋밋하고 털은 없다. 줄기 끝에 붉은색 꽃이 15~22송이씩 모여 핀다. 뿌리의 색깔이 핏빛과 같다하여 '피뿌리풀'이라고 한다. 백두산, 한라산에 분포하여 자란다.

아네모네(바람속꽃)

○ 아네모네(바람속꽃) (미나리아재비과)

Anemone Linné

지중해 연안이 원산, 여러해살이풀. 키는 20~50cm 정도 자란다. 잎은 모두 잘게 갈라지고 잎자루 없이 꽃 바로 아래에 달린 포가 잎처럼 보인다. 잎은 가지에 어긋난다. 꽃은 4~5월에 흰색 또는 붉은색으로 피는데 보기 드문 청보라색 꽃도 있다. 그리스어로 바람이라는 의미인 'Anemone'는 유명한 피의 전설을 품은 꽃이다.

아네모네(바람속꽃)

민들레씨

흰민들레꽃

민들레

민들레 (국화과)

Taraxacum mangolicum Hand~Mazz

산지나 들의 양지 풀밭에서 자라는 여러해살이풀. 키는 10~20cm 정도 자란다. 일명 '안질방'이라고 한다. 4~5월에 노란 꽃이 하늘을 향해 핀다. 흰 솜털이 달린 씨는 성숙되면 동그란 모양으로 벌어진 후 바람을 타고 퍼져 나간다. 뿌리와 잎은 식용하고 꽃은 약용한다. 주위에서 많이 볼 수 있는 것은 서양민들레로 번식력이 매우 강하다.

산민들레 (국화과)

Taraxacum obwianum Kitamura

숲속의 습한 곳에서 자라는 여러해살이풀. 키는 약 10~20cm 정도 자란다. 원줄기는 없고, 잎은 피침형, 사방으로 퍼지고, 가장자리는 밑을 향해 4~5쌍으로 갈라진다. 5~7월에 두상화로 노란색 꽃이 줄기 끝에 1개씩 핀다. 이 꽃은 어떤 환경에서도 살아가는 생명력이 강한 식물이다. 어린 잎은 식용하고, 뿌리는 약용한다.

산민들레

서양민들레 (국화과)

Taraxacum officinale Weber

유럽이 원산으로 우리나라 들과 길가에 흔히 자라는 여러해살이풀. 키는 10~25cm 정도 자란다. 쓴맛이 나고 흰 유액이 나온다. 잎은 깃 모양으로 깊이 갈라진다. 3~5월에 노란색 꽃이 핀다. 민들레꽃과 비슷하다. 열매는 6~7월에 성숙되는데 색깔은 갈색으로 형태는 긴 타원형이다. 유럽 원산으로 귀화식물이다. 어린 뿌리와 잎은 식용한다.

서양민들레

봄맞이

봄맞이

봄맞이 (앵초과)

Androsace umbellata

산기슭 양지에서 자라는 한두해살이풀. 키는 10~20cm 정도 자란다. 뿌리잎은 반원형으로 가장자리에 세모꼴의 톱니가 있다. 4~5월 잎 사이에서 꽃줄기가 나와 줄기 끝에 산형꽃차례로 흰색 꽃이 위를 보고 핀다. 꽃받침과 꽃잎은 깊게 5개로 갈라진다. 둥글고 넓적한 열매는 익으면 윗부분이 5개로 갈라진다.

일일초 (협죽도과)

Catharanthus roseus (L.) G. Don

서인도 원산의 한해살이풀. 키는 30~50cm 정도 자란다. 줄기는 서고 잎은 대생, 긴 타원형이며 가장자리가 밋밋하다. 붉은색, 또는 흰색 꽃이 잎겨드랑이에서 연달아 핀다. 꽃받침은 붉은색으로 5갈래로 갈라지고 화관은 깔때기 모양으로 꽃잎은 5갈래로 갈라진다. 일명 '일일화'라고도 한다. 관상용.

일일초

장미앵초 (장미과)

A rose primrose

여러해살이 풀. 키는 10~25cm 정도 자란다. 잎은 타원형, 잎에는 가는 성모가 있다. 서양앵초 프리뮬러와 교잡되어 만들어진 꽃이다. 꽃이름은 라틴어 프리마 (prima)에서 유래되었다. 세련된 순백의 겹꽃이 화려한 장미를 연상케 한다. 향기도 좋아 화분에 심어 키우는 원예종 꽃이다. 꽃말은 '행복의 열쇠'이다.

장미앵초

종덩굴

종덩굴 (미나리아재비과)

Clematis fusca Turczaninor

나무 그늘의 습한 숲에서 자라는 낙엽덩굴나무. 잎은 대생, 5~7장의 작은 잎으로 된 깃꼴겹잎, 가장자리에 2~3개의 결각이 있다. 끝의 잎이 덩굴손으로 변하기도 한다. 꽃은 6월에 잎겨드랑이에 종 모양으로 아래로 처진다. 꽃받침은 흑자색, 겉면에는 털이 없고 뒤로 젖혀진다. 깃털 모양의 긴 암술대가 있다. 어린 잎은 식용한다.

옥녀꽃대

옥녀꽃대 (홀아비꽃대과)

Chloranthus fortunei Solms Laubach

숲속에서 자라는 여러해살이풀. 키는 20~30cm 정도 자란다. 줄기에 3~4개의 마디가 있다. 잎은 줄기 하부에서 마주나고, 위에서는 보통 4장이 돌려난다. 타원형이고 양 끝이 뾰족하고 가장자리에 예리한 톱니가 있다. 꽃은 4~5월에 흰 꽃이 이삭화서를 이루며 핀다. 옥녀꽃대라는 이름은 이 야생화가 처음 발견된 장소가 거제도 옥녀봉이라서 붙여졌다.

삼백초 (삼백초과)

Saururus chinensis (Lour.) Baill.

습한 곳에서 자라는 여러해살이풀. 제주도 협제 지역에 분포되어 자란다. 키는 50~90cm 정도 자란다. 줄기에 달리는 2~3개의 잎은 흰색을 띤다. 꽃대에 자잘한 흰 꽃이 핀다. 잎과 꽃 그리고 뿌리가 흰색이기 때문에 '삼백'이라고 한다. 한약재로 쓰인다.

삼백초

꿩의바람꽃 (미나리아재비과)

Anemone raddeana Regel

산지의 숲속에서 자라는 여러해살이풀. 키는 10~25cm 정도 자란다. 4~5월 잎보다 먼저 긴 꽃줄기가 나와 줄기 끝에 한 송이씩 흰색 꽃이 핀다. 밤이 되면 꽃잎이 오므라든다. 꽃잎처럼 생긴 꽃받침 조각은 8~13개로 긴 타원형이다. 꽃송이 아래 잎 모양의 3개의 총포가 있고 3갈래로 갈라진다. 꽃이 질 무렵에 1장의 뿌리잎은 2회 3출엽이다. 우리나라 전역에 분포되어 자란다.

꿩의바람꽃

호범꼬리

범의꼬리

호범꼬리 (마디풀과)

Bistorta ochotensis kom.

북부 지역의 높은 산(백두산)에서 자라는 여러해살이풀. 키는 15~30cm 정도 자란다. 세모꼴의 뿌리잎은 가죽질이고 잎자루가 길고 줄기잎은 잎자루가 없다. 줄기 끝에 원통형 이삭에 연분홍색 꽃이 촘촘히 달려 핀다. 백두산 천지 주변에 군락을 이루어 자란다. 일명 '되범꼬리'라 한다.

범의꼬리 (마디풀과)

Bistorta major S.F.Gray

산기슭의 숲에서 자라는 여러해살이풀. 키는 30~60cm 정도 자란다. 잎은 밑동에서 총생하고 뒷면에 흰색 털이 있다. 잎은 긴 삼각형, 피침형이다. 연분홍색, 흰 꽃이 줄기 끝에 원통형의 이삭화서를 이루며 핀다. 어린 잎과 줄기는 식용한다.

궁궁이 (미나리과)

Angelica polymorpha Maxim.

산기슭의 작은 계곡에서 자라는 여러해살이풀. 줄기는 80~150cm 정도 자란다. 잎은 달걀형 또는 피침형으로 톱니가 있고 끝이 뾰족하다. 줄기와 가지 끝에 겹산형 꽃차례로 자잘한 흰색 꽃이 모여 핀다. 납작한 타원형 열매에는 날개가 있다. 어린 잎은 식용한다.

궁궁이

참당귀 (미나리과)

Angelica gigas Nakai

산기슭 숲에서 자라는 여러해살이풀. 약초로 재배하기도 한다. 키는 1~2m 정도 자란다. 타원형 잎집은 줄기를 둘러싸다 벗겨진다. 줄기는 곧게 서고 자주 빛깔이다. 겹산형 꽃차례로 자주색 꽃이 핀다. 열매는 타원형으로 날개가 있다. 뿌리를 '당귀'라고 하며 약용하고, 어린 잎은 식용한다.

참당귀

갯강활

갯강활 (미나리과)

Angelica japonica A. Gray

남쪽 지역 바닷가에서 자라는 여러해살이풀. 키는 50~100cm 정도 자란다. 줄기 속에 황백색의 즙액이 들어 있다. 줄기 밑부분의 잎은 잎자루가 길고 세모진 달걀형으로 1~2회 3출엽이며, 작은 잎은 달걀형으로 광택이 난다. 겹산형 꽃차례로 흰색 꽃이 핀다. 열매는 납작한 타원형으로 옆에 날개가 있다.

구릿대

구릿대 (미나리과)

Angelica dahurica Benth. et Hooker

산의 풀숲이나 물가에서 자라는 여러해살이풀. 키는 1~2m 정도 자란다. 줄기 윗부분에서 가지가 갈라진다. 아랫부분 잎은 2~3회 깃꼴겹잎이다. 끝의 작은 잎은 다시 3갈래로 갈라진다. 잎은 타원형이고 가장자리에 예리한 톱니가 있다. 줄기와 가지 끝의 겹산형꽃차례로 자잘한 흰색 꽃이 둥글게 모여 달려 핀다.

기생초

기생초 (국화과)

Coreopsis tinctoria Hutt.

정원이나 화단에 심어 키우는 원예종으로 한해살이풀 또는 두해살이풀인데 '춘자국'이라고도 한다. 키는 30~100cm 정도 자란다. 전체에 털은 없으며 가지를 친다. 잎은 마주나고 2회깃꼴로 갈라진다. 선형 또는 피침형, 윗부분의 잎은 잎자루가 없고 갈라지지 않는다. 꽃은 줄기와 가지 끝에 머리 모양의 꽃차례로 1개씩 위를 향해 핀다. 꽃잎 안에 적자색 무늬가 있다. 꽃이 아름다워 관상용으로 인기가 있다. 코스모스와 함께 길가에 많이 심는다.

기생초

금난초

암담초

금난초 (꿀풀과)

Ajuga decumbens Thunberg.

길가에서 자라는 여러해살이풀. 잎은 넓은 피침형으로 가장자리에 둔한 물결 모양의 톱니가 있고 긴 타원형이다. 꽃은 3~6월에 자주색, 또는 흰색 꽃이 잎겨드랑이에 여러 개가 돌려나며 핀다. 일명, '가지조개나물' 또는 '금창초'라고 한다.

암담초 (질경이과)

Erinus alpinus Dok.

아주 작은 꽃으로 여러해살이풀. 쌍떡잎식물, 반상록, 수입 원예종인 외래종 화초이다. 4~7월에 흰색, 연분홍꽃이 취산화서를 이루며 옹기종기 모여 예쁘게 핀다.

두루미꽃 (백합과)

Maianthemum bifoliurn Schmidt

산지의 숲에서 자라는 여러해살이풀. 키는 10~15cm 정도 자란다. 땅속줄기는 옆에서 길게 뻗고, 잎은 삼각상 심장형으로 끝이 뾰족하다. 가장자리에 삼각형의 돌기가 있다. 5~7월에 흰색 꽃이 줄기 끝에 20송이 정도가 총상화서를 이루며 핀다. 열매는 장과, 둥근 모양으로 붉은색으로 성숙된다.

두루미꽃

큰두루미꽃 (백합과)

Maianthemum dilatatum Nelson

높은 산 나무 그늘에서 잘 자라는 여러해살이풀. 키는 15~30cm 정도 자란다. 흰색 줄기는 곧게 선다. 잎은 호생, 심장형, 가장자리에 반원형의 돌기가 있다. 5~6월에 흰 꽃이 총상화서를 이루며 핀다. 열매는 장과, 붉은색으로 성숙된다. 일본, 중국, 러시아, 미국에 분포하며 한국에는 경상북도 울릉군에 분포한다.

큰두루미꽃

가는참나물

가는참나물 (미나리과)

Pimpinella brachycarpa(Komar.)Nakai

산기슭의 나무 그늘에서 자라는 여러해살이풀. 키는 50~80cm 정도 자란다. 줄기는 곧게 서고, 잎은 잎자루가 길고 3출겹잎, 작은 잎은 끝이 뾰족하고 톱니가 있다. 흰색 꽃이 가지 끝이나 줄기에 겹산형 꽃차례로 핀다. 재배하여 어린 잎은 식용한다.

하태떡쑥

하태떡쑥 (국화과)

Hatae cottonweed

국화과의 두해살이풀. 키는 20~40cm 정도 자란다. 전체가 흰 솜털로 덮여 있다. 잎은 어긋나고 거꾸로 된 피침형, 꽃은 두상화로 분홍, 노랑 꽃이 산방화서를 이루며 핀다. 열매는 수과. 한약재로 기침, 가래에 효용이 있다. 장마철에 공기가 잘 통하는 곳에 둔다. 번식은 씨앗으로 한다.

눈꽃

눈 꽃 (봉선화과)

Iberis amara L.

눈꽃은 '이베리스'라고 한다. 작은 꽃이 다닥다닥 붙어서 풍성해 보이는 꽃을 말한다. 야생화는 배수가 잘되고 물도 자주 주어야 한다. 물은 이틀에 한 번 주면 된다. 꽃이 다 져서 바닥에 떨어질 때까지 기다리면 안 된다. 꽃이 시들시들 해지면 꽃을 원예 전용 핀으로 따줘야 한다. 그래야 꽃을 오래 볼 수 있다.

눈꽃

녹색꿩의다리

지장보살

녹색꿩의다리 (미나리아재비과)

Thalictrum coreanum Leveille

깊은 산의 숲에서 자라는 여러해살이풀. 키는 40~60cm 정도 자란다. 줄기는 선다. 잎은 호생, 잎자루가 길고, 3출성겹잎, 가장자리에 톱니가 있다. 5~7월에 연한 녹색의 꽃이 줄기 끝에 원추화서를 이루며 핀다.

지장보살 (백합과)

Smilacina joponica A. Gray

숲속의 나무 그늘에서 자라는 여러해살이풀. 키는 30~40cm 정도 자란다. 전체에 거친 털이 있다. 잎은 호생, 긴 타원형, 끝이 뾰족하다. 꽃은 양성화로 흰색 꽃이 겹총상화서를 이루며 핀다. 열매는 장과, 둥근 모양으로 붉은색으로 성숙된다.

헐떡이약풀 (범의귀과)

Tiarella Polyphylla D. Don

산기슭의 습지에서 자라는 여러해살이풀. 땅속줄기는 옆으로 자라고, 잎이 무더기로 나온다. 잎자루는 길고, 심장상 원형이라 가장자리가 얇게 3~5개로 갈라진다. 키는 15~30cm 정도 자란다. 5~6월에 흰 꽃이 홍상꽃차례를 이루며 핀다. 한방에서는 천식 치료제로 사용되면서 붙여진 이름이다.

헐떡이풀

무늬헐떡이풀 (쥐손이풀과)

Pelargonium quercifolium

소관목, 잎은 떡갈나무와 비슷하다. 남아프리카 원산으로 꽃은 보라색, 흰색 꽃이 핀다. 짙은 색깔의 무늬가 있다. 드문드문 무리져 핀다. 헐떡이풀은 감기나 해소와 천식 때문에 헐떡헐떡 거릴 때 약제로 쓰이기 때문에 붙여진 이름이다. 한방에서는 황수지라는 생약 이름으로 식물 전체를 이용한다. 한기를 없애주고 천식에 좋고, 술에 담궈 먹기도 한다. 한편 항염, 항알레르기 및 항천식 활성을 갖고 있어서 이것으로 만든 치료제는 특허품이기도 하다.

무늬헐떡이풀

히말라야바위취

히말라야바위취 (수선화과)

Bergenia pacifice Komaror

수선화과의 구근초. 남아메리카 원산이며 잎은 가을에 나오면 꽃은 4~5월에 핀다. 꽃줄기는 5cm 정도며 밝은 적색, 백색, 홍색 등 품종에 따라 여러 빛깔이 있다. 잎의 길이는 가늘고 길다. 꽃피는 시간이 길다. 일반적으로 알뿌리 나누기를 통해 번식한다. 일명 '돌부채꽃'이라고 한다.

설난

설 난 (난초과)

Rhodohypoxis baueri

남아메리카 원산, 수선화과의 구근초 봄부터 여름을 지나 초가을까지 꽃이 피는 장기 개화형 난이다. 잎은 가을에 나오고 꽃은 4~5월에 핀다. 꽃줄기는 밝은 적색, 백색, 홍색 등 품종에 따라 여러 빛깔이 있다. 추위에 강해서 붙여진 이름이며, 우리나라 남부 지방에서는 월동도 가능하다. 배수가 잘되는 흙을 사용해야 한다. 10~20℃ 정도에 신선함을 유지시키면 꽃이 오래 피어 있다.

풍선덩굴 (무환자나무과)

Cardiospermum halicacabum Linné

열대 아메리카 원산의 한해살이 덩굴식물. 길이는 2m 정도 자란다. 덩굴손에 의해 다른 물체에 기어오르며 자란다. 잎은 2회 3출겹잎으로 잎자루는 길다. 작은 잎은 피침형이며 끝이 뾰족하고 가장자리에 톱니가 있다. 8~9월에 잎겨드랑이에 흰 꽃이 핀다. 열매는 꽈리 모양이며, 씨는 검은색으로 성숙된다.

풍선덩굴

약모밀 (후추과)

Houttuynia cordate Thunberg

귀화식물로 여러해살이풀. 키는 30~50cm 정도 자란다. 식물 전체에서 고약한 냄새가 난다. 잎은 호생, 심장형 잎자루가 있고, 가장자리가 밋밋하다. 꽃은 5~6월에 이삭화서를 이루며 양성화로 핀다. 흰 꽃잎 모양의 총포 4장에 싸였다. 열매는 삭과, 땅속줄기와 잎은 약용한다.

약모밀

미치광이풀

미치광이풀

미치광이풀 (가지과)

Scopolia japonica Maxim.

깊은 산 숲에서 자라는 여러해살이풀. 일명, '광대작약', '미친풀', '미치광이' 라도고 한다. 뿌리줄기는 굵고 옆으로 뻗고, 키는 30~60cm 정도 자란다. 잎은 어긋나고 긴 타원형, 가장자리는 밋밋하고 끝이 뾰족하다. 4~5월에 짙은 보라색 꽃이 잎겨드랑이에 처지며 핀다. 화관은 종 모양, 5개로 갈라진다.

벋음씀바귀

벋음씀바귀 (국화과)

Ixeris debilis A.Gray

산지와 들의 습기가 있는 곳에서 자라는 여러해살이풀. 가는 줄기는 사방으로 퍼지며 마디에서 뿌리가 내린다. 잎은 잎자루가 길고 피침형이며 보통 가장자리가 밋밋하고 하반부에 약간의 톱니가 있다. 5~7월에 두상화는 노란색 꽃이 핀다. 꽃줄기는 10~30cm 정도, 총포는 통 모양이고, 긴 타원상 피침형이다. 열매는 수과로 검은 빛이 도는 갈색으로 성숙한다.

벋음씀바귀

씀바귀

좀씀바귀

씀바귀 (국화과)

Ixeris dentata Nakai

산이나 들, 밭에서 자라는 여러해살이풀. 키는 30~50cm 정도 자란다. 근생엽은 꽃이 핀 뒤에도 남아 있고, 피침형, 끝이 뾰족하다. 5~7월 두상화로 노란색 꽃이 줄기 끝에 상방상차례를 이루며 핀다. 이른 봄 뿌리와 어린 순은 식용하고 전초는 약용한다.

좀씀바귀 (국화과)

Ixeris stolonifera A. Gray

산과 들에서 자라는 여러해살이풀. 키는 10cm 정도 자란다. 줄기는 옆으로 길게 뻗으며 마디에서 뿌리가 나온다. 잎자루가 잎몸보다 길다. 5~6월에 줄기 끝에 노란색 꽃이 1송이씩 핀다. 결실은 8월에 한다. 어린 순과 줄기는 식용한다. 씀바귀 속에는 '흰씀바귀', '꽃씀바귀', '선씀바귀', '갯씀바귀' 등이 있다.

황 금 (꿀풀과)

Sctellaria baicalensis Georgi

동아시아 원산으로 산지나 밭에서 재배하는 여러해살이풀. 키는 50~60cm 정도 자란다. 줄기는 밀생하며 잎자루는 거의 없고, 잎은 피침형에 가장자리에 톱니가 없다. 꽃은 원줄기 끝에 총상꽃차례로 핀다. 화관은 입술 모양이고 열매는 꽃받침 안에 둥근 모양의 씨가 있다. 일명 '속썩은풀'이라고 한다. 어린 순은 식용하고 뿌리는 약용한다.

황금

고만이 (마디출과)

Persicaria thunbergii H.Gross

들이나 물가에서 자라는 한해살이풀. 군생하고, 키는 50~100cm 정도 자란다. 줄기는 모가 나고, 갈고리 모양의 가시가 있다. 잎은 삼각형, 엽초 모양의 턱잎은 짧다. 연분홍 꽃이 가지 끝에 핀다. 꽃받침은 5장, 수술은 8개, 암술대는 3개, 열매는 수과로 황갈색이다. 줄기와 잎은 약용한다.

고만이

바위취

바위취

바위취

바위취 (범의귀과)

Saxifraga stolonifer Curtis

습기가 있는 곳에서 자라는 늘 푸른 여러해살이풀. 키는 50~60cm 정도 자란다. 전체에 긴 털이 밀생한다. 4~5월에 흰 꽃이 피는데 5장의 꽃잎 중 밑에 있는 2장이 더 크다. 꽃잎에 진한 붉은색 반점이 있다. 일명 '호이초', '등이초'라고 한다. 전초는 화상, 동상, 종기 등에 약용으로 사용된다.

어수리

어수리 (산형과)

Heracleum moellendorffii Hance

산과 들에 흔하게 볼 수 있는 여러해살이풀. 키는 70~150cm 정도 자란다. 줄기는 속이 빈 원기둥 모양, 굵은 가지가 갈라지고 큰털이 있다. 잎자루가 길고, 잎은 깃꼴겹잎이며 가는 털이 밀생한다. 작은 잎은 삼각형이고 가장자리에는 결각 모양의 톱니가 있다. 가지 끝에 흰 꽃이 산형화서로 된 겹산형화서를 이루며 핀다. 열매는 납작한 난형이다.

구실사리

구실사리 (부처손과)

Selaginella rossii(Baker) warb.

늘푸른 여러해살이풀. 겨울철에도 푸른빛을 유지할 정도로 생명력이 강한 들풀이다. 부처손과에 속한다. 전 세계에 700종이 있다. 우리나라에는 '실사리', '개실사리', '외구실사리', '선비늘이끼', '바위손', '개부처손' 등이 분포한다.

대엽삼지근엽초

대엽삼지구엽초 (매자나무과)

Epimedium Koreanum Nakai

여러해살이풀. 한 포기에서 여러 대가 나와 곧추 자란다. 키는 30~40cm 정도 자란다. 원줄기에서 1~2개의 잎이 어긋나고 3개씩 2회 혼잎으로 갈라지므로 '삼지대엽구엽초'라고 부른다. 황백색 꽃이 총상화서를 이루며 아래를 향해 핀다. 삼지구엽초와 비슷하지만 잎이 약간 크다.

애기삼지구엽초

애기삼지구엽초 (매자나무과)

Epimedium Koreanum

산지의 나무 그늘에서 자라는 여러해살이풀. 뿌리줄기는 옆으로 뻗고, 키는 20~30cm 정도 자란다. 줄기 윗부분에서 3개의 가지가 갈라진다. 끝마다 3개의 잎이 달리므로 삼지구엽초라고 한다. 잎은 계란 모양으로 끝이 뾰족하고 심장 모양이며 가장자리에 털 같은 톱니가 있다. 흰 꽃이 피며 꽃잎은 4개, 긴 꽃주머니가 있다. 삼지구엽초보다 잎과 꽃이 작게 보인다.

석영삼지구엽초 (매자나무과)

Epimedium Koreanum

여러해살이풀. 키는 20~30cm 정도 자란다. 원줄기에 1~2개의 잎이 어긋나고 3개씩 2회 갈라진다. 가장자리에는 잔톱니가 규칙적으로 배열 된다. 잎몸은 심장형, 꽃은 황백색 또는 연분홍 꽃이 핀다. 열매는 8월에 딱딱하게 성숙되어 달린다. 번식은 8월에 익은 종자를 화단에 뿌린다. 가을과 이듬 해 봄에 포기 나누기를 한다.

석영삼지구엽초

흰 붓꽃 (붓꽃과)

Iris Sanguinea

산기슭에서 자라는 여러해살이풀. 키는 50~60cm 정도 자란다. 잎은 선형, 끝은 뾰족하고 중앙맥은 뚜렷하지 않다. 꽃은 5~6월에 흰색으로 핀다. 열매는 7~8월에 성숙하며, 원판 모양의 짙은 갈색 씨가 들어있다.

흰붓꽃

애기붓꽃

애기붓꽃 (붓꽃과)

Iris Ruthenia

산지의 건조한 곳에서 자라는 여러해살이풀. 키는 30cm 정도 자란다. 뿌리줄기는 옆으로 뻗으며 새순이 나온다. 묵은 잎은 싸여 있다. 꽃은 4~5월 꽃자루 끝에 1~2개의 보라색 꽃이 핀다. 꽃자루는 매우 짧으며, 가장자리는 붉은색을 띤다. 열매는 둥글고 성숙하면 곧 터진다. 종자는 둥글다. 일명 솔붓꽃이라고 한다.

흰앵초

흰앵초 (앵초과)

Primula Siebildii f. albiflora

전국 산지에 분포된 여러해살이풀. 줄기에는 부드러운 털이 있다. 잎은 뿌리에 모여난다. 계란형, 또는 타원형, 가장자리에 얕게 갈라지고 톱니가 있다. 꽃은 4월에 흰색 꽃이 핀다. 열매는 삭과로 원추상 편구형으로 성숙한다.

황산앵초 (앵초과)

Primula Veris

유럽, 중앙아시아, 동아시아 원산지, 여러해살이풀. 이른 봄 뿌리줄기에서 로젯트형의 잎이 나오며 처음에는 뒤로 말린다. 잎은 일반적인 앵초처럼 둥근 타원형이며 불규칙한 톱니가 있다. 꽃은 4~5월에 약 30cm 정도의 꽃대 끝에 깔대기 모양의 노란색 꽃이 10~30개씩 달려 핀다. 종 모양의 꽃 안쪽에 오렌지색 점이 찍혀 있다.

황산앵초

각시둥굴레 (백합과)

Polygonatum numile

여러해살이풀. 깊은 산이나 들의 숲 가장자리 풀밭에서 자란다. 일명 둥굴레아재비라고도 한다. 줄기는 15~30cm 정도 자라며 모가 진다. 잎은 어긋나고, 긴 타원형, 잎자루는 없다. 꽃은 5~6월에 녹색이 도는 흰색 꽃이 대롱 모양으로 핀다. 열매는 익으면 짙은 하늘색이 된다. 어린 줄기와 잎은 나물이나 국거리로 이용한다.

각시둥굴레

검정종덩굴

검정종덩굴 (미나리아재비과)

Clematis fusca var. Violacea

갈잎떨기나무(잎이 지는 떨기나무)로 줄기는 2.5~3m 정도 자란다. 잎은 마주달리고 작은 잎은 겹잎이며 끝의 작은 잎은 흔히 덩굴손으로 핀다. 잎은 계란형, 타원형이며 가장자리에 2~3개로 갈라진다. 꽃은 7~8월에 자주빛이며 종 모양이다. 덩굴 식물이다.

산겨릅나무

산겨릅나무 (단풍나무과)

Acer tegmentosum

갈잎작은키나무로 깊은 산의 계곡에서 자란다. 수피는 녹색이며 줄이 있다. 잎은 마주나고 넓은 계란형, 끝은 뾰족하고 가장자리는 3~5개로 갈라지고 뾰족한 겹톱니가 있다. 꽃은 5월에 노란빛을 띤 녹색으로 핀다. 열매는 9~10월에 성숙한다.

소엽풍란 (난초과)

Neofinetia flacata

남쪽 섬에서 바위 위나 늙은 나무의 줄기에 붙어 자란다. 늘 푸른 여러해살이풀. 줄기는 몇 개의 잎이 서로 감싼다. 잎은 두껍고 굳으며 안으로 접혀서 뒤로 젖혀진다. 끝 부분은 좌우로 편평하고 끝이 둔하다. 꽃은 꽃대에 여러 개의 꽃이 어긋나며 흰 꽃이 핀다. 잎이 좁은 것과 넓은 것이 있고 흰빛이나 황색 무늬가 있다.

소엽풍란

실란 (난초과)

Saffron

유럽 남부와 소아시아 원산, 온난하고 비가 적은 곳에서 잘 자란다. 키는 15~20cm 정도 자란다. 잎은 알뿌리 끝에 모여난다. 줄모양이며 꽃이 진 다음에 잘 자란다. 끝이 뾰족하다. 꽃은 깔때기 모양이며 10~11월에 자주색으로 핀다. 원예상으로 봄에 피는 종과 가을에 피는 종을 구분한다. 봄에 피는 종을 크로커스, 가을에 피는 종을 샤프란(실난)이라고 한다.

실란

흰뻐꾹나리

흰뻐꾹나리 (백합과)

Tricyrtis macropoda

여러해살이풀. 산기슭에서 자란다. 키는 40~50cm 정도 자란다. 잎은 어긋나고 계란을 거꾸로 세운 듯한 모양, 타원형, 가장자리는 밋밋하다. 꽃은 원줄기 끝에 흰색 또는 자주색 꽃이 핀다. 열매는 타원형, 종자는 편평한 타원형으로 성숙한다. 한국 특산식물이다.

미역취

미역취 (국화과)

Solidago Virgaurea

여러해살이풀. '돼지나물'이라고 한다. 키는 50~80cm 정도 자란다. 수피는 자주색 잔털이 있다. 꽃이 피면 뿌리에서 나온 잎은 없어진다. 줄기에서 나온 잎은 계란모양, 긴 타원형 끝이 뾰족하고 가장자리에 톱니가 있다. 꽃은 노란색 꽃이 산방꽃차례를 이루며 핀다. 전체가 커다란 꽃이삭을 형성한다. 열매는 수과로 원통모양이다.

여름에 피는 풀꽃

삼라만상의 초목들이 가장 왕성한 계절, 한여름의 산과 들에는 제각기 특색을 가진 들꽃으로 넘쳐난다. 패랭이, 붓꽃, 백두산의 노랑만병초에 이르기까지, 이들은 생존을 위해 벌과 나비 곤충을 유혹하기 위해 강한 향기와 강렬한 색깔을 발휘한다. 대개 밝고 화사한 노란색을 가진 꽃은 주로 봄에 피고, 붓꽃과 같은 보라색 계통의 꽃은 여름에 핀다.

두메양귀비(백두산 천지)

두메양귀비 봉오리

흰두메양귀비

두메양귀비 (양귀비과)

Papaver radicatum Rottb. var. seudo~radicalum (ckitam) Kitam

백두산 지역의 높은 곳에서 자라는 두해살이풀. 키는 20~30cm 정도 자란다. 노란색 또는 흰색 꽃이 잎이 없는 꽃줄기 끝에 핀다. 6~8월이면 백두산 천지 주변에 군락을 이루어 천지와 어우러져 핀다. 이 꽃은 강렬한 색깔을 발휘하여 벌과 나비 등 곤충을 기다리며 강인한 자태로 꽃을 피운다. 흰 꽃이 피는 '흰두메양귀비'가 있다.

돌꽃

암꽃

수꽃

○ 돌꽃 (돌나물과)

Rhodiola rosea Linné

우리나라 북부 지역 백두산 주변의 바위 위에서 자라는 여러해살이풀. 키는 5~10cm 정도 자란다. 작은 줄기가 모여 공 모양으로 뭉쳐서 사란다. 이것은 백두산 천지 주변의 세찬 바람과 추위를 피하기 위한 생존의 방법일 것이다. 6~8월에 암수가 딴 그루에서 줄기 끝에 노란색 또는 붉은색 꽃이 모여 핀다.

좁은잎돌꽃

좁은잎돌꽃 (돌나물과)

Rhodiola angusta Nakai.

북부 지방 높은 산 돌밭에서 자라는 여러해살이풀. 키는 5cm 정도 자란다. 줄기에 돌려가며 촘촘히 어긋나는 잎은 다육질로 넓은 선형이고 가장자리가 밋밋하다. 7~8월에 암수딴그루로 줄기 끝에 취산꽃차례를 이루며 노란 꽃이 핀다. 꽃받침에는 자주색 반점이 있다.

가지돌꽃

가지돌꽃 (돌나물과)

Rhodiola ramosa Nakai.

북부 지방의 높은 산에서 자라는 여러해살이풀. 줄기는 5~7cm 정도 자란다. 아래쪽은 적갈색 비늘 조각으로 덮여 있다. 줄기에 돌려가며 촘촘히 어긋나는 잎은 다육질이다. 6~8월에 피는 노란 꽃은 양성화로 취산꽃차례를 이루며 핀다. 꽃잎은 4개이고 수술은 8개, 그중 4개는 꽃잎 밑에 붙어 있다. 씨방은 4개이다.

나도개미자리

나도개미자리 (석죽과)

Minuartia arctica(Stev.) Ascherson et Graebner

우리나라 북부 지역의 고산지대의 해발 2,000m 이상의 암석 지대에서 자라는 여러해살이풀. 키는 5cm 정도 자란다. 줄기에는 선모가 있으며 가지가 많이 갈라진다. 줄기에 마주나는 바늘 모양의 잎은 밑부분이 서로 합쳐진다. 7~8월에 가지 끝에 흰 꽃이 1개씩 핀다. 열매는 삭과로 긴 타원형으로 성숙된다.

나도개미자리

붉은인동

흰인동

붉은인동 열매

인동덩굴 (인동과)

Lonicera japonica Thunberg

산기슭의 양지바른 곳에서 흔하게 자라는 덩굴성 떨기나무. 길이는 5m 정도 자란다. 가을에서 겨울까지 잎이 붙어 있으며 잎은 긴 타원형, 또는 넓은 피침형이 두 장씩 마주난다. 꽃은 6~7월에 흰 꽃으로 피었다가 나중에는 노란색으로 변한다. 한 그루에 은색과 금색이 함께 피는 것 같아 '금은화'라고도 한다. 동그란 열매는 가을에 검은색으로 성숙된다. 꽃과 잎은 약용한다.

노루오줌(연분홍)

노루오줌 (범의귀과)

Astilbe chinensis (Max.) Franch.

산에서 자라는 여러해살이풀. 키는 30~70cm 정도 자란다. 뿌리에서 노루오줌 같은 냄새가 난다고 붙여진 이름이다. 갈색의 긴 털이 나 있다. 7~8월에 줄기 끝에 커다란 원뿔 모양의 꽃송이에 자잘한 자홍색 꽃이 다닥다닥 매달려 핀다. 결실은 9~10월에 한다. 어린 순은 식용하고 전초는 약용한다. 일명 '노루풀', '홍승마'라고 한다.

노루오줌(적색)

패랭이꽃

흰패랭이꽃

패랭이꽃

패랭이꽃 (석죽과)

Dianthus siresis Linné

산에서 자라는 여러해살이풀. 일명 '석죽화'라고 한다. 키는 20~30cm 정도 자란다. 6~8월에 진분홍 꽃이 줄기 끝에 1송이 내지 2~3송이 꽃이 위를 향해 핀다. 패랭이꽃은 생명력이 강해 척박한 땅에서도 잘 자란다. 꽃 모양이 옛날 장터에서 장사를 하던 장돌뱅이들이 쓰던 '패랭이'와 같다 하여 붙여진 이름이다. 일명 '산죽꽃패랭이', '지여죽'으로도 부른다.

꽃패랭이 (석죽과)

Dianthus caryophyllus

유럽과 서부 아시아 원산의 여러해살이풀. 키는 30~50cm 정도 자란다. 한 뿌리에서 여러 줄기가 나와 곧게 서고, 잎은 마주나며 선형 또는 피침형으로 끝이 뾰족하다. 6~8월에 여러 가지 색, 꽃이 잎겨드랑이나 줄기 끝에 1송이씩 또는 2~3송이씩 핀다. 향기가 있다. 꽃과 열매가 달린 전체를 그늘에서 말려 약용한다. 신장염, 방광염 등에 활용한다.

꽃패랭이

누운패랭이 (석죽과)

Dianthus chinensis Linné

들에서 자라는 여러해살이풀. 키는 20~30cm 정도 자란다. 잎은 대생, 선형, 피침형으로 끝이 뾰족하다. 6~8월에 흰 꽃, 진분홍색 꽃이 1송이씩 핀다. 패랭이꽃과 닮았으나 줄기가 땅을 기고 줄기 끝이 위로 향한다. 제주도에 분포되어 자라고 있다. 꽃말은 '순결한 사랑', '순애', '조심', '대담' 등 다양하다.

누운패랭이

술패랭이꽃

술패랭이꽃

술패랭이꽃 (석죽과)

Dianthus superbus Linné

중부 이북의 고산 지역의 산이나 들의 풀밭에서 자라는 여러해살이풀. 키는 50~80cm 정도 자란다. 잎은 선상 피침형으로 서로 마주 보고 달린다. 7~8월에 분홍색 꽃이 취산꽃차례로 패랭이 모양으로 피는데 꽃잎 가장자리가 잘게 갈라진다. 관상용으로 키우며 전초는 약용한다. 은은한 향기가 풍겨나는 야생화이다.

수염패랭이 (석죽과)

Dianthus barbatus Linné Var. asiaticus Nakai

산이나 들의 숲에서 자라는 여러해살이풀 또는 한해살이풀로 취급한다. 키는 50cm 정도 자란다. 잎은 마주달리고 넓은 피침형이며 끝이 뾰족하다. 꽃은 6~8월에 원줄기 끝에 붉은색 꽃이 취산꽃차례로 핀다. 원줄기 끝에 달리고 빽빽이 모여 있어 산방상으로 보인다. 열매는 삭과이다. 작은 포가 모여 달려서 털 같이 보여 '수염패랭이꽃' 이라고 한다.

수염패랭이

구름패랭이꽃 (석죽과)

Dianthus superbus Linné

우리나라 북부 지역 고산지대에서 자라는 여러해살이풀. 키는 20~30cm 정도 자란다. 7~8월에 가지 끝에 연한 홍자색 꽃이 핀다. 꽃의 끝이 날카롭고 꽃잎은 술처럼 갈라진다. 술패랭이꽃에 비해 키가 작다. 흰 꽃이 피는 '흰술패랭이꽃' 그리고 '수염패랭이꽃', '난장이패랭이꽃', '꽃패랭이' 등 다양하다.

구름패랭이꽃

이질풀

흰이질풀

섬쥐손이풀

이질풀 (쥐손이풀과)

Geranium thunbrgii Siebold et Zucc.

산이나 들에서 자라는 여러해살이풀. 키는 90cm 정도 자란다. 전체에 긴 털이 나 있다. 6~7월에 연한 자주색 꽃과 흰색 꽃이 잎겨드랑이에 나온 꽃줄기에서 핀다. 결실은 9~10월에 한다. 전초는 지사제로 사용한다. 일명 '개별', '분홍이질풀', '쥐손이풀'이라고도 한다.

선이질풀 (쥐손이풀과)

Geranium krameri Franchet Savatier

우리나라 각처의 산이나 들에서 자라는 여러해살이풀. 키는 90cm 정도 자란다. 잎자루에 털이 있다. 잎은 손바닥 모양인데 끝이 뾰족하고 톱니가 있다. 7~8월에 연한 붉은색 꽃이 핀다. 이 꽃은 이질풀의 한종류로 서 있는 이질풀이라는 뜻이다. 이질풀은 설사를 일으키는 병인 이질에 걸렸을 때 치료제로 쓴다고 해서 붙여진 이름이다. 일명 '노란초'라고 한다.

선이질풀

나도승마 (미나리아재비과)

Kirengeshoma koreana Nakai

산기슭의 계곡에서 자라는 여러해살이풀. 키는 60~80cm 정도 자란다. 잎은 대생, 잎자루가 길고 손바닥 모양으로 톱니와 털이 있다. 잎이 마와 비슷하고 약재로 사용하면 성질이 상승하기 때문에 승마라는 이름이 붙었다. 8~9월에 엷은 노란색 꽃이 줄기 끝에 몇 송이씩 달려 핀다. 꽃 끝 부분이 다섯 갈래로 갈라진다. 일명 '왜승마', '백운승마', '노랑승마' 라고 부른다. 한국 특산 식물이다.

나도승마

섬쥐손이풀

털쥐손이풀

섬쥐손이풀 (쥐손이풀과)

Geranium shikokianum Matsumura var. quelpaertense Nakai

산 정상 주변에서 자라는 여러해살이풀. 키는 20~40cm 정도 자란다. 뿌리줄기는 통통하고, 전체에 털이 밀생한다. 잎은 마주나기하며 잎자루가 길다. 7~8월에 잎겨드랑이 또는 줄기 끝에 연분홍 꽃이 핀다. 한국 특산 식물이다.

털쥐손이풀 (쥐손이풀과)

Geranium eriostemon Fischerz

산 중턱 이상에서 자라는 여러해살이풀. 키는 40~50cm 정도 자란다. 전체에 거친 털이 있다. 잎은 손바닥 모양으로 5~7갈래로 갈라지며 가장자리에 불규칙한 톱니가 있다. 턱잎은 피침형이다. 7~8월에 홍자색 또는 보라색 꽃이 줄기 끝에 핀다.

쥐손이풀

쥐손이풀

종쥐손이풀

쥐손이풀 (쥐손이풀과)

Geranium sibiricum Linné

산과 들의 습한 곳에서 자라는 여러해살이풀. 키는 50~80cm 정도 자란다. 잎자루가 길고 잎은 손바닥 모양이고 끝이 뾰족하다. 땅을 기며 자란다. 7~9월에 가지 끝에 연한 붉은색 또는 흰 꽃이 잎겨드랑이에서 나온 꽃줄기에서 핀다. 연분홍색으로 피는 '분홍쥐손이', '털쥐손이' 흰색으로 피는 '좀쥐손이풀' 등이 있다.

엉겅퀴

엉겅퀴 (국화과)

Cirsium maackii Maximowicz

들에서 자라는 여러해살이풀. 키는 40~90cm 정도 자란다. 거미줄 같은 털이 있다. 근생엽은 꽃이 필 때까지 남아 있으며, 경생엽보다 크고, 타원형이다. 6~8월에 두상화로 줄기나 가지 끝에 분홍색 꽃이 핀다. 어린 순은 식용하고, 성숙한 식물체는 약용한다.

정영엉겅퀴

정영엉겅퀴 (국화과)

Cirsium chanroenicum Nakai

깊은 산 숲에서 자라는 여러해살이풀. 키는 50~100cm 정도 자란다. 줄기에는 능선이 있고 가지가 갈라진다. 줄기에 어긋나는 잎은 달걀형으로 끝이 뾰족하다. 꽃은 7~10월에 가지 끝에 노란빛을 띤 흰색 꽃송이가 모여 핀다. 총포는 종 모양이고, 거미줄 같은 털이 있다. 어린 싹은 식용한다.

고려엉겅퀴

조뱅이

고려엉겅퀴 (국화과)

Cirsium setidens Nakai

산기슭이나 들에서 자라는 여러해살이풀. 키는 100cm 정도 자란다. 줄기는 가지가 많다. 잎은 어긋나기하며 타원상 피침형으로 끝이 뾰족하고, 가장자리에 톱니가 있다. 잎은 꽃이 필 때 말라죽는다. 표면에 털이 약간 있다. 7~10월에 홍자색 꽃이 두상화로 줄기나 가지 끝에 핀다.

조뱅이 (국화과)

Breea segetum Kitamura

들이나 밭둑에서 자라는 여러해살이풀. 키는 20~40cm 정도 자란다. 근생엽은 꽃이 필 때 없어지고, 경생엽은 긴 타원형으로 끝이 둔하다. 가장자리에 톱니가 있다. 5~8월에 자주색, 흰빛을 띤 분홍색 꽃이 줄기나 가지 끝에 핀다.

가시엉겅퀴

가시엉겅퀴 (국화과)

Cirsium maackii Maxi.

산이나 들에서 자라는 여러해살이풀. 키는 50~100cm 정도 자란다. 가지 위에 거미줄 같은 털이 있다. 잎에는 날카로운 가시가 있고 톱니가 있다. 6~8월에 줄기와 가지 끝에 붉은색 꽃이 핀다. 결실은 9월에 한다. 어린 순은 식용하고 성숙한 식물체는 약용한다.

큰엉겅퀴

큰엉겅퀴 (국화과)

Cirsium pendulum Fischer

야산과 들의 풀밭에서 자라는 여러해살이풀. 키는 1~2m 정도 자란다. 줄기에 어긋나는 잎은 뿌리 잎과 같으나 올라갈수록 작아진다. 뿌리 잎은 잎몸이 새깃처럼 갈라지고 뾰족하다. 꽃은 8~9월에 줄기 중간에 가지 끝마다 붉은색 꽃송이가 아래를 향해 늘어지면서 핀다. 어린 순은 식용한다.

산비장이

산비장이씨

엉겅퀴

산비장이 (국화과)

Coronata Coronara Linné

산에서 자라는 여러해살이풀. 키는 30~140cm 정도로 곧게 자란다. 뿌리잎과 줄기잎의 모양이 비슷하다. 8~9월에 홍자색 꽃이 가지 끝에 1개씩 핀다. 줄기에는 세로 줄이 있고 갈래 조각의 잎에는 고르지는 않지만 톱니가 있다. 종 모양의 총포에 포 조각이 6줄로 배열되었고, 거미줄 같은 털이 있다. 어린 순은 나물로 먹는다.

지느러미엉겅퀴

조뱅이

흰엉겅퀴

지느러미엉겅퀴 (국화과)

Carduus crispus Linne

산기슭이나 들에서 자라는 한해살이풀. 키는 80~100cm 정도 자란다. 줄기에 지느러미 같은 날개가 있다. 잎과 줄기에 가시 털이 있다. 잎은 호생, 긴 타원형, 깃 모양, 뒷면에는 흰털이 있다. 5~10월에 홍자색 꽃이 핀다. 일명, '엉거시'라고 한다.

범부채

범부채와 나비

범부채 열매

범부채 (붓꽃과)

Belamcanda chinensis (L.) Redoute

산과 들에서 자라는 여러해살이풀. 키는 100cm 정도 자란다. 칼 모양 잎은 2줄로 나란히 나며 밑에서는 서로 얼싸안는다. 7~8월에 황적색 꽃이 핀다. 꽃잎에는 검은자주색 반점이 있다. 꽃에 호랑이 무늬 같은 반점이 있고 잎이 부채 같다하여 붙여진 이름이다. 한방에서 뿌리와 줄기를 가래 삭이는 데 사용한다.

꽃며느리밥풀

꽃며느리밥풀

며느리밑씻개

꽃며느리밥풀 (현삼과)

Melampyrum roseum Maxim.

산에서 자라는 한해살이풀. 키는 30~50cm 정도 자란다. 줄기에 마주나는 좁은 달걀형 잎은 끝이 뾰족하다. 줄기와 잎에 잔털이 있다. 7~8월에 줄기 끝에 입술 모양의 홍자색 꽃이 모여 달려 핀다.

며느리밑씻개 (마디풀과)

Persicaria senticosa H.Gross

산기슭이나 들에서 자라는 덩굴성 한해살이풀. 줄기는 1~2cm 정도 자란다. 긴 잎자루와 같이 갈고리 모양의 가시가 있다. 잎은 긴 삼각형이다 8~9월에 양성화로 연분홍색 꽃이 핀다.

새며느리밥풀 (현삼과)

Melampyrum setaceum Nakai.

산기슭 양지바른 곳에서 자라는 한해살이풀. 네모진 줄기는 40~50cm 정도 자란다. 달걀형의 잎은 끝이 뾰족하다. 줄기에 잔털이 있다. 7~8월에 줄기 끝에 홍자색 꽃이 총상꽃차례로 핀다. 포는 달걀형으로 적자색이 돌고 가장자리에 긴 가시털 같은 톱니가 있다.

새며느리밥풀

수염며느리밥풀 (현삼과)

Melampyrum roseum Maximowicz

남부 지방과 서남 군도를 거쳐 일본까지 분포되어 자란다. 산지의 건조한 숲에서 자라는 반기생 식물로 한해살이풀. 키는 30~50cm 정도 자란다. 줄기는 곧게 서고, 잎은 마주나기 하며, 긴 난형, 끝이 뾰족하나 가장자리는 밋밋하다. 8~9월에 줄기나 가지 끝에 한쪽으로 몰린 이삭화서를 이루며 붉은색 꽃이 핀다.

수염며느리밥풀

금불초

금불초

금불초

금불초 (국화과)

Inula britannica Linné

습기가 있는 산과 들의 풀밭에서 자라는 여러해살이풀. 키는 20~50cm 정도 자란다. 뿌리줄기가 뻗으면서 퍼져나간다. 잎은 긴 타원 피침형으로 끝이 뾰족하고 잎자루는 없다. 드문드문 톱니가 있다. 7~9월에 꽃가지 끝에 노란색 꽃이 핀다. 어린 순은 식용하고, 한방에서 거담제로 사용한다. 일명 '들국화', '금전화'로 불린다.

멍석딸기꽃

멍석딸기 (장미과)

Rubus parvifilius Linné

산기슭이나 논밭둑에서 자라는 갈잎떨기나무, 줄기는 옆으로 뻗으며 가지에 가시와 털이 밀생한다. 잎은 어긋나며 작은 잎이 3개씩 달리는 깃꼴겹잎 가장자리에 톱니가 있다. 작은 잎은 넓은 거꿀달걀꼴로 원형이고 작은 잎은 3개로 갈라진다. 5~7월에 연분홍, 붉은색 꽃이 가지 끝에 산방꽃차례 또는 원추꽃차례로 핀다. 열매는 복과로 붉은색으로 성숙되는데 식용한다.

멍석딸기

뱀딸기

뱀딸기 (장미과)

Duchesnea indica(Andr.) Focke

들의 풀밭이나 길가에서 자라는 여러해살이풀. 줄기는 옆으로 길게 뻗으며 마디에서 뿌리를 내린다. 줄기에 털이 빽빽이 나 있다. 4~6월 잎겨드랑이에서 나온 긴 꽃자루 끝에 1개의 노란색 꽃이 핀다. 딸기 모양의 열매는 붉게 익는다. 딸기보다는 맛은 없다. 새들의 먹이가 된다.

함경딸기꽃

함경딸기꽃 (장미과)

Rubus arcticus Linné

함경도 고산지대의 저습지에서 자라는 본성 갈잎떨기나무, 일명 '천도딸기' 또는 '두메딸기' 라고 한다. 줄기에는 가시가 없고 짧은 털만 퍼져 있다. 잎은 3축 겹잎으로 2개의 소엽으로 구성되고 작은 잎은 마름모꼴로 양면에 털이 퍼져 있다. 7월에 장미색 꽃이 줄기 끝에 1송이씩 핀다. 꽃잎은 장미색으로 거꿀피침 모양이다.

장딸기꽃 (장미과)

Rubus hirstus thunberg

갈잎떨기나무, 한국이 원산, 키는 20~60cm 정도 자란다. 땅속줄기가 옆으로 길게 뻗으면서 군데군데 새순이 나온다. 줄기는 가시와 더불어 부드러운 선모가 있다. 잎은 어긋 나기, 긴겹잎 모양, 피침형으로 양면에 털이 있다. 잎 가장자리에 결각 톱니가 있다. 꽃은 양성화로 흰 꽃이 핀다. 꽃잎은 5개며 모양은 거꿀달걀꼴로 타원형이다. 열매는 둥글고 7~8월에 붉게 성숙한다.

장딸기꽃

겨울딸기 (장미과)

Rubus buergeri

열매가 가을에서부터 겨울에 성숙되기 때문에 겨울딸기라 한다. 일년생가지에 융털이 밀생한다. 잎은 어긋나기하며, 둥근 단엽으로 심장형, 가장자리에 결각상으로 갈라진다. 꽃은 흰색으로 총상꽃차례를 이루며 핀다. 열매는 둥글며 붉은색으로 9~10월에 성숙한다. 식용하고 농가의 비닐 하우스에서 재배한다.

겨울딸기

달구지풀

달구지풀 (콩과)

Trifolium lupinaster Linné

우리나라 북부 지역의 풀밭에서 자라는 여러해살이풀. 키는 20~30cm 정도 자란다. 잎자루는 짧고 손바닥 모양의 겹잎으로 잎맥이 뚜렷하며 뒷면에 털이 있다. 6~9월에 잎겨드랑이에 짙은 붉은색 꽃이 10~20송이씩 핀다. 달구지풀보다 좀 작은 '제주달구지풀'은 제주도 한라산에서 자란다.

구름떡쑥

구름떡쑥 (국화과)

Anaphalis sinica Hance

한라산 구름 속의 고산지대의 건조한 풀밭에서 자라는 여러해살이풀. 키는 10~15cm 전체에 솜털이 있다. 경생엽은 피침형이다. 8~9월에 연한 노란색 꽃이 핀다. 이 꽃은 떡을 해 먹는다고 해서 붙여진 이름이다. 색깔이 쑥과 흡사하나 형태와 모양이 다르다. '구름'이라는 말을 붙인 것은 구름이 많은 높은 산에 분포되어 자라기 때문이다.

즈이나 (매화오리나무과)

Clethra alnifolia Linne

동북 아메리카 원산으로 전세계에 2속 31종이 분포하며 우리나라는 제주도 한라산에 분포한다. 습기가 있는 덤불이나 모래숲에서 자생한다. 키는 90~100cm 정도 자란다. 잎은 어긋나고 뾰족한 타원형으로 잎가장자리에 톱니가 있다. 꽃은 가지 끝에 여러 갈래로 꽃대가 나와 별 모양의 작은 흰 꽃이 이삭 모양으로 뭉쳐 빽빽히 달린다. 열매는 납작하고 둥근 열매가 맺히며 속에는 날개 달린 씨앗이 들어 있다.

즈이나

터리풀 (장미과)

Filipendula glaberrima Nakai

고산지대의 숲이나 풀밭에서 자라는 여러해살이풀. 키는 100cm 전후로 자란다. 전체에 털이 거의 없다. 줄기에 어긋나는 잎은 깃꼴겹잎으로 끝의 작은 잎은 단풍잎처럼 5개로 갈라지며 옆의 작은 잎은 1~7쌍으로 크기가 아주 작다. 잎은 끝이 날카롭고 가장자리에 결각 모양의 겹톱니가 있다. 6~8월에 줄기와 가지 끝의 커다란 꽃송이에 자잘한 흰색 꽃이 촘촘히 핀다. 한국 특산 식물이다.

터리풀

산오이풀

산오이풀 (장미과)

Sanguisorba hakusanensis Makino

높은 산 중턱에서 자라는 여러해살이풀. 키는 40~80cm 정도 자란다. 잎에는 톱니가 있고 잎자루가 길다. 어린 줄기와 잎에서 오이 냄새가 난다. 8~9월에 홍자색 또는 흰색 꽃이 이삭꽃차례로 위에서부터 핀다. 열매는 사각형으로 성숙된다. 어린 식물은 식용하고 뿌리는 지혈제로 약용한다.

쑥방망이

쑥방망이 (국화과)

Senecio argunensis

여러해살이풀로 산지의 풀밭에서 자란다. 키는 60~160cm까지 자란다. 줄기는 곧게 서고 거미줄 같은 털이 난다. 잎은 어긋나고 긴 타원형이며 잎자루는 깃처럼 갈라진다. 가장자리에는 톱니가 있다. 꽃은 8~9월에 노랑색으로 피며 산방꽃차례를 이룬다. 열매는 수과로 9~10월에 성숙한다. 번식은 종자나 포기 나누기로 한다. 한국, 중국 등지에서 분포한다.

산솜방망이

산솜방망이 (국화과)

Senecio flammeus Turcz.

높은 산 숲에서 자라는 여러해살이풀. 키는 15~30cm 정도 자란다. 줄기에 어긋나는 잎은 거꾸로 된 피침형으로 끝이 뾰족하고 톱니가 있으며 잎자루에 날개가 있다. 전체에 거미줄 같은 흰털이 빽빽하다. 7~8월에 줄기 끝에서 갈라진 가지마다 황적색 꽃이 핀다. 비슷한 시기에 피는 '민솜방망이' 꽃과 비슷하다.

민솜방망이

민솜방망이 (국화과)

Senecio pierotil Miquel

우리나라 북부 지역 고산지대의 습한 곳에서 자라는 여러해살이풀. 키는 15~30cm 정도 자란다. 줄기 전체에 솜털이 있다. 잎은 피침형이 위로 갈수록 작아진다. 4~6월에 노란 꽃이 두상꽃차례로 피고 열매는 원통형으로 털이 있다. 어린 순은 식용한다. 솜방망이꽃과 흡사하다.

눈빛승마

눈빛승마 (미나리아재비과)

Cimicifuga davurica Maxi.

산지의 숲속에서 자라는 여러해살이풀. 키는 150~200cm 정도 자란다. 줄기에 어긋나는 잎은 2~3회 3출엽이다. 작은 잎은 달걀 모양이고 톱니가 있다. 7~8월에 줄기 끝에 원추꽃차례로 자잘한 흰색 꽃이 모여 핀다. 결실은 9~10월에 한다.

개병풍

개병풍 (범의귀과)

Rodgersia tabularis (Hemsl.) Engl.

깊은 산 수림 지역에서 자라는 여러해살이풀. 키는 1m 정도 자란다. 줄기에 강모가 난다. 6~7월에 흰색 또는 분홍색 꽃이 원추꽃차례로 밀생하여 핀다. 근생엽은 잎자루가 길고 잎이 크고 둥글고 가장자리에 톱니가 있다. 꽃은 양성화, 꽃받침은 통 모양이고, 얕게 5갈래로 갈라지고 끝이 뾰족하다. 꽃잎은 5장, 선형이며, 수술이 5개이고 암술대가 2개이다. 어린 잎은 식용한다. 일명 '골병풍'이라고 한다.

며느리배꼽

며느리배꼽

며느리배꼽 (마디풀과)

Polygonum perfoliatum Linné

들이나 길가에서 흔하게 덩굴지며 자라는 한해살이풀. 줄기는 1m 전후 자란다. 연분홍색 꽃이 핀다. 꽃이삭 아래에 잎처럼 생긴 포가 있으며 꽃이 진 후 둥글고 작은 열매가 모여 달린다. 열매는 청보라색으로 변한다. 줄기와 잎에 날카로운 가시가 있다. '며느리밑씻개'와 잎의 형태와 물체에 붙는 습성이 유사하다.

금매화 (미나리아재비과)

Trollius ledebourii Reich.

고산지대의 습지에서 자라는 여러해살이풀. 키는 40~70cm 정도 자란다. 뿌리 잎과 줄기잎은 잎자루가 짧고 둥근 잎몸이 3~5갈래로 갈라진다. 7~8월에 꽃가지 끝에 1송이씩 노란색 꽃이 핀다. 줄기는 위에서 가지가 갈라진다. 줄기잎은 어긋난다. 5~7개의 꽃받침조각은 꽃잎 같이 보인다. 꽃잎은 5~10장으로 수술보다 길다. 카메라 저속 셔터에 의한 바람의 이미지를 표현한 사진이다.

금매화

애기금매화 (미나리아제비과)

Trollius japonics Miquel

고산지대의 습지에서 자라는 여러해살이풀. 키는 30~10cm 정도 자란다. 잎은 둥근 심장형으로 가장자리에 톱니가 있다. 뿌리에서 잎자루가 긴 잎이 나오며 줄기에 달리는 잎은 잎자루가 없다. 7~8월에 원줄기 또는 가지 끝에 노란색 꽃이 한 송이씩 핀다. 꽃잎은 수술보다 짧다. 꽃받침잎은 꽃처럼 생겼고 옆으로 퍼진다.

애기금매화

큰금매화

큰금매화

큰금매화 (미나리아재비과)

Trollius macropetalus Fr. Schmidt

북부 지역 고산지대(백두산) 습지에서 자라는 여러해살이풀. 키는 60cm 정도 자란다. 잎은 긴 타원형, 잎자루가 길고 잎 가장자리에 날카로운 톱니가 있다. 5~7개의 꽃받침조각은 꽃잎같이 생기고 선형꽃잎은 8~18장으로 수술보다 2배 정도 길다. 7~8월에 줄기 끝에 노란색 꽃이 1송이씩 핀다. 꽃에 꿀이 많아서 벌과 나비가 많이 찾는다.

참나리

참나리

주아

참나리 (백합과)

Lilium lancifolium Thunb.

산과 들에서 자라는 여러해살이풀. 키는 1.5~2m 정도 자란다. 피침형 잎은 줄기에 촘촘히 어긋난다. 7~8월에 황적색 꽃이 줄기 끝에서 핀다. 잎겨드랑이에 생긴 흑자색의 둥근 '주아'가 땅에 떨어져 번식한다. 흰색 비늘줄기는 약용하고, 꽃은 관상용으로 사용된다. 일명 '백합', '나리', '알나리'라고 한다. 꽃이 화려해 나리 중에서도 '참'이라는 의미로 사용되었다.

하늘나리

하늘나리

하늘나리 (백합과)

Lilium concolor var. Parth.

산과 들의 풀밭에서 자라는 여러해살이풀. 줄기는 30~90cm 정도 자란다. 비늘줄기는 넓은 타원형이며 중간 부분에 피침형 잎이 돌려나며 윗부분의 잎은 어긋난다. 잎자루가 없고 짙은 녹색을 띤다. 6~7월에 짙은 주홍색 꽃이 하늘을 보고 핀다. 꽃잎 안에는 자주색 반점이 있으며 꽃잎은 주홍색이다. 비늘줄기는 식용한다. 꽃이 하늘을 바라보고 피기 때문에 '하늘나리'라고 부른다.

큰솔나리 (백합과)

Lilium tetenuifolium Fischer

우리나라 북부 지역의 산지에서 자라는 여러해살이풀. 키는 50~60cm 정도 자란다. 비늘줄기는 3~5cm 긴 타원형이고 잎은 피침형, 밀접해 있고 좁은 선형이다. 꽃은 6~7월에 짙은 붉은색 꽃에 자주색 반점이 있다. 가지 끝에서 아래를 향해 핀다. 비늘줄기는 식용한다. 일명 '사나리'라고 한다. 한국(충북 충주, 평안남도), 중국(이무르, 우수리), 몽골, 동시베리아에 분포되어 자란다.

큰솔나리

날개하늘나리 (백합과)

Lilium dauricum (Bak.) Hara

우리나라 북부 지역의 산에서 자라는 여러해살이풀. 키는 30~70cm 정도 자란다. 잎은 줄기에 촘촘히 어긋나며 줄기 끝에서는 모여난다. 땅속에 둥근 달갈형의 비늘줄기가 있다. 비늘줄기는 지름 3~5cm, 비늘 조각의 위에 마디가 있다. 꽃은 1~5송이가 원줄기 끝에서 금방이라도 날아가려는 모습으로 핀다. 꽃은 황적색 바탕에 자주색 반점이 있다. 꽃이 크고 아름다워 관상용으로 인기가 좋다.

날개하늘나리

솔나리

솔나리

솔나리

솔나리 (백합과)

Lilium cemum kom.

우리나라 북부 지역의 깊은 산에서 자라는 여러해살이풀. 키는 60~80cm 정도 자란다. 잎은 솔잎처럼 가느다란 잎으로 되었다. 7~8월에 줄기 끝에 1~4개의 홍자색 꽃이 땅을 보고 핀다. 결실은 9월에 한다. 비늘줄기는 약용한다. 6개의 수술과 1개의 암술은 꽃 밖으로 길게 나온다.

노랑큰솔나리 (백합과)

Lillium tetenuifolium Fischer

우리나라 북부 지역의 높은 산지에서 자라는 여러해살이풀. 키는 50~60cm 정도 자란다. 비늘줄기는 3~5cm 긴 타원형이며 잎은 호생, 피침형으로 밀접해 있고 좁은 선형이다. 6~7월에 원줄기 끝과 가지 끝에 3~15송이의 노란색 꽃이 가지 끝에서 아래를 향해 핀다. 화피는 6장, 피침형이고 뒤로 많이 젖혀진다. 수술 6개와 암술 1개는 화피보다 길다. 꽃밥은 붉은 색이다. 큰솔나리와 비슷하다.

노랑큰솔나리

중나리 (백합과)

Lilium leichtlinii Hook. fil.

산지의 풀밭에서 자라는 여러해살이풀. 키는 1m 정도 자란다. 땅속에 둥근 비늘 줄기가 있으며 비늘 조각에 마디가 없다. 줄기에 어긋나는 잎에는 약간의 털이 있다. 잎자루는 없고 잎 모양은 선상피침형이다. 7~8월에 줄기와 가지 끝에 2~10개의 황적색 꽃이 아래를 향해 핀다. 1개의 암술과 6개의 수술은 꽃잎 밖으로 길게 뻗으며 꽃밥은 적갈색이다. 꽃잎 안에는 짙은 자주색 반점이 있다. 참나리보다 작고 잎겨드랑이에 주아가 없다. 비늘줄기와 어린 잎은 식용한다.

중나리

땅나리

땅나리 (백합과)

Lilium callosum Siebold et Zucc.

우리나라 중부 이남에서 자라는 여러해살이풀. 키는 60~100cm 정도 자란다. 잎은 호생이며 선형, 잎자루는 없다. 잎은 줄기에 어긋난다. 7~8월에 적황색 꽃이 피는데 꽃잎이 다른 나리보다 더 많이 뒤로 말리며 핀다. 꽃잎 안에 검은 반점이 있다. 결실은 9월에 한다. 노랑 꽃이 피는 '노랑땅나리' 꽃도 있다.

말나리

말나리 (백합과)

Lilium distichum Nakai et Kamib.

산지의 풀밭에서 자라는 여러해살이풀. 줄기는 80~90cm 정도 자란다. 잎은 줄기에 돌려나며 줄기 윗부분에는 작은 잎이 어긋난다. 7~8월에 줄기 끝에 1~10개의 주황색 꽃이 옆을 향해 핀다. 꽃잎 안에는 갈색의 반점이 있다. 꽃잎이 뒤로 젖혀진 것이 특징이다. 일명 '왜말나리' 라고 한다.

섬말나리

섬말나리 (백합과)

Lilium hansonii Leichtlin

울릉도 산지의 숲에서 자라는 여러해살이풀. 키는 50~100cm 정도 자란다. 잎은 줄기에 2~4층으로 돌려나며 줄기 윗부분에는 작은 잎이 어긋난다. 6~7월에 줄기 끝에 4~12개의 붉은빛이 도는 황색 꽃이 핀다. 꽃잎 안에는 짙은 자갈색 반점이 있고, 꽃잎이 뒤로 젖혀진다. 열매는 삭과이며 관상용으로 키우고, 비늘줄기는 식용한다.

섬말나리

물옥잠

물옥잠 (물옥잠과)

Monochoria korsakowii Regel et Maack

논이나 연못에서 자라는 한해살이풀. 키는 30cm 정도 자란다. 잎은 심장형으로 끝이 뾰족하고 가장자리가 밋밋하고 광택이 난다. 잎자루가 길고, 꽃은 줄기 끝에 청자색 또는 흰색 꽃이 총상꽃차례로 핀다. 암술대는 가늘고 수술보다 길다. 결실은 9월에 한다.

부레옥잠

부레옥잠 (물옥잠과)

Eichhornia crassipes Solms~Laub

물 위의 수조에서 자라는 여러해살이풀. 밑에서 잔뿌리가 많이 돋는다. 잎자루는 중앙부가 부푼다. 8~9월에 연한 보라색 꽃이 핀다. 연한 보라색 바탕에 노란색 점이 있고 수술은 6개, 그중 3개는 길고, 수술대에 털이 있다. 암술은 1개이다. 수면에 뜨면서 자라기 때문에 '부레옥잠'이라고 한다.

산미나리아재비

흰산미나리아재비

바위미나리아재비

산미나리아재비 (미나리아재비과)

Ranunclus acris Linné

북부 고산 지역에서 자라는 여러해살이풀. 키는 20~40cm 정도 자란다. 줄기에는 털이 거의 없고, 잎은 손바닥 모양으로 3~5갈래로 갈라지고, 갈래에는 둔한 톱니가 있다. 경생엽은 2~3갈래, 갈래는 선형이다. 6월에 노란색 꽃이 줄기 끝에서 핀다. 미나리아재비에 비해 가지가 작고 잎이 가늘게 갈라진다. 꽃은 약간 크다. 결실은 9월에 하고 어린 순은 식용하고 전초는 약용한다.

옥잠화

옥잠화

옥잠화

옥잠화 (백합과)

Hosta plantaginea Asch.

습기 많은 나무 그늘에서 자라는 여러해살이풀. 키는 40~50cm 정도 자란다. 잎자루가 길고 광택이 난다. 8~9월에 연한 자주색, 흰색 꽃이 원줄기 끝에 핀다. 저녁쯤 피었다가 다음날 아침에 시든다. 향기가 좋고 화단에 심어 키운다. 꽃이 피지 않은 꽃봉오리의 모양이 희고 아름다워 '옥비녀'처럼 생겨서 '옥잠화'라고 한다.

나도옥잠화 (백합과)

Clintonia udensis Trautv. et C.A. Mey

깊은 산 나무 그늘에서 자라는 여러해살이풀. 키는 30cm 정도 자란다. 꽃줄기는 바로 서고, 잎은 밑에서 2~5장이 나온다. 6~7월에 줄기 끝에 흰 꽃이 핀다. 수술은 6개로 화피의 밑에 붙어 있고, 암술은 원기둥 모양의 암술머리가 3갈래 갈라져 있다. 9월이 되면 열매는 짙은 남색의 둥근 모양으로 성숙된다.

나도옥잠화

좀비비추 (백합과)

Hosta minor (Bak.) Nakai

남부 지방의 숲속에서 자라는 여러해살이풀. 키는 25~30cm 정도 자란다. 잎은 뿌리에 모여 나 비스듬히 퍼지며 넓은 달걀형이다. 7~8월에 연한 자주색 꽃이 한쪽으로 치우쳐서 총상꽃차례를 이루며 핀다. 좀비비추는 이름이 귀여운 느낌을 준다. 원예종을 많이 심는데 이름이 외래어 같기도 하고, 한자 같기도 한데 순수 우리말이다. 나물로 먹는데 잎에서 거품이 나올 때까지 손으로 비벼서 먹는다고 해서 붙여진 이름이다.

좀비비추

비비추

좀비비추

비비추흰 꽃

비비추 (백합과)

Hosta longipes (Franch. et Sav.) Matsum.

산기슭의 개울가나 나무 그늘에서 자라는 여러해살이풀. 줄기의 크기는 40~60cm 정도 자란다. 7~8월에 연보라 꽃이 종 모양으로 핀다. 수술은 6개인데 화피보다 길다. 9월이면 검은 씨로 성숙된다. 비비추의 '추'는 나물로 먹을 수 있다는 뜻이다. 부드러운 애기 순은 먹을 수 있다. 비비추 속에는 '좀비비추', '홍도비비추', '일월비비추', '주걱비비추', '참비비추' 등이 있다.

참비비추 (백합과)

Hosta clavsa Nakai

산지의 습지나 시냇가에서 자라는 여러해살이풀. 키는 40~50cm 정도 자란다. 잎은 긴 타원형이고 잎자루에는 날개가 있다. 7~9월에 연보라색 꽃이 한쪽으로 치우쳐 총상꽃차례로 핀다. 꽃 모양은 긴 종 모양이며 수술은 6개, 암술은 1개, 꽃밥은 진한 보라색이다. 열매는 삭과이고 어린 순은 식용한다.

참비비추

주걱비비추 (백합과)

Hosta clausa Nakai

일명 '꽃비비추'라고 부른다. 산이나 들에서 자라는 여러해살이풀. 키는 60cm 정도 자란다. 꽃줄기는 곧게 서고 잎은 뿌리에서 모여나고 난상타원형 또는 타원형으로 끝이 뾰족하고 밑은 둥글거나 넓은 쐐기 모양, 가장자리는 다소 물결 모양이며 잎맥은 양쪽에 6~7쌍이다. 7~8월에 연한 자색 꽃이 이삭꽃차례를 이루며 핀다.

주걱비비추

애기나리

애기나리 (백합과)

Disporum smilacinum A. Gray

산지 숲에서 자라는 여러해살이풀. 키는 20~40cm 정도 자란다. 긴 타원형의 잎은 줄기에 어긋나고 잎자루는 없다. 줄기 끝에 흰 꽃이 1~2송이씩 달려 핀다. 4~5월에 개화하여 6~7월에 결실한다. 어린 순은 식용한다. 일명 '삿갓나물'이라고 한다.

각시취

각시취 (국화과)

Saussurea pulchella Fischer

산지의 풀밭에서 자라는 두해살이풀. 키는 40~140cm 정도 자란다. 줄기에 잔털이 있다. 잎은 줄기에 어긋나는데 아랫부분의 잎은 새 깃처럼 갈라지고 윗부분 잎은 갈라지지 않는다. 8~10월에 갈라진 가지마다 줄기 윗부분에 여러 개의 자주색 또는 흰색 꽃이 핀다. 어린 잎은 식용한다. 일명 '나래취', '참솜나물', '민각시취', '고려솜나물' 등 많은 이름을 가지고 있다.

뻐꾹나리

뻐꾹나리

뻐꾹나리

뻐꾹나리 (백합과)

Tricyrtis macropoda Mig

산기슭의 숲에서 자라는 여러해살이풀. 키는 60~70cm 정도 자란다. 줄기에 어긋나는 타원형 잎은 끝이 뾰족하다. 줄기나 잎겨드랑이에서 흰색에 자주색 반점의 꽃이 핀다. 7~8월에 개화하여 9월에 결실한다. 뻐꾸기 가슴 털처럼 꽃잎에 얼룩무늬가 있어서 붙여진 이름이다. 어린 순은 식용하고, 꽃은 관상용이다.

금강초롱꽃

금강초롱꽃

금강초롱꽃

금강초롱꽃 (초롱꽃과)

Chanabusaya asiatica Nakai

우리나라 중부 이북의 높은 산의 숲이나 바위 틈에서 자라는 여러해살이풀. 긴 달걀형의 잎은 잎자루가 길고 끝이 뾰족하다. 줄기는 30~60cm 정도 자란다. 8~9월에 엷은 자주색 또는 보라색 꽃이 초롱 모양으로 줄기 위에 1~2송이씩 핀다. 흰 꽃이 피는 '흰금강초롱꽃'도 있다. 강원도, 설악산, 오대산, 점봉산, 향로봉에 분포되어 자란다. 한국 특산 식물이다.

초롱꽃

초롱꽃 (초롱꽃과)

Campanula punctata Lamarck

산과 들에서 자라는 여러해살이풀. 키는 100cm 정도 자란다. 전체에 거친 털이 있다. 잎몸은 달걀 모양의 심장형이고, 줄기에 어긋나는 세모진 달걀형 잎은 가장자리에 톱니가 있다. 6~8월에 줄기 위에 흰색 또는 엷은 홍자색 꽃이 피는데 자주색 반점이 있다. 꽃자루는 길고 줄기 위에 종 모양의 꽃이 아래를 보고 핀다.

초롱꽃

섬초롱꽃

흰초롱꽃

애기초롱꽃

섬초롱꽃 (초롱꽃과)

Campanula punctata Lamarck var. Y. Lee

해안가 풀밭에서 자라는 여러해살이풀. 키는 50cm 정도 자란다. 줄기 전체에 거친 털이 나 있다. 줄기에 어긋나는 긴 타원형 잎은 잎자루가 점점 짧아지다가 없어진다. 6~9월에 엷은 자주색 또는 흰색 꽃이 줄기 위 잎겨드랑이에 수송이씩 핀다. 8~9월에 결실이 된다. 한국 특산 식물이다.

솔체꽃 (산토끼꽃과)

Scabiosa mansenensis Nakai

산기슭의 숲에서 자라는 한해살이풀. 키는 50~80cm 정도 자란다. 전체에 털이 있다. 근생엽은 꽃이 피면 사라지고, 경생엽은 긴 타원형, 가장자리에 결각상의 큰 톱니가 있다. 7~8월에 자벽색 꽃이 긴줄기 끝에 두상화서를 이루며 핀다.

솔체꽃

체 꽃 (산토끼꽃과)

Scabiosa mansenensis Nakai

깊은산 기슭의 숲에서 자라는 두해살이풀. 키는 60~100cm 정도 자란다. 전체에 털이 있다. 잎은 긴 타원형, 가장자리에 결각상의 큰 톱니가 있다. 잎 표면에 흰 털이 있다. 솔체꽃에 비해 잎이 깊고, 가늘게 갈라지는 깃꼴겹잎이다. 7~8월에 자백색 꽃이 긴 꽃줄기 끝에 두상화서를 이루며 핀다.

체꽃

솜다리

솜다리

애기솜다리

솜다리 (국화과)

Leontopodium coreanum Nakai

고산지대에서 자라는 여러해살이풀. 키는 30cm 정도 자란다. 전체에 솜털이 있다. 잎은 선상 피침형, 양끝이 좁고 뒷면은 회백색이고 잎자루는 거의 없다. 6~7월에 두상화로 노란색 꽃이 줄기 끝에 밀생하여 핀다. 제주도, 지리산, 강원도 설악산, 금강산에 분포되어 자란다.

세잎양지꽃

양지꽃

세잎양지꽃 (장미과)

Potentilla freyniana Bornm.

산과 들에서 흔하게 자라는 여러해살이풀. 키는 15~30cm 정도 자란다. 뿌리 잎은 3출엽으로 잎자루가 길다. 잎은 달갈형으로 톱니가 있다. 줄기 끝에서 갈라진 가지에 노란색 꽃이 핀다. 꽃이 진 다음에 옆으로 가지가 뻗어 나간다. 양지꽃과 닮았으나 3겹잎이 다른 점이다.

양지꽃 (장미과)

Potentilla fragarioidex L.var.major Maxim

산과 들의 양지바른 풀밭에서 자라는 여러해살이풀. 줄기는 30~50cm 정도 자란다. 줄기와 잎에 온통 솜털이 덮여 있다. 줄기 끝에서 갈라진 가지마다 노란색 꽃이 모여 핀다. 봄에 돋는 어린 순은 나물로 먹는다.

백산차

백산차 (진달래과)

Ledum palustre Linné

우리나라 북부 지역의 고산 (백두산)의 나무숲 밑에서 자라는 늘푸른 떨기나무, 키는 50~100cm 정도 자란다. 잎은 긴 타원형이고 향기가 난다. 5~7월에 흰 꽃이 전년도 가지 끝에 여러 송이가 산방꽃차례로 핀다. 8~10월 결실한다. 긴 타원형의 열매가 달린다. 잎은 차 대용으로 쓰인다.

하늘타리

하늘타리 (박과)

Trichosanthes kirilowii Maxi.

산기슭이나 들에서 자라는 덩굴성 여러해살이풀. 덩굴손으로 다른 물체를 감고 오르면서 자란다. 잎에 톱니가 있다. 7~8월에 잎겨드랑이에 흰 꽃 또는 노란 꽃이 1개씩 핀다. 꽃잎 가장자리가 실처럼 잘게 갈라진다. 큰 타원형의 열매는 주황색으로 성숙된다. 하늘타리는 꽃이 핀 모습을 보면 마치 머리를 풀어헤친 듯하다. 언뜻 보면 그것이 울타리를 만들어주는 것 같아서 한울타리, 하늘타리라고 부르게 되었다. 뿌리나 열매, 종자 등 식물의 거의 전체를 약재로 사용한다.

금계국 (국화과)

Coreopsis drummondii

북아메리카 원산이며 한해살이 또는 두해살이풀. 키는 30~60cm 정도 자란다. 타원형, 또는 계란형, 끝은 뾰족하고 가장자리는 밋밋하다. 꽃은 6~8월에 줄기 끝에 노란 꽃이 1송이씩 핀다. 열매는 수과로 둥글며 넓은 날개가 있다. 여름 화단에 많이 심고, 야생화로도 많이 볼 수 있다.

금계국

닻 꽃 (용담과)

Halenia corniculata Linné

고산지대에서 자라는 한해살이풀. 네모진 줄기는 10~50cm 정도 자란다. 줄기에 마주나는 긴 타원형 잎은 3~5개의 잎맥이 있고 끝이 뾰족하다. 7~8월에 잎겨드랑이에 황백색 꽃이 핀다. 열매는 꼬투리로 성숙된다. 꽃의 모양이 배를 정박시키는 데 쓰는 닻과 비슷하여 '닻꽃'이라고 한다.

닻 꽃

더 덕

더 덕 (초롱꽃과)

Codonopsis lanceolata (siebold et zuce.) Trautv.

산과 들에서 자라는 여러해덩굴풀. 덩굴의 길이는 2m 정도 자란다. 덩굴을 자르면 흰 유액이 나온다. 8~9월에 짧은 가지 끝에 연녹색 꽃이 종 모양으로 아래를 보고 핀다. 꽃 내부에는 갈색 반점이 있다. 결실은 10월에 한다. 뿌리는 식용한다.

담배꽃

담배꽃 (가지과)

Nicotiana tabacum Linné

남아메리카 원산으로 밭에서 재배하는 한해살이풀. 키는 2m 정도 자란다. 잎과 줄기에 선모가 밀생한다. 잎은 호생, 타원형으로 끝이 뾰족하다. 7~8월에 원줄기 끝에 연한 붉은색 꽃이 원추꽃차례로 핀다. 일명 '연초'라고 한다. 잎은 담배의 원료로 사용한다.

참꿩의다리

참꿩의다리

산꿩의다리

참꿩의다리 (미나리아재비과)

Thalictrum actaefolium sieboldet Zuccarini var. brevistylum Nakai

산지의 숲에서 자라는 여러해살이풀. 키는 60cm 정도 자란다. 줄기는 서고 딱딱하다. 잎은 3출성 깃꼴겹잎으로 거친 톱니가 있고 뒷면은 가루를 쓴 것처럼 보인다. 8월에 흰색 또는 홍자색 꽃이 원추꽃차례로 핀다. 어린 잎과 줄기는 식용한다.

금꿩의다리

한라꿩의다리

금꿩의다리 (미나리아재비과)

Thalictrum rochebrunianum Franchet

산기슭의 물가에서 자라는 여러해살이풀. 키는 100~250cm 정도 자란다. 가는 줄기가 곧게 선다. 가는 가지가 많다. 잎은 호생, 3~5출의 작은잎으로 된 깃꼴겹잎이며 가장자리는 밋밋하거나 가는 톱니가 있다. 7~8월에 홍자색 꽃이 원추화서를 이루며 핀다. 잎과 줄기는 식용하며 관상용으로도 키우는 한국 특산 식물이다.

한라꿩의다리 (미나리아재비과)

Thalictrum taquetii Leveille

높은 산 꼭대기에서 자라는 여러해살이풀. 키는 20~30cm 정도 자란다. 줄기는 곧게 선다. 잎은 2회 3출의 작은 잎으로 된 겹잎이다. 7~8월에 자홍색 또는 흰색 꽃이 취산상원추화서를 이루며 핀다.

박주가리

박주가리

박주가리 열매

박주가리 (박주가리과)

Metaplexis japonica (Thunb.) Makino

산과 들에서 자라는 덩굴성 여러해살이풀. 덩굴의 길이는 3~4m 정도 뻗어 자란다. 줄기에 마주나는 긴 심장형 잎은 가장자리가 밋밋하다. 7~8월에 연한 자주색 꽃이 잎겨드랑이에 핀다. 열매는 표주박 모양으로 결실되어 바가지처럼 쪼개지며, 씨는 흰 털이 바람에 날려 퍼져나간다.

마타리

마타리

마타리 (마타리과)

Patrinia scabiosaefolia Fisch

우리나라 전역의 산과 들에서 자라는 여러해살이풀. 키는 80~200cm 정도 자란다. 꽃은 여름에서 가을까지 줄기 끝에 노란색 꽃이 모여 핀다. 뿌리에서 된장 냄새가 나서 '패장'이라고도 부른다. 어린 순은 식용하고 줄기와 잎은 말려서 약용한다. 일명 '가양취', '미역취'라고 한다.

수호초

수호초 (회양목과)

Pachysandra terminalis siebold et zuccarini

일본 원산으로 산기슭의 낮은 곳에서 자라는 늘푸른 여러해살이풀. 원줄기는 옆으로 퍼지다가 끝이 곧게 선다. 잎은 어긋나기로 층을 이루며 밀생한다. 잎에는 광택이 난다. 암수한그루의 단성화로 줄기 끝에 흰 꽃이 이삭꽃차례로 핀다. 정원에 심어 가꾸는 식물이다.

실새삼

갯실새삼

실새삼

실새삼 (메꽃과)

Cuscuta australis R. Brown

논두렁이나 밭둑, 콩밭에서 기생하며 자라는 덩굴성 한해살이풀. 길이 50cm 정도 자란다. 잎은 어긋나기하며, 비늘 모양으로 전체에 털이 없이 황색으로 자란다. 7~8월에 가지에 조밀하게 흰 꽃이 취산꽃차례를 이루며 꽃자루는 없다. 화관은 종 모양, 열매는 삭과, 납작한 둥근 모양으로 성숙된다. 씨는 약용한다.

동자꽃

동자꽃

동자꽃 (석죽과)

Lychnis cognata Maxim.

산기슭의 숲이나 풀밭에서 자라는 여러해살이풀. 키는 40~90cm 정도 자란다. 줄기에 마주나는 긴 타원형 잎은 잎자루가 없고 끝이 뾰족하다. 6~7월에 꽃줄기 끝과 잎겨드랑이에서 난 짧은 꽃자루 끝에 1송이씩 주황색 꽃이 핀다. 결실은 8~9월에 열매가 밤색으로 성숙된다. 꽃이 아름다워 관상용으로 심어 가꾼다. 일명 '전추라', '참동자꽃' 이라고 한다.

가는동자꽃 (석죽과)

Lychnis kiusiana Makino

산기슭, 습지에서 자라는 여러해살이풀. 키는 80~100cm 정도 자란다. 모가 진 줄기에는 털이 있고, 잎은 대생, 선산 피침형, 가장자리에는 털이 있다. 7~8월에 진홍색 꽃이 원줄기 끝에 취산화서를 이루며 핀다. 열매는 삭과로, 원통형이며, 씨는 신장형인데 잔돌기가 있다.

가는동자꽃

털동자꽃 (석죽과)

Lychnis fulgens Fisch

우리나라 중부 이북 지역(백두산)의 산에서 자라는 여러해살이풀. 키는 50~100cm 정도 곧게 자란다. 줄기에 마주나는 긴 달걀형 잎은 잎자루가 없고 끝이 뾰족하다. 줄기 전체에 긴 털이 있다. 6~8월에 줄기 끝과 잎겨드랑이에서 취산꽃차례로 주홍색 꽃이 핀다. 화관의 지름은 4cm 가량, 포는 넓은 피침형으로 곧게 선다. 꽃받침은 막질이고 통 모양이다. 꽃잎은 5장, 납작하게 벌어진다. 꽃 모양이 크고 아름다워 관상용으로 심어 가꾼다. 스님과 동자승의 전설에서 유래되어 '동자꽃'이라고 부르게 되었다.

털동자꽃

제비동자꽃

제비동자꽃

제비동자꽃

제비동자꽃 (석죽과)

Lychnis wilfordii Maxim.

우리나라 중부 이북 지역의 산에서 자라는 여러해살이풀. 키는 40~60cm 정도 자란다. 줄기에 마주나는 피침형 잎은 끝이 뾰족하다. 6~8월에 여러 개의 주홍색 꽃이 줄기 끝에 날렵한 모양으로 핀다. 잘게 갈라진 꽃잎이 제비 모양 같아서 '제비동자꽃'이라 한다.

미국자리공 (자리공과)

Phytolacca americana Linné

야산이나 들에서 자주 볼 수 있는 여러해살이풀. 키는 1~1.5m 정도 자란다. 잎은 긴 타원형이며 가장자리가 밋밋하다. 꽃은 6~9월에 흰색꽃이 총상꽃차례로 핀다. 열매는 9~10월에 적자색으로 성숙한다. 포도 모양과 같은 속에는 검은 씨가 1개씩 들어 있다. 열매는 염료용과 잉크 대용으로 쓰인다.

미국자리공

큰까치수염 (앵초과)

Lysimachia clethroides Duby

산이나 들의 축축한 곳에서 자라는 여러해살이풀. 키는 50~100cm 정도 자란다. 잎은 긴 타원형이며 6~8월에 원줄기 끝에 여러 송이의 흰 꽃이 달려 꼬리처럼 구부러지면서 핀다. 어린 잎은 식용한다. 일명 '큰꽃꼬리풀', '개꼬리풀', '민까치수염'이라고 한다. 큰까치수염은 까치수염보다 잎이 크고 넓어서 붙여진 이름이다. 하얀색의 작은 꽃들이 총총히 박혀 있는 모습이 꼭 수염 같다.

큰까치수염

금강죽대아재비꽃

금강죽대아재비열매

금강죽대아재비 (백합과)

Streptopus ovalis

금강애기나리, 진부애기나리 등으로 불렸으나, 금강죽대아재비로 명칭이 바뀌었다. 여러해살이풀로 키는 30cm 전후로 자란다. 줄기는 비스듬하게 휘어진다. 잎은 줄기에 어긋나게 달리며, 아래 부분이 줄기를 감싼다. 꽃은 5~6월에 잎겨드랑이에 1~4개씩 피며 화피에는 자주색 반점이 있다. 지리산, 설악산, 가야산, 덕유산, 오대산, 치악산, 월악산, 소백산, 태백산, 한라산에 분포되어 서식한다.

톱풀

톱풀 (국화과)

Achillea alpine Linné

산지의 풀밭에서 자라는 여러해살이풀. 키는 50~100cm 정도 곧게 자란다. 줄기에 털이 많이 난다. 줄기에 어긋나는 넓은 잎은 피침형이며 뾰족한 톱니가 규칙적으로 갈라져 '톱풀'이라고 한다. 7~10월 줄기 끝에 산방꽃차례로 흰색 꽃이 촘촘히 핀다. 열매는 수과로 양끝이 납작하며 어린 순은 식용한다.

산작약

산작약(원예종)

산작약씨

산작약 (미나리아재비과)

Paeonia japonica(Mak.) Miyabe et Takeda

산에서 자라는 여러해살이풀. 키는 50~90cm 정도 자란다. 잎자루와 잎맥은 붉은 빛을 띤다. 작은 잎으로 된 깃꼴겹잎은 녹색이고 뒷면은 분백색이다. 5~6월에 원줄기 끝에 흰색 또는 붉은색 꽃이 1송이씩 탐스럽게 핀다. 열매는 익으면 벌어지고 꽃은 관상용, 뿌리는 약용한다.

분취

분 취 (국화과)

Saussurea seoulensis

여러해살이풀, 우리나라 특산종으로 국외반출 승인대상 생물 자원이다. 일명 서울 분취라고도 한다. 강원도 정선의 반론산 자생지로 천연기념물 제348호 지정되어 있다. 키는 20~80cm 정도 자란다. 줄기는 곧게 서고 잎, 줄기 전체에 거미줄 같은 털이 있다. 잎은 어긋나며 피침형 또는 선형으로 가장자리에 뾰족한 톱니가 있다. 꽃은 7~9월에 자주색 꽃이 줄기 끝에 1~3개가 핀다. 열매는 수과로 원통형이며, 백색의 관모가 2줄로 있다. 어린 순은 나물로 먹는다.

비수리

비수리 (콩과)

Lespedeza cuneata G. Don

산이나 들의 모래땅에서 자라는 여러해살이풀. 키는 50~100cm 정도 자란다. 줄기는 가지가 많이 갈라진다. 줄기에 어긋나는 잎은 3출엽이다. 잎 모양은 피침형으로 끝이 둔하다. 8~9월에 잎겨드랑이에 나비 모양의 황백색 꽃이 핀다. 꽃잎에는 흰 바탕에 자주색 줄이 있다. 꼬투리 열매는 털이 있고 속에는 1개의 씨로 성숙된다.

자주꽃방망이

자주꽃방망이(회색)

자주꽃방망이 (롱과)

Campanula glomerata Linné

산지의 풀밭에서 자라는 여러해살이풀. 키는 40~100cm 정도 자란다. 포기 전체에 잔털이 빽빽이 난다. 넓은 타원형 잎은 줄기에 어긋난다. 아랫부분의 잎은 날개가 달린 잎자루가 있다. 7~8월에 잎겨드랑이에서 보라색 또는 회색 꽃이 핀다. 꽃 모양이 종 모양으로 여러 개가 한데 모여 핀다. 꽃이 아름다워 관상용으로 인기가 높다.

산꿩의다리

산꿩의다리 (미나리아재비과)

Thalictrum aquilegifolium Linné

산지에서 자라는 여러해살이풀. 키는 50~120cm 정도 자란다. 줄기는 곧게 서고 새 깃 모양의 겹잎은 어긋난다. 잎자루가 길고 3출겹잎이다. 6~7월에 줄기 끝에서 갈라진 잔가지마다 흰 꽃이 원추꽃차례로 핀다. 꽃잎은 없고 수술이 많다. 위 사진은 백두산 중턱 초원에 광활하게 펼쳐진 군락이다.

화살곰취

화살곰취

화살곰취 (국화과)

Ligularia jamesii (Hemsl.) Kom.

북부 지방의 깊은 산 숲에서 자라는 여러해살이풀. 키는 20~50cm 정도 자란다. 잎은 화살 모양의 심장형, 잎 가장자리에 톱니가 있다. 7~8월에 노란 꽃이 줄기 끝에 1개씩 달려 핀다. 결실은 10월에 한다. 백두산 천지 남쪽에 군락을 이루어 핀다.

벗풀

벗 풀 (택사과)

Sagittaria trifolia Linne

전국적으로 분포하고 논이나 연못에 나는 여러해살이풀. 근경은 길게 옆으로 뻗고, 끝에 1개의 괴경이 달린다. 잎몸은 화살 모양이고 피침형, 난형이고 끝이 뾰족하다. 6~10월에 흰색 꽃이 암수한그루에 단성화로 핀다. 암꽃은 화서 아래 쪽에 피고, 수꽃은 화서 위쪽에 다수가 핀다. 열매는 수과로 납작한 둥근 모양이다.

보 풀

보 풀 (택사과)

Sagittaria aginashi Makino

연못이나 논둑 습지에서 자라는 여러해살이풀. 키는 80cm 정도 자란다. 뿌리잎은 긴 잎자루 끝에 화살 모양의 잎이 달린다. 잎 후면에 잎맥이 튀어나와 있고 잎겨드랑이에 둥근 덩이줄기가 있다. 7~10월에 흰색 꽃이 원추꽃차례로 암수한그루에 핀다. 암꽃은 꽃차례 밑부분에 수꽃은 윗부분에 달린다. 열매는 수과로 납작하며 날개와 부리가 있다.

물양귀비 (양귀비과)

Hydrocleys nymphoides

아르헨티나 원산, 여러해살이풀. 귀화 수생식물로 연못이나 늪에서 자란다. 줄기 뿌리는 물속 흙에 뻗어 자란다. 줄기는 굵고 가는 가지를 낸다. 반 그늘진 곳에서 잘 자란다. 번식은 씨를 뿌리거나 꺾꽂이로 한다. 꽃이 양귀비꽃을 닮았고 물에서 산다해서 '물양귀비'라고 한다. 잎은 타원형 또는 원형이고 심장 모양으로 윤기가 난다. 잎이 물 위에 떠서 자라는 부유식물이다.

물양귀비

흰미나리아재비 (미나리아재비과)

Ranunculus japonicus Thunberg

우리나라 강화도의 산이나 들에서 자라는 여러해살이풀. 키는 60cm 정도 자란다. 잎은 깊게 3~5갈래이고 갈래는 다시 얕게 2~3갈래로 갈라진다. 잎 가장자리에 둔한 톱니가 있다. 미나리아재비와 닮았으나 흰 꽃이 핀다. 6월에 피는 꽃은 취산상으로 갈라진 꽃자루에 1개씩 달리며 5개의 꽃받침 조각은 타원형, 겉에는 털이 있다.

흰미나리아재비

구름범의귀

구름범의귀

구름범의귀 (백합과)

Saxifraga laciniata Nakai et Takeda

우리나라 북부 지역 고산지대(해발 2,000m)에서 자라는 여러해살이풀. 줄기에 털이 퍼져 나고, 잎은 긴 도랑형으로 끝이 뾰족하고 가장자리에 톱니가 있다. 흰색 꽃이 잎이 없는 꽃줄기 끝에 산방상 취산꽃차례로 핀다. 붉은색 꽃밥이 흰색 꽃잎과 잘 어우러져 피는 꽃이 아름답다.

주름잎 (현삼과)

Mazus pumilus (Burm. fil) van Steenis

밭이나 빈터, 길가에서 흔하게 자라는 한해살이 또는 두해살이풀. 키는 5~15cm 정도 자란다. 줄기에 마주나는 주걱 모양의 잎은 주름살이 지는 것이 특색이다. 그래서 '주름잎'이라고 한다. 5~8월에 연한 자주색에 가장자리는 하얀 꽃이 줄기 끝에 몇 송이씩 총상꽃차례를 이루어 핀다.

주름잎

개망초 (국화과)

Perigeron annuus Linné, Persoon

우리 주변에서 흔하게 자라는 두해살이풀. 줄기는 꽃이 피면서 시든다. 키는 50~100cm 정도 자란다. 줄기와 잎 전체에 털이 나 있다. 6~8월에 가지 끝마다 하얀 꽃송이가 모여 핀다. 꽃 가운데 노란색 통꽃이 촘촘히 박혀 있다. 번식력이 강해서 다른 식물들을 밀어내고 무성하게 퍼진다. 아메리카에서 들어온 귀화식물이다.

개망초

두메잔대

두메잔대

두메잔대 (초롱꽃과)

Adenophora lamarckii Fischer

높은 산 숲에서 자라는 여러해살이 풀. 키는 40~50cm 정도 자란다. 잎은 호생 피침형으로 3~4장씩 조밀하게 달린다. 잎자루는 거의 없고, 가장자리에 날카로운 톱니가 있다. 8월에 청보라색 꽃이 줄기 끝에 종 모양으로 핀다. 꽃의 암술대는 화관 밖으로 길게 나와 있다. 뿌리는 식용 및 약용하고 어린 순도 식용한다.

숫잔대 (초롱꽃과)

Lobelia sessilifolia Lamb.

우리나라 전 지역의 산과 들에서 자라는 여러해살이풀. 키는 50~100cm 정도 자란다. 잎은 호생, 피침형이며 잎자루는 없고 양끝이 좁다. 가장자리에는 낮은 톱니가 있다. 7~8월에 줄기 끝에 진한 자주색 꽃이 한 방향으로 핀다. 아랫입술 꽃잎은 3갈래로 갈라져 전체가 5갈래인 것처럼 보인다. 일명 '습잔대', '잔대아재비'라고 한다.

숫잔대

잔 대 (초롱꽃과)

Adenophora triphylla(Thunb.) A.de candolle

우리나라 각처의 산기슭에서 자라는 여러해살이풀. 키는 50~90cm 정도 자란다. 전체에 털이 있고, 근생엽은 호생 또는 윤생, 잎자루는 짧거나 없고, 타원형 또는 난형이다. 양끝이 날카로우며, 가장자리는 겹톱니가 있다. 7~9월 종 모양의 보라색 꽃이 핀다. 잔대는 뿌리가 도라지처럼 희고 굵다. 약효가 인삼에 버금간다고 해서 흔히 사삼이라고도 한다. 열매는 10월에 갈색으로 성숙된다.

잔대

당잔대

섬잔대

당잔대 (초롱꽃과)

Adenophora stricta Miquel

높은 산 숲에서 자라는 여러해살이풀. 키는 1m 정도 자란다. 뿌리는 굵고 줄기는 곧게 서고 잎은 심장형, 잎자루는 길고 경생엽은 호생, 잎자루가 없고 넓은 난형이다. 가장자리에 거친 톱니가 있다. 7~8월에 보라색 꽃이 총상꽃차례로 종 모양으로 핀다. 꽃자루가 짧고, 수술은 5개와 암술 1개이다. 9~10월에 결실하고, 어린 잎과 뿌리는 식용한다.

섬잔대 (초롱꽃과)

Adenophora taquetii Léveillé

산지의 숲에서 자라는 여러해살이풀. 키는 20~30cm 정도 자란다. 7~8월이면 줄기 끝에 종 모양의 진한 자주색 꽃이 핀다. 결실은 9~10월에 한다. 뿌리는 식용하고 꽃은 관상용이다. 제주도 한라산에 분포되어 자란다. 섬에서 자라서 '섬잔대'란 이름이 붙게 되었다.

가는잎잔대 (초롱꽃과)

Adenophora liliifolia Ledebour

깊은 산에서 자라는 여러해살이풀. 키는 90~100cm 정도 자란다. 근생엽은 꽃이 피기 전에 없어진다. 잎은 심장형으로 잎자루가 길고 잎맥에 돌기 모양의 털이 있다. 잎 가장자리에 톱니가 있다. 7~10월에 줄기 끝에 보라색 꽃이 총상화서를 이루며 핀다. 화관은 종 모양으로 5갈래로 갈라지고 꽃받침도 5갈래로 갈라지는 선형이다.

가는잎잔대

모싯대 (초롱꽃과)

Adenophora remotiflora Miq.

산기슭의 그늘진 숲에서 자라는 여러해살이풀. 키는 70~90cm 정도 자란다. 잎은 어긋나고 잎끝은 뾰족한 난형이며 잎자루가 길다. 잎 가장자리에는 뾰족한 톱니가 있다. 7~9월에 줄기 위에 여러 층으로 보라색 꽃이 원추화서로 아래를 향해 핀다. 수술은 5개, 암술머리는 3갈래로 갈라진다. 10월에 결실하고 뿌리는 한약재로 거담제 해독제로 사용된다. 일명 '그늘모싯대'라고 한다.

모싯대

백두모싯대

백두모싯대 (초롱꽃과)

Adenophora fusifolia Y. Lee

우리나라 북부 지역(백두산 소천지) 고산지대에서 자라는 여러해살이풀. 키는 40~50cm 정도 자란다. 줄기는 곧장 서며 가지를 치지 않는다. 8개의 긴 골이 지고 땅속줄기는 거칠고 굵다. 방추상의 뿌리가 약간 달린다. 잎은 호생, 긴 방추형으로 잎자루가 있으며 날카로운 겹톱니가 있다. 7~8월에 종 모양의 푸른색 꽃이 총상꽃차례로 핀다. 꽃받침은 길게 갈라지며 화관은 5갈래로 갈라진다. 흰색이 피는 '흰백두모싯대'도 있다.

층층잔대

층층잔대 (초롱꽃과)

Adenophora radiatifolia Nakai

산지의 풀밭에서 자라는 여러해살이풀. 줄기는 80~100cm 정도 자란다. 줄기에 마디마다 3~5개의 잎이 돌려난다. 잎은 돌려나기하며 긴 타원형에 거친 톱니가 있다. 7~9월에 가지마다 보라색 꽃이 고개를 숙이고 핀다. 암술대가 길게 밖으로 나온다. 어린 잎과 뿌리를 나물로 먹는다.

당분취 (국화과)

Saussurea tanakae

여러해살이풀로 키는 50~90cm 정도 자란다. 줄기는 곧게 서고 윗부분에서 가지를 친다. 뿌리에서 나온 잎은 꽃이 필 때 마르고, 줄기에서 나온 잎은 어긋나며 밑동에 있는 잎에는 긴 잎자루가 있다. 잎몸은 계란모양의 삼각형으로 끝이 뾰족하고 밑이 뭉뚝하거나 둥글며 가장자리에 불규칙한 톱니가 있다. 꽃은 8~9월에 자주색 꽃이 두상화를 이루며 산방꽃차례 모양으로 핀다. 열매는 수과, 한국 특산종으로 제주도, 경상북도, 강원도(금강산·오대산)등지에 분포한다.

당분취

금혼초 (국화과)

Hypocaeris ciliata(Thunb.) Makino

우리나라 북부 지역의 냇가나 산기슭의 숲에서 자라는 여러해살이풀. 키는 40~80cm 정도 자란다. 줄기잎은 어긋나며 뿌리잎과 비슷하고, 아래로 내려가면서 점차 좁아지며 줄기를 감싼다. 가장자리에 톱니가 있다. 머리 모양 꽃은 모두 혀 모양의 양성화이며, 노란 꽃이 핀다. 총포는 넓은 종 모양, 6~8월에 가지 끝에 노란색 꽃이 1송이씩 핀다. 황해도, 강원 이북 지역에 분포되어 자란다.

금혼초

분홍바늘꽃

분홍바늘꽃

분홍바늘꽃

분홍바늘꽃 (바늘꽃과)

Epilobium angustifolium Linné

중부 이북 지역의 높은 산지의 풀밭에서 자라는 여러해살이풀. 키는 1~2m 정도 곧게 자란다. 줄기에 어긋나는 피침형 잎은 끝이 뾰족하다. 꽃은 7~8월에 줄기 윗부분에 여러 개의 분홍색 꽃이 총상꽃차례로 핀다. 바늘처럼 긴 씨방이 있다. 열매는 삭과로 좁은 긴 타원형이며 씨에 긴 관모가 있다.

큰제비고깔 (미나리아재비과)

Delphinium maackianum Regel

우리나라 북부 지역의 산에서 자라는 여러해살이풀. 키는 1m 정도 자란다. 잎은 줄기에 어긋나며 여러 갈래로 갈라진다. 잎의 가장자리에 불규칙한 톱니가 있다. 7~8월에 보라색 꽃이 총상꽃차례로 깔대 모양으로 핀다. 열매는 긴 타원형으로 길고 뾰족하다. 흰 꽃이 되는 '흰제비 고깔'도 있다.

큰제비고깔

연지골무꽃 (꿀풀과)

Scutellaria indica Linne

제주도 삼굼부리에서 발견, 산기슭이나 들판의 둑에서 자라는 여러해살이풀. 키는 20~30cm 정도 자란다. 전체에 털이 밀생한다. 줄기는 진한 분홍색으로 직립한다. 비바리 골무꽃과 닮았으나 꽃부리의 색도 진한 분홍색으로 화관 하순에 진한 분홍색 점이 있으며 기부가 급격히 굽고 많은 털이 있다. 화관의 색깔이 진한 분홍색이다.

연지골무꽃

참골무꽃

참골무꽃

참골무꽃

참골무꽃 (꿀풀과)

Scutellaria strigillosa Hemsl.

바닷가 모래땅에서 자라는 여러해살이풀. 키는 10~30cm 정도 자란다. 잎은 타원형이며 전체에 흰 털이 퍼져나고, 둔한 톱니가 있다. 6~8월에 자주색 꽃이 잎겨드랑이에서 1송이씩 핀다. 거제도, 제주도에 분포되어 자란다.

ㅇ 수골무꽃 (꿀풀과)

Scutellaria pekinensis var. Transitra

산지의 숲에서 자라는 여러해살이풀. 키는 15~30cm 정도 자란다. 네모진 줄기에는 잔털이 나고, 줄기에 마주나는 달걀형 잎은 끝이 둔하고 톱니가 있다. 꽃은 5~6월에 줄기 끝에 이삭꽃차례로 입술 모양의 연한 자주색 꽃이 핀다. 산지의 숲 밑에서 잘 자란다. 흰 꽃이 피는 수골무꽃도 있다.

수골무꽃

ㅇ 산골무꽃 (꿀풀과)

Scutellaria pekinensis Maxim.

산지의 숲속에서 자라는 여러해살이풀. 네모진 줄기는 20~30cm 정도 자란다. 줄기에 마주나는 세모진 달걀형 잎은 잎자루가 길며 가장자리에 톱니가 있다. 꽃은 6~8월에 연한 자주색 꽃이 입술 모양으로 핀다. 꽃의 모양이 옛날 여성들이 바느질할 때 사용던 골무를 닮았다고 해서 '골무꽃'이라고 한다.

산골무꽃

산속단

송이풀

산속단 (꿀풀과)

Pheomis koreaiensis Nakai

우리나라 북부 평안도와 함경도 지역 깊은 산에서 자라는 여러해살이풀. 키는 60cm 정도 자란다. 잎은 심장형, 줄기잎은 마주나고 가장자리에 둔하고 규칙적인 톱니가 있다. 7~9월에 붉은색 꽃이 원줄기 끝에 층층으로 피는 양성화, 꽃받침은 통모양, 꽃부리는 입술모양인데 윗입술꽃잎의 안쪽에 털이 많다. 뿌리는 약용한다.

송이풀 (현삼과)

Pedicularis resupinata Linné

깊은 산의 숲이나 풀밭에서 자라는 여러해살이풀. 키는 40~70cm 정도 자란다. 달걀형의 길쭉한 잎은 끝이 뾰족하고, 끝에는 규칙적으로 이중톱니가 있다. 잎의 밑부분이 갑자기 좁아진다. 줄기에 어긋나거나 마주난다. 꽃은 7~9월에 줄기 윗부분에서 홍자색 꽃이 핀다. 흰 꽃이 피는 '흰송이풀'도 있다. 어린 잎은 식용한다. 꽃이 피기 시작하면 송이를 따기 시작한다고 해서 송이풀이란 이름이 붙었다.

구름송이풀 (현삼과)

Pedicularis verticillate Linne

높은 산에서 자라는 여러해살이풀. 키는 10~15cm 정도 자란다. 줄기는 곧게 선다. 잎은 깃꼴겹잎이며, 경생엽은 잎자루가 짧다. 가장자리에 톱니가 있다. 7~9월에 홍자색, 또는 흰 꽃이 줄기 끝에 총상화서를 이루며 핀다. 열매는 피침형으로 끝이 뾰족하며 8월이면 황갈색으로 성숙된다.

구름송이풀

송장풀 (꿀풀과)

Leonurus macranthus Maxi.

바위가 많은 곳의 햇볕을 많이 받는 곳이나 산기슭 풀밭에서 자라는 여러해살이풀. 키는 60~80cm 정도 자란다. 줄기는 네모지고 전체에 털이 있다. 줄기에 마주나는 달갈형 잎에는 톱니가 있다. 8월에 잎겨드랑이마다 연한 홍색 꽃 5~6송이가 층층으로 핀다. 윗입술꽃잎 후면에는 흰 털이 있고, 아래 입술꽃잎은 3개로 짧게 갈라진다. '송장풀'은 송장이 썩는 냄새가 난다고 하여 붙여진 이름이다.

송장풀

뜨껑별꽃

뚜껑별꽃 (앵초과)

Anagallis arvensis

한해살이풀 또는 두해살이풀로 키는 10~30cm 정도 자란다. 잎은 마주나고 계란 모양 또는 바소 모양이며 잎 가장자리는 밋밋하고 끝은 뾰족하며 밑 부분은 둥글다. 꽃은 4~5월에 청색이 강한 자주색 또는 붉은색 꽃이 핀다. 화관은 수평으로 퍼지며 5개로 깊게 갈라진다. 열매는 익게 되면 가로로 갈라지면서 뚜껑처럼 열리면 많은 수의 종자가 널리 퍼진다.

껄껄이풀

껄껄이풀 (국화과)

Hieracium coreanum Nakai

우리나라 북부 지역 고산지대에서 자른 여러해살이풀. 키는 40~60cm 정도 자란다. 줄기에 거친 털이 있으며, 근생엽은 긴 타원형으로 양면에 털이 있다. 7~9월에 노란색 꽃이 줄기의 가지 끝에 1~3송이씩 핀다. 열매는 심장 모양이며, 검은 빛의 녹색으로 성숙된다. 어린 잎은 식용한다. 일명 '고려조밥나물'이라고 한다.

오랑캐장구채 (석죽과)

Silene repens Patrin

산지의 풀숲에서 자라는 여러해살이풀. 키는 10~40cm 정도 자란다. 잎은 피침형으로 줄기에 마주난다. 가지 전체에 잔털이 많다. 6~7월에 원줄기 끝에 취산꽃차례로 백홍색 꽃이 핀다. 꽃받침은 종 모양이며 부드러운 털이 있다.

오랑캐장구채

흰오랑캐장구채 (석죽과)

Silene oliganthella Nakai

산지의 숲에서 자라는 여러해살이풀. 키는 25~30cm 정도 자란다. 7~8월에 줄기 끝이나 잎겨드랑이에 흰 꽃이 핀다. 꽃받침은 원통 모양이고, 수술은 10개이고 암술대는 3개이다. 일명 '흰대나물'이라고 한다. 장구채 속에는 '오랑캐장구채'를 비롯해서 '애기장구채', '갯장구채', '털장구채', '끈끈이장구채' 등 다양하다.

흰오랑캐장구채

구름국화

구름국화

구름국화 (국화과)

Erigeron thunbergii A. Gray var. glabratus (A, Gray) H. Hara

우리나라 북부 지역 높은 산에서 자라는 여러해살이풀. 키는 10~30cm 정도 자란다. 잎은 주걱 모양을 하고 있으며 가장자리에 밋밋한 톱니가 있다. 7~8월에 꽃줄기 끝에 자주색 또는 연한 보라색 꽃이 한 송이씩 핀다. 흰 꽃이 피는 '흰구름국화'도 있다. 구름이 지나가는 높은 곳에 자란다고 해서 붙여진 이름이다. 백두산 천지 주변에 군락을 이루어 핀다.

자주쓴풀 (용담과)

Seertia pseudochinensis H.

산기슭과 들에서 자라는 두해살이풀. 키는 20~30cm 정도 자란다. 뿌리는 황색이고 매우 쓰다. 줄기는 다소 네모지고, 줄기에 마주나는 피침형 잎은 잎자루가 없고 양 끝이 좁다. 9~10월에 벽자색 꽃이 꽃대 위에서 아래로 순차적으로 핀다. 전초는 약용(건위제)으로 쓰인다.

자주쓴풀

부 추 (백합과)

Allium tuberosum Rottler

동아시아, 인도 북서부가 원산지로 산과 들에서 자라는 여러해살이풀. 키는 30~40cm 정도 자란다. 전체에서 특이한 냄새가 난다. 잎은 곧추서며 가늘고 길지만 조금 두툼하고 연하다. 독특한 냄새가 난다. 8~9월에 흰색 꽃이 작은 꽃자루에 촘촘히 모여 핀다. 결실은 10월에 한다. 전초는 식용한다. 우리나라 전역에 분포되어 자란다.

부 추

산부추

산부추 (백합과)

Allium thunbergii G. Don

전국적으로 분포되어 산이나 들의 숲에서 자라는 여러해살이풀. 키는 30~60cm 정도 자란다. 비늘줄기는 난상 피침형이며 잎은 마른 잎집으로 쌓여 있고 외피는 약간 두꺼우며 갈색이다. 흰 빛이 도는 녹색이다. 8~9월에 줄기 끝에 홍자색 꽃이 산형꽃차례로 핀다. 열매는 삭과로 둥근 모양으로 성숙된다.

한라부추

한라부추 (백합과)

Allium taquetii Léveillé et Vaniot

한라산 1,100m 이상과 전남 백운산 산지의 바위 틈에서 자라는 여러해살이풀. 키는 20~30cm 정도 자란다. 비늘줄기는 긴 난형이고, 여러 개가 같이 자란다. 잎은 선형, 꽃줄기보다 짧다. 8~9월에 줄기 끝에 홍자색 꽃이 산형꽃차례로 핀다. 열매는 삭과로 둥근 모양으로 성숙된다. 풀 전체에서 마늘 향기가 나는 것이 특징이다.

벌개미취

벌개미취

벌개미취

벌개미취 (국화과)

Aster koreaiensis (Nakai) Kilam.

산지의 숲이나 바닷가의 습지에서 자라는 여러해살이풀. 키는 60~100cm 정도 자란다. 줄기에 어긋나는 피침형 잎은 끝이 뾰족하다. 8~9월에 연한 자주색 또는 보라색 꽃이 가지 끝에 1송이씩 핀다. 어린 순은 식용하며 뿌리는 한약재로 사용된다. 일명 '고려쑥부쟁이', '조선자원'이라고도 한다. 한국 특산 식물.

백두산 천지의 풍모

자연은 어떤 의도 없이 아름다움을 가꾸며, 바라는 바 없이 변화를 만든다. 그리하여 우리는 다만 자연을 바라볼 수가 있을 뿐, 그 깊고 장엄한 뜻을 알아내기란 무척이나 힘든 일이 아닐 수 없다. 천지를 꽉 메운 운해가 연기처럼 자욱하게 피어오른다. 두메양귀비, 호범꼬리, 만병초 등 수많은 야생화가 화려하게 피어난다. 군락을 이루며 현란한 색깔과 더불어 천지의 이채로운 멋을 느끼게 한다. 겨울 동안 추위 속에서 인고의 나날들을 보낸 좀참꽃, 가솔송, 담자리참꽃 등 수많은 꽃들이 만발하였다. 영산의 신비스러운 풍모를 여실히 보여주는 백두산 천지, 시원(始原)의 모습 그대로이다.

백두산 천지

두메양귀비(백두산 천지 달문)

수크령

수크령 (벼과)

Pennisetum alopecuroides (L.) Sprengel

들이나 밭둑의 양지바른 풀밭에서 흔하게 자라는 여러해살이풀. 키는 30~60cm 정도 자란다. 잎은 흰 가루를 쓴 것처럼 보인다. 줄기 윗부분에 흰 털이 있다. 7~8월에 이삭꽃차례로 흑자색 꽃이 원통형 꽃이삭으로 달려 핀다.

좁쌀풀

좁쌀풀 (앵초과)

Lysimachia vulgaris Limé var. davurica(Ledeb.)R.Kunth

산과 들의 풀밭에서 자라는 여러해살이풀. 키는 30~90cm 정도 곧게 자란다. 가지 윗부분에서 많이 갈라진다. 땅속의 뿌리줄기는 옆으로 뻗는다. 피침형 잎은 잎자루가 없고 끝이 뾰족하고 잎 표면에 검은 점이 있다. 잎은 줄기에 2장씩 마주나거나 한 마디에 3~4장씩 돌려나기도 한다. 6~8월에 노란색 꽃이 가지 끝에 원추꽃차례로 촘촘히 핀다.

투구꽃

투구꽃

투구꽃

투구꽃 (미나리아재비과)

Aconitum jaluense Komarov

산지의 숲에서 자라는 여러해살이풀. 키는 1m 전후로 자란다. 잎자루는 길고 손바닥 모양이다. 보라색 꽃이 총상꽃차례로 핀다. 꽃받침은 5장이며 털이 있다. 꽃 모양은 투구와 같다. 10월에 결실한다. 흰 꽃이 피는 흰투구꽃도 있다. 관상용과 약용으로 사용한다. 일명 '개싹눈비꽃'이라고 한다.

각시투구꽃

각시투구꽃

각시투구꽃 (미나리아재비과)

Aconitum monanthum Nakai

고산 지대의 습기가 많은 곳에서 자라는 여러해살이풀. 키는 20~25cm 정도 자란다. 잎은 피침형으로 끝이 뾰족하다. 7~8월에 원줄기 끝에 보라색 꽃이 1~3송이씩 핀다. 주로 백두산 소천지 주변에 분포되어 자란다. 뿌리는 약용한다. 일명 '산투구꽃', '초우'라고 한다. 아래 사진은 전사들 쓰는 투구 모습과 비슷하다. '각시'가 붙은 것은 작다는 뜻으로 투구꽃의 키는 1m 정도이지만 이 꽃의 키는 20~25cm 정도이며 맹독 식물로 독한 성분을 지녔다.

노랑투구꽃 (미나리아재비과)

Aconitum sibiricum Poir

우리나라 북부 지역의 높은 산에서 자라는 여러해살이풀. 키는 100cm 정도 자란다. 줄기에 어긋나는 손바닥 모양의 잎은 3갈래로 깊게 갈라지며, 양 갈래 조각이 다시 2개로 갈라져 마치 5갈래로 갈라진 것처럼 보인다. 8~9월에 가지 끝에 노란색 꽃이 핀다. 뿌리에 독성이 있는 유독성 식물이다.

노랑투구꽃

지리바꽃 (미나리아재비과)

Paconitum chiisanense Nakai

지리산에서 자라는 여러해살이풀. 키는 100cm 정도 자란다. 잎은 손바닥 모양으로 5갈래로 갈라진다. 꽃은 총상꽃차례로 자주색이 핀다. 꽃자루에 털이 많고, 수술은 다수이고 수술대 밑 부분은 날개 모양이다. 한약재로 사용한다. 이 꽃은 바꽃의 한 종류로 유사한 꽃으로 '싹눈바꽃', '개싹눈바꽃' 등이 있다. 두 꽃 모두 로마 병정의 투구를 닮았으며 크기도 비슷하다.

지리바꽃

진 교

진 교 (미나리아재비과)

Lycoctonum loczanum (R. Raymond) Nakai

산지의 숲에서 자라는 여러해살이풀. 키는 40~70cm 정도 자란다. 8~9월에 연한 자주색 꽃이 색이 총상화서로 핀다. 잔털이 많고, 수술은 여러 개, 암술은 3개로 되었다. 뿌리는 한약재로 쓰인다. 유독 식물이다. 일명 '오독도기', '진범'이라고 한다. 흰 꽃이 피는 '흰진교'도 있다.

그늘돌쩌귀

그늘돌쩌귀 (미나리아재비과)

Aconitum uchiyamai Nakai

산지의 숲에서 자라는 여러해살이풀. 키는 90cm 정도 자란다. 잎은 어긋나고 긴 잎자루가 있다. 위로 올라갈수록 짧아져 맨 위쪽의 잎은 잎자루가 없다. 7~9월에 줄기 끝에 붙은 총상화서로 남보라 또는 자주색 꽃이 투구 모양으로 핀다. 꽃받침 5장과 꽃잎 2장이 꿀샘으로 되었다. 수술대에는 날개와 털이 있다. 결실은 9~10월에 하는데 관상용, 뿌리는 약용한다. 유독식물이다.

가는줄돌쩌귀 (미나리아재비과)

Aconitum Volubole Pallas

산기슭에서 자라는 덩굴성 여러해살이풀. 키는 100cm 전후 자란다. 경상북도에서 태백산맥을 따라 강원도 및 함경도에 분포한다. 잎은 호생, 3갈래이며, 다시 갓 모양으로 갈라진다. 꽃은 총상꽃차례를 이루며 청자색 꽃이 피는데 꽃자루에 긴 털이 수평으로 퍼져 있고 중앙에 실 모양의 작은 포가 있으며 꽃받침은 5개, 꽃잎은 같고 털이 있다. 청자색 꽃이 투구 모양으로 핀다.

가는줄돌쩌귀

세잎돌쩌귀 (미나리아재비과)

Aconitum triphyllum Nakai

지리산, 오대산, 속리산에서 자라는 여러해살이풀. 키는 100cm 전후 자란다. 잎은 손바닥을 편 모양으로 3~5갈래로 깊이 갈라지고 어긋난다. 잎자루는 투구꽃과 같다. 잎가장자리에 톱니가 있고 후면에 털이 있다. 9월에 보라색 꽃이 투구 모양으로 총상꽃차례를 이루며 핀다. 이 꽃은 맹독성 식물로 인디언들은 꽃의 즙으로 독화살을 만들기도 했다.

세잎돌쩌귀

좀참꽃

좀참꽃

좀참꽃

좀참꽃 (진달래과)

Rhododendron redowskianum Maxim.

해발 2,000m 이상의 고산(백두산) 지역에서 자라는 늘푸른 떨기나무. 키는 10cm 전후로 자란다. 줄기는 옆으로 눕고, 잎은 피침형으로 양끝이 좁다. 6~7월 붉은색 꽃이 햇가지 끝에 1송이씩 핀다. 꽃자루에 선모가 있고, 화관은 5갈래이고 암술대는 수술보다 짧다. 거친 털이 나 있다. 10월에 결실한다. 관상용으로 이용한다.

능소화

능소화 (능소화과)

Campsis grandiflora (Thunb.) K. Schu.

갈잎덩굴나무. 키는 10m 정도 자란다. 가지에 흡입하는 판이 있어 벽이나 나뭇가지 줄기를 타고 오르면서 자란다. 8~9월에 가지 끝에 주황색 꽃이 핀다. 화관은 나팔 모양, 수술 2개에 암술 1개로 10월에 열매로 성숙된다. 꽃은 약용하며, 관상용 정원수로도 많이 심는다.

능소화

꽃범의꼬리

꽃범의꼬리 (꿀풀과)

Rhysostegia virginiana Linné

북아메리카 원산의 길가나 화단에 많이 심는다. 여러해살이풀. 줄기는 사각형 윗부분에 분홍, 또는 보라색, 흰 꽃이 입술 모양으로 핀다. 잎은 마주나고 가장자리에 톱니가 있다. 꿀이 많아서 벌과 나비들이 유난히 많이 찾아든다. 원명은 '피소스데기'이다.

메밀

메 밀 (마디풀과)

Fagopyrum esculentum Moench

중앙아시아원산의 한해살이풀. 키는 50~100cm 정도 자란다. 원줄기는 속이 비었다. 가지는 갈라지며 붉은 빛이 난다. 잎은 호생, 심장형, 끝이 뾰족하다. 7~10월에 가지 끝에 흰 꽃이 총상꽃차례를 이루며 핀다. 꽃받침은 5장, 흰색이거나 붉은 빛이 난다. 열매는 수과, 예리하게 세모진 난형의 흑갈색이다. 전분은 국수 원료로 사용한다.

물레나물

물레나물 (물레나물과)

Hypericum ascyron Linné

전국적으로 분포하며 산에서 자라는 여러해살이풀. 원줄기는 곧추 자라고 가지가 갈라진다. 키는 50~70cm 정도 자란다. 줄기에 마주나는 피침형 잎은 투명한 점이 있고 가장자리가 밋밋하다. 6~8월에 노란색 꽃이 핀다. 5장의 꽃잎이 한 방향으로 치우친 모양이 물레바퀴가 도는 모습과 비슷하여 '물레나물' 이라고 붙여진 이름이다. 어린 순은 나물로 먹는다.

물레나물

곰 취

곰 취

곰 취 (국화과)

Ligularia fischeri (Ledeb.) Turcz.

습기가 많은 깊은 산기슭에서 자라는 여러해살이풀. 키는 1~2m 정도 자란다. 뿌리에 모여나는 심장형의 뿌리잎은 잎자루가 길고 가장자리에 톱니가 있다. 7~10월에 노란색 꽃이 두상꽃차례로 총상으로 달려 핀다. 결실은 10월에 한다. 어린 잎은 식용으로 인기가 좋다. 뿌리와 줄기는 약용으로 이용한다. 잎 모양이 곰 발바닥과 같다 하여 붙여진 이름이다. 일명, '왕곰취', '큰곰취', '곰달레', '말곰취'라고도 한다. 봄에 돋는 어린 잎은 나물로 먹는다.

털부처꽃

털부처꽃 (부처꽃과)

Lythrum salicaria Linné

산기슭의 습기 많은 곳이나 냇가에서 자라는 여러해살이풀. 키는 1m 정도 자란다. 전체에 거친 털이 나고 줄기는 곧게 서고 잎은 피침형으로 끝이 뾰족하다. 5~8월에 줄기와 가지 윗부분에 취산꽃차례를 이루며 전체가 총상꽃차례 모양으로 홍자색 꽃이 오랫동안 핀다. 결실은 9월에 한다. 전초는 약용하고 꽃은 관상용으로 이용한다. 일명 '두렁꽃', '천굴채'라고 한다.

털부처꽃

나도여로

나도여로

나도여로 (백합과)

Zygadenus sibiricus A. Gray

고산지역에서 자라는 여러해살이풀. 키는 20~40cm 정도 자란다. 잎은 첫째 것은 비늘 같고 원줄기를 완전히 둘러싸며, 그 다음의 잎은 가장 크고 선상피침형으로 밑부분이 엽초로 되며 털은 없다. 꽃은 연한 황록색 꽃잎 곁에 자주색이 돌기도 한다. 6~8월에 줄기 윗부분에 갈라지는 가지마다 총상꽃차례를 이루며 핀다.

참여로 (백합과)

Veratrum nigrum Linne'

제주도와 중부 이북 지역에 분포하며 산지의 나무 그늘에서 자라는 여러해살이풀. 키는 100~150cm 정도 자란다. 잎은 줄기 밑에 달리고, 아래쪽에서 어긋난다. 줄기를 감싼다. 긴 타원형, 피침형으로 끝이 뾰족하다. 꽃은 양성화로 7~8월에 검은 자주색 꽃이 지름 1cm 정도 되는 꽃이 원추화서를 이루며 촘촘히 핀다.

참여로

방울꽃 (쥐꼬리망초과)

Strobilanthes oligantha Miquel

제주도에 분포, 산지의 습한 곳이나 나무 그늘에서 자라는 여러해살이풀. 키는 30~60cm 정도 자란다. 잎의 가장자리에 톱니가 있다. 줄기 윗부분의 잎겨드랑이에 보라색 꽃이 핀다. 꽃자루는 없다. 흰 꽃이 피는 '흰방울꽃'도 있다. 이 꽃은 해가 지기 전에 가장 멋있다. 꽃잎이 아주 약해 떨어질 염려가 있는 꽃이다. 제주도의 물가에서 자생하므로 육지에서는 보기 어려운 꽃이다.

방울꽃

양귀비

숙근양귀비

양귀비 (양귀비과)

Papaver somniferum Linné

유럽 동부 원산의 두해살이풀. 키는 50~150cm 정도 자란다. 흔히 '아편꽃'으로 잘 알려졌다. 잎은 호생, 끝이 뾰족하며, 가장자리에 불규칙한 톱니가 있다. 줄기에서는 유백색의 유액이 나온다. 꽃은 여러 가지 색이 있으나 주로 흰색 꽃이 원줄기 끝에 1송이씩 핀다. 열매는 삭과로 약용과 관상용으로 쓰인다.

나도황기

고추나물

나도황기 (콩과)

Hedysarum setigerum Turez.

고산지대의 숲이나 바위틈에서 자라는 여러해살이풀. 키는 30~40cm 정도 자란다. 가지가 많이 갈라진다. 잎은 긴 타원형 또는 피침형으로 양끝이 둔하고 뒷면에만 털이 나 있다. 7~8월에 줄기와 잎겨드랑이의 긴 꽃대에 연노란색 꽃이 총상꽃차례로 달려 핀다. 백두산 천지 주변에 대 군락을 이루며 자란다.

고추나물 (물레나물과)

Hypericum erectum Thunberg

산과 들의 습기가 있는 곳에서 자라는 여러해살이풀. 키는 20~60cm 정도 자란다. 줄기에 마주나는 잎은 잎자루가 없으며 아랫부분은 합쳐져서 줄기를 감싼다. 7~8월에 줄기나 가지 끝에 노란 꽃이 핀다. 봄에 돋는 어린 잎은 나물로 먹는다.

연 꽃

흰연꽃

연밥

연 꽃 (수련과)

Nelumbo nucifera Gaertn.

연못이나 늪에서 자라는 여러해살이풀. 키는 1~2m 정도 자란다. 물속 땅에서 옆을 향하여 길게 뻗는 뿌리줄기(연근)를 식용하기 위해 재배한다. 7~8월에 긴 꽃자루 끝에 커다란 연분홍색 또는 흰 꽃이 탐스럽게 핀다. 흰 꽃이 피는 것을 '백련'이라고 한다. 열매는 연밥이라 하여 벌집과 같이 구멍으로 성숙된다. 식용과 약용하는데, 일명 '불좌수', '연화'라고 한다.

노랑어리연꽃 (조름나물과)

Nymphoides peltata (Gmel.) O. Kuntze

중부 지방에 분포되어 늪이나 연못에서 자라는 수생식물인 여러해살이풀. 줄기는 끈 모양으로 길게 뻗는다. 잎자루가 길고 잎이 물에 뜨고 옆으로 갈라진다. 꽃은 오이꽃과 비슷한 밝은 노란색 꽃이 물 위에서 핀다. 7~9월에 개화하여 9~10월에 결실한다. 삭과는 타원형, 잎은 식용한다.

노랑어리연꽃

가시연꽃 (수련과)

Euryale ferox Salisb.

전라도, 경상도, 중부 평야 지대의 늪이나 연못, 도랑에서 자라는 한해살이풀. 잎 전체에 가시가 퍼져 나고, 잎은 지름이 2m 정도 자라는데 둥근 방패 모양과 같다. 7~8월에 뿌리에서 나온 긴 꽃자루 끝에 자주색 꽃이 1송이씩 핀다. 낮에 피었다가 밤에는 닫힌다. 씨는 약용한다. 경상도 우포늪에서 많이 자라고 있다. 일명 '개연', '가시련', '칠남성'이라고 한다.

가시연꽃

왜개연

노랑연꽃

왜개연

왜개연 (수련과)

Nuphar pumilum (Timm.) Dc.

연못이나 늪에서 자라는 여러해살이풀. 뿌리가 진흙 속으로 뻗는다. 뿌리줄기에서 나오는 잎은 잎자루가 길게 자란다. 잎몸이 물에 뜬다. 8~9월에 긴 꽃자루가 물 밖으로 자라 노란색 꽃이 앙증맞게 핀다. 방석 모양의 암술은 연노란색이지만, 가운데는 붉은색으로 피기도 한다.

어리연꽃

어리연꽃

어리연꽃

어리연꽃 (조름나물과)

Nymphoides india (L.) Kuntze

연못이나 호숫가에서 자라는 수생식물로 여러해살이풀. 뿌리는 수염 모양과 같이 가늘고, 넓은 타원형 잎은 물 위에 뜨고 아랫부분이 깊게 갈라지고 잎자루가 길다. 8월에 흰색 바탕에 가운데 노란색 꽃이 핀다. 한방에서 '금은연화'라는 이름으로 약재로 사용한다.

빅토리아연

빅토리아연

빅토리아연

빅토리아연 (미나리아재비과)

Victoria regia

아마존 원산. 잎은 물 위에 떠 있고 둥근 원 모양으로 지름이 90~180cm 정도다. 잎 표면은 광택이 있는 녹색이고, 뒷면은 짙은 붉은 색이며 가시 같은 털이 있다. 꽃은 여름 저녁에 물 위에서 핀다. 처음에는 흰색 또는 엷은 붉은색, 2일째면 짙은 붉은색이 핀다. 관상 가치가 높다. 1836년에 영국 빅토리아 여왕을 기념하여 'Victori regia'란 학명이 붙여졌다.

흰수련

흰수련

흰수련

흰수련 (수련과)

Nymphaea teragona Georgi

못이나 늪에서 자라는 여러해살이수초. 긴 잎자루가 있으며 물 위에 떠서 꽃을 핀다. 잎은 말발굽 모양, 가장자리는 물결 모양이다. 7~8월에 흰 꽃이 핀다. 낮에 피었다가 저녁에 오므라들기를 3~4일간 되풀이 한다. 일명 '애기수련' 이라고 한다.

수 련

수 련

수 련

수 련 (수련과)

Nymphaea tetragona Georgi

연못이나 늪에서 재배하는 여러해살이수초. 근경은 굵고 짧으며 수염뿌리는 많다. 잎은 잎자루가 있고 둥근 말발굽 모양이며 뒷면은 검은 자주색이고 지름이 5~12cm가 된다. 물 위에 뜨면 둥근 달걀형 잎 안 부분이 화살촉 모양으로 갈라졌다. 7~8월에 뿌리줄기에서 꽃줄기가 자라 물 밖으로 나오면 그 끝부분에 흰색, 분홍색, 노란색 등의 꽃이 핀다. 저녁이 되면 꽃은 오므라든다. 이 때문에 잠자는 연꽃이라는 뜻으로

수련 퍼레이드

'수련'이라고 한다. 수면 활동은 3일 동안 반복된다. 9~10월에 결실한다. 일명 '연봉', '자오련', '미초'라고 한다. 한국 전 지역과 일본, 중국 등 시베리아, 유럽과 북아메리카에 분포되어 자란다. 수련속에는 세계 50종류가 있으나 우리나라에는 2종이 분포되어 있다.

열대수련

열대수련

열대수련

열대수련 (수련과)

Nymphaea Linné

연못이나 늪에서 재배하는 여러해살이수초. 근경은 비대하고 많은 잎이 있다. 잎은 긴 잎자루가 있으며, 둥근 말 발굽 모양이다. 꽃은 7~8월에 피는데 꽃잎은 다수, 씨방은 측면에 붙고, 위의 것은 차츰 수술로 핀다. 수술대는 곁에 있는 것은 꽃잎 모양 꽃밥은 안쪽을 향한다. 열매는 삭과로 둥근 모양이며 떨어지지 않는 꽃받침에 쌓인다. 밤이면 꽃이 오므라든다. 3일간 반복된다.

흰물봉선

물봉선

노랑물봉선

물봉선 (봉선화과)

Impatiens textori Mig.

산골짜기나 냇가에서 자라는 한해살이풀. 키는 40~70cm 정도 자란다. 줄기에 물기가 많고 매끄러우며 곧게 선다. 잎은 넓은 피침형으로 가장자리에 톱니가 있다. 8~9월에 고깔 모양의 홍자색 꽃이 핀다. 봉숭아꽃과 모양이 비슷하다. 흰 꽃이 피는 '흰물봉선'과 노란색 꽃이 피는 '노랑물봉선'이 있다.

좀딱취

좀딱취 (국화과)

Ainsliaea apiculata

여러해살이풀로 키는 10~30cm 정도 자란다. 줄기는 곧게 서며 잎은 원줄기 밑에 모여달리고 계란모양, 또는 심장 모양으로 양면에 긴 털이 있다. 잎자루는 길다. 꽃은 8~10월에 백색 꽃이 총상꽃차례를 이루며 핀다. 열매는 수과로 거꾸로 선 바소 모양이며 짧은 털이 밀생한다. 깃 같은 털이 있다. 한국, 일본에 분포한다.

메 꽃

메 꽃 (메꽃과)

Calystegia japonica Choisy

밭이나 들에서 자라는 덩굴성 여러해살이풀. 흰색의 땅속줄기가 뻗으면서 줄기가 나와 다른 물체에 감기면서 오른다. 줄기에 어긋나는 넓은 피침형 잎은 아랫부분이 화살촉 모양이다. 6~8월에 잎겨드랑이에서 자란 긴 꽃자루 끝에 나팔 모양의 분홍색 꽃이 핀다. 흰 꽃이 피는 것을 '흰메꽃'이라고 한다.

갯메꽃 (메꽃과)

Calystegia soldanella (L.) Roem et schuit.

바닷가 모래땅에서 덩굴지면서 자라는 여러해살이풀. 줄기는 가지가 갈라지면서 땅 위로 뻗어나가고 다른 물체를 감고 자란다. 5~6월에 잎겨드랑이에 길게 나온 꽃자루 끝에 나팔꽃 모양의 분홍색 꽃이 핀다. 잎은 동그란 하트 모양이며 어긋난다. 꽃잎에는 5개의 흰 줄이 있다. 둥근 열매는 검은 씨로 성숙된다.

갯메꽃

익모초 (꿀풀과)

Leonurus sibiricus Linné

밭둑이나 논둑에서 자라는 두해살이풀. 키는 1m 정도 자란다. 줄기는 네모지고 잎은 마주나기 하는데 약간 둥근 모양이다. 깊게 갈라지고 가장자리에 톱니가 있다. 잎의 갈래는 선형, 갓 모양이다. 6~9월에 잎겨드랑이에 연한 홍자색 꽃이 핀다. 열매는 넓은 난형이고 씨는 검고 세모지다. 결실은 9월에 한다. 전초는 약용한다.

익모초

어리곤달비

어리곤달비 (국화과)

Ligularia intermedia Nakai

깊은 산기슭의 습기 많은 곳에서 자라는 여러해살이풀. 키는 40~80cm 정도로 군락을 이루며 자란다. 줄기에 거미줄 모양의 털이 밀생한다. 7~8월에 노란 꽃이 두상꽃차례와 총상꽃차례로 달려 핀다. 제주도, 덕유산, 강원도 북부 지역에 분포되어 자란다.

자귀풀

자귀풀 (콩과)

Aeschynomene indica Linné

논이나 밭의 습지에서 자라는 한해살이풀. 키는 50~70cm 정도 자란다. 줄기에 어긋나는 잎은 깃꼴겹잎으로 작은 잎이 마주 붙는다. 저녁이면 마주보는 두 잎이 포개진다. 마치 잠을 자는 것 같다 하여 붙여진 이름이다. 7~8월에 잎겨드랑이에 마치 나비 모양의 노란색 꽃이 핀다. 긴 꼬투리 열매에는 4~8개의 씨가 있다.

꽃향유

박 하

꽃향유 (꿀풀과)

Elsholtzia splendens Nakai

산과 들의 길가에서 흔하게 볼 수 있는 한해살이풀. 키는 50~60cm 정도 자란다. 줄기는 네모지고 잎은 줄기에 마주나는 달걀형으로 끝이 뾰족하고 가장자리에 둔한 톱니가 있다. 9~10월에 줄기와 가지 끝에 홍자색 꽃이 촘촘히 꽃이삭을 이루어 핀다. 꽃에 꿀이 많아서 벌과 나비들이 많이 찾아온다.

박 하 (꿀풀과)

Mentha arvensis Linné

습기 많은 들의 숲에서 자라는 여러해살이풀. 네모진 줄기의 키는 30~60cm 정도 자란다. 특이한 향기를 풍긴다. 7~10월에 줄기와 가지 윗부분의 잎겨드랑이마다 연보라색 꽃이 촘촘히 돌려가며 층층으로 달려 핀다.

배향초

배향초 (꿀풀과)

Agastache rugosa (Fisch. et C.A. Mey.) Kuntze

산과 들의 양지 숲에서 자라는 여러해살이풀. 네모난 줄기는 40~80 cm 정도 자란다. 7~9월에 가지 끝에 자주색 꽃이 핀다. 꽃향기가 좋아 벌과 나비들이 많이 찾는다. 기름을 뽑아 향료로 사용한다. 전초는 약용하고 어린 잎은 식용한다.

방아풀

방아풀 (꿀풀과)

Agastache rugosa(Fisch.et Mey.) O. Kuntze

산지의 자갈밭에서 잘 자라는 여러해살이풀. 키는 40~100cm 정도 자란다. 일명 '배향', '중개풀'이라고 부른다. 잎은 대생, 심장형으로 끝이 뾰족하고 아랫부분은 둥근 모양이다. 7~9월에 자주색 꽃이 원줄기 끝에 많은 꽃이 밀집하여 핀다. 전초는 약용하고 어린 잎은 식용한다.

백리향 (꿀풀과)

Thymus quinquecostatus celak.

높은 산 바위 위에 깔려 자라는 갈잎떨기나무. 잎은 매우 작고 꽃은 여름에 분홍색 꽃이 촘촘히 땅에 붙어 핀다. 향기가 매우 강하다. 9월에 결실한다. 줄기잎은 약용한다. 일명, '산백리향'이라고 한다. 흰 꽃이 피는 '흰백리향'도 있다.

백리향

섬백리향 (꿀풀과)

Thymus magnus Nakai

바닷가에서 잘 자라는 갈잎떨기나무. 키는 10~15cm 정도 자란다. 잎은 넓은 타원형이며 양면에 오목하게 들어간 선점이 있으며 향기가 좋아 벌과 나비가 많이 찾아든다. 6~7월에 연한 분홍색 꽃이 촘촘히 붙어 핀다. 백리향보다 줄기가 더 두텁고 잎과 줄기는 약용한다. 한국 특산 식물.

섬백리향

붉은강낭콩

붉은강낭콩

붉은강낭콩 (콩과)

Phaseolus multiflorus Willdenow

열대 아메리카 원산으로 덩굴성 한해살이풀. 전체에 털이 있다. 잎은 호생, 잎자루는 길고 3출겹잎, 작은 잎은 사각상 넓은 난형, 끝이 뾰족하다. 8월에 나비 모양의 붉은색 꽃이 잎겨드랑이에 총상화서를 이루며 핀다. 열매는 협과, 길이 10cm 전후, 짧은 털이 있다. 이 식물은 꽃이 붉어서 '붉은강낭콩'이 되었다.

완두 (콩과)

Pisum sativum Linné

유럽 원산의 밭에서 재배하는 한해살이덩굴풀. 키는 1m 정도 자란다. 잎은 타원형으로 끝이 둔하고 깃꼴겹잎으로 작은 잎은 덩굴손으로 톱니가 있다. 가을에 씨를 뿌리면 봄에 흰 꽃이 피고 납작한 꼬투리 열매를 맺는다. 어린 순과 열매는 식용한다. 일명 '흰꽃완두'라고 한다.

완두

녹두꽃 (콩과)

Phaseolus radiatus Linne'

인도 원산의 한해살이풀. 줄기는 곧게 선다. 잎은 호생, 잎자루는 길고, 3출겹잎, 작은 잎은 넓은 피침형, 가장자리는 밋밋하다. 8월에 노란 꽃이 나비 모양을 하고, 잎겨드랑이에 총상화서를 이루며 핀다. 열매는 협과로 강모와 돌기가 있다. 씨는 타원형인데 갈색으로 성숙한다. 민요 '파랑새'에 '새야 새야 파랑새야 녹두밭에 앉지마라 녹두꽃이 떨어지면 청포 장사 울고 간다'처럼 가사에 녹두꽃이 나온다.

녹두꽃

해녀콩

여우팥

해녀콩 (콩과)

Canavalia lineata (Thunb.) De Candolle

덩굴성 여러해살이풀. 줄기는 길게 자란다. 긴 잎자루에 달리는 작은 잎은 가죽질이거나 종이질이고, 표면은 짙은 녹색, 뒷면은 연두색이다. 6~8월에 연한 자홍색 꽃이 총상화서를 이루며 핀다.

여우팥 (콩과)

Dunbaria Villosa (Thumb.) Makino

길가, 논두렁, 빈터 등에서 흔하게 자라는 덩굴성 여러해살이풀. 가는 줄기에 어긋나는 잎은 3출엽으로 잎자루가 길지만 잎은 작고 마름모이다. 7~8월에 잎겨드랑이에 나비 모양의 노란색 꽃이 총상꽃차례를 이루며 핀다. 긴 꼬투리 열매에는 6~8개의 검은 씨가 있다. 일명 '덩굴돌팥'이라고 한다.

작두콩 (콩과)

Canavalia gladiata De Candolle

열대 원산의 덩굴성 한해살이풀. 일명 '줄작두콩'이라고 한다. 잎자루는 길고 잎은 3출겹잎 타원형으로 끝이 뾰족하다. 꽃은 8월에 잎겨드랑이에서 나비 모양의 연한 붉은색, 흰색 꽃이 이삭꽃차례로 핀다. 화축은 활처럼 구부러지고, 열매는 작두 모양이며 씨는 납작하고 붉은색과 흰색으로 성숙된다. 어린 열매는 식용한다.

작두콩

새 팥 (콩과)

Phaseolus nipponensis Ohwi

우리나라 전 지역에 분포하며 초원에서 자라는 덩굴성 한해살이풀. 줄기 전체에 털이 퍼져난다. 잎은 호생, 잎자루는 길고 3출겹잎이다. 가장자리는 밋밋하고 3갈래로 갈라진다. 8월에 나비 모양의 노란색 꽃이 잎겨드랑이에 핀다. 열매는 협과, 원기둥 모양으로 흑갈색으로 성숙된다. 종자는 원주상 타원형으로 '팥'보다는 작다. 녹갈색으로 흑색 잔점이 있다.

새 팥

강낭콩

동부

강낭콩 (콩과)

Phaseolus vulgaris Linné

열대 아메리카 원산의 덩굴성 한해살이풀. 일명 '덩굴강남콩'이라고 한다. 길이는 1.5~2m 정도 자란다 잔털이 나아 있다. 잎은 호생 3출겹잎, 끝이 뾰족하다. 꽃은 흰색 연한 붉은색의 나비 모양이 잎 겨드랑이에 총상화서를 이루며 핀다. 덩굴성 강낭콩과 많이 닮았으나 줄기가 서고, 흰색 또는 연한 황백색 꽃이 핀다.

동 부 (콩과)

Vigna sinensis King

중국 원산의 덩굴성 한해살이풀. 전체에 털은 없고 3출겹잎이다. 긴 잎자루에 달린 작은 잎은 일그러진 난형으로 끝이 뾰족하다. 8월에 잎겨드랑이에 연한 노란색 꽃이 핀다. 열매는 협과로 원기둥 모양이고 약간 구부러진다. 씨는 식용한다.

갯완두 (콩과)

Lathyrus japonicus Willdenow

바닷가 모래땅에서 자라는 여러해살이풀. 키는 60~70cm 정도 자란다. 땅속줄기가 발달하였다. 땅위 줄기는 모가지고 비스듬히 눕는다. 잎은 어긋나기 하며 잎자루가 짧고 깃꼴겹잎 끝에 덩굴손이 있다. 타원형의 잎 가장자리는 밋밋하지만 끝이 날카롭다. 5~6월에 나비 모양의 적자색 꽃이 총상화서를 이루며 핀다. 화축은 길고, 꽃받침은 5갈래, 수술은 10개, 암술 1개이다. 열매는 협과이며 길이가 5~6cm 가량으로 씨는 5개 가량 열린다.

갯완두

돌동부 (콩과)

Vigna vexillata (L.) Bentham

밭이나 논두렁에 심어 재배하는 덩굴성 여러해살이풀. 일명 '돌팥'이라고도 한다. 키는 2~3m 정도 자란다. 잎은 삼각형으로 작은 잎으로 된 겹잎이다. 양면에 털이 있다. 8~9월에 연한 홍자색 꽃이 2~4송이가 총상꽃차례로 핀다. 열매는 긴 원기둥 모양으로 10여 개의 씨가 있다. 씨와 뿌리의 녹말은 식용한다.

돌동부

도라지

보라도라지꽃

겹도라지꽃

도라지 (초롱꽃과)

Platycodon grandiflorum (Jacq.) A. DC.

산과 들에서 흔하게 접할 수 있는 여러해살이풀. 키는 40~80cm 정도 자란다. 줄기에 어긋나는 긴 달걀형의 잎은 끝이 뾰족하고 가장자리에 예리한 톱니가 있다. 흰색, 보라색 꽃이 하늘을 향해 핀다. 7~8월에 개화하여 9~10월에 결실한다. 뿌리는 식용하고, 꽃은 관상용, 한약재로 쓰인다. 흰 꽃이 피는 '백도라지꽃'도 있다.

감자꽃

감자

감자꽃

감자꽃 (가지과)

Solanum tuberosum Linné

남아메리카 고원이 원산지인 여러해살이풀. 키는 60~100cm 정도 자란다. 줄기에 어긋나는 긴 달걀형의 잎은 끝이 뾰족하고 예리한 톱니가 있다. 잎 후면은 회청색이다. 5~6월에 잎자루 윗부분에 흰색, 자주색 꽃이 잎겨드랑이에서 핀다. 우리 식생활에 없어서는 안될 재료로 강원도 대관령 지역에 많이 재배되고 있다.

고구마

좀나팔꽃

고구마꽃 (메꽃과)

Quamoclit pennata Bojer

덩굴성 여러해살이풀. 줄기가 땅 위로 퍼지고 뿌리는 괴근으로 타원형이다. 잎은 호생, 잎자루는 길고 밑은 얕은 심장형이다. 7~8월에 홍자색 꽃이 잎겨드랑이에서 긴 화축이 나와 5~6송이씩 핀다. 화관은 깔대기 모양이다. 괴근은 식용하고, 알콜 제조용 비타민 B2를 추출하여 영양제로 사용하며 줄거리는 식용한다.

좀나팔꽃 (메꽃과)

Ipomoea lacunosa Linné

북아메리카 원산의 귀화식물, 한해살이풀. 줄기에 긴 강모가 덮여 있다. 줄기는 감기고 잎은 가는 잎자루가 있다. 잎은 심장형으로 끝이 뾰족하다. 꽃은 7~9월 흰 꽃이 1~3송이씩 핀다. 화관은 깔대기 모양 꽃잎 가장자리에 자주색도 있다.

흰독말꽃

흰독말열매

흰독말꽃

흰독말풀 (가지과)

Datura metel Linné

길가나 빈터에서 자라는 한해살이풀. 키는 60~90cm 정도 자란다. 전체 줄기에 털이 약간 있다. 잎자루는 길고 잎 가장자리에 톱니가 있다. 6~7월에 잎겨드랑이에 긴 깔때기 모양의 흰색 꽃이 1개씩 핀다. 저녁에 피었다가 아침에 시든다. 열대 아시아 원산의 귀화식물이다.

개쑥부쟁이

미국쑥부쟁이

개쑥부쟁이

개쑥부쟁이 (국화과)

Aster ciliosus Kita.

산과 들의 건조한 곳에서 자라는 여러해살이풀. 키는 50~100cm 정도 자라는데 가지가 많이 갈라진다. 잎은 줄기에 어긋난다. 줄기의 아랫부분의 잎은 타원형이며 톱니가 있다. 위로 올라갈수록 잎은 작아진다. 꽃은 7~8월에 가지 끝과 원줄기 끝에 남자색 꽃이 위를 향해 핀다. 결실은 9~10월에 한다. 어린 순은 식용한다.

좀씀바귀

선씀바귀

좀씀바귀 (국화과)

Ixeris stolonifera A. Gray

산과 들에서 자라는 여러해살이풀. 키는 10cm 정도 자란다. 줄기는 옆으로 길게 뻗으며 마디에서 뿌리가 나온다. 잎자루가 잎몸보다 길다. 5~6월에 줄기 끝에 노란색 꽃이 1송이씩 핀다. 결실은 8월에 한다. 어린 순과 줄기는 식용한다. 씀바귀 속에는 '흰씀바귀', '꽃씀바귀', '선씀바귀', '갯씀바귀' 등이 있다.

선씀바귀 (국화과)

Ixeris strigosa (H. Lev. et Vaniot) J.H.Pak et Kawano

여러해살이풀. 전국적으로 분포하는 모여나는 원줄기는 20~40cm 정도 자란다. 잎은 긴 타원형이며 가장자리에 톱니가 있다. 어긋나는 경생엽은 피침형이다. 꽃은 원줄기 끝에 편평꽃차례로 흰 꽃이 20개 정도 핀다.

우단담비풀

우단담비풀 (현삼과)

Verbascim thapsus

잎에 털이 우단처럼 빽빽하다. 재배하는 담배를 닮은 풀이라는 뜻의 이름이다. 원산지가 유럽인 외래 식물이며 두해살이풀로 키는 100~200cm까지 자란다. 잎은 어긋나고 긴 타원형이며 끝은 둔하고 밋밋하다. 꽃은 6~9월에 줄기와 가지 끝에 노란색 꽃이 수상꽃차례를 이루며 핀다. 꽃잎은 5개 계란을 거꾸로 세운 모양이며 별 모양의 털이 있다. 수술은 5개, 암술대는 1개이다. 열매는 여러 개의 방에서 튀어나오는 삭과로 털로 쌓여 있다.

왕고들빼기

왕고들빼기 (국화과)

Lacturca indica Linné

산이나 들의 숲에서 자라는 한두해살이풀. 키는 80~100cm 정도 자란다. 솜털이 달린 씨는 바람에 날려 퍼져 나간다. 8~9월에 줄기 끝에서 갈라진 가지마다 연노란색 꽃이 원추꽃차례를 이루며 핀다. 줄기를 자르면 우유 같은 흰 즙이 나온다. 줄기에 어긋나는 잎은 새깃꼴로 갈라진다. 결실은 10~11월, 어린 순은 식용한다.

고들빼기

고들빼기

고들빼기 (국화과)

Youngia sonchifolia Maxim

산과 들에서 자라는 한해살이풀. 키는 30~70cm 정도 자란다. 주걱 모양의 잎은 줄기에 어긋나고 잎 가장자리에 톱니가 있다. 5~9월에 가지 끝에 여러 개의 노란 꽃송이가 핀다. 봄에 돋는 어린 순은 나물로 먹을 수 있다.

미국쑥부쟁이

개고들빼기

미국쑥부쟁이 (국화과)

Aster pilosus

길가에서 무리지어 자라는 여러해살이풀. 키는 30~90cm 전후 자란다. 주걱 모양의 잎은 줄기에 촘촘히 어긋나고 작은 가지는 잎이 가늘어진다. 9~10월에 가지에 흰 꽃이 핀다. 북아메리카 원산의 귀화식물이다.

개고들빼기 (국화과)

Youngia sonchifolia

산이나 들의 풀밭에서 자라는 두해살이풀. 키는 30~50cm 정도 자란다. 줄기는 가지를 많이 치고, 어긋나는 잎에는 불규칙한 결각 모양의 톱니가 있다. 5~9월에 가지 끝에 노란색 꽃이 핀다. 이른 봄에 잎이 달린 뿌리를 통째로 캐서 나물로 먹는다.

박 (박과)

Lagenaria leucantha Rusby var. depressa Makino

열대 아시아 원산의 덩굴성 한해살이풀. 덩굴 전체에 짧은 털이 있다. 잎은 심장형으로 얕게 갈라진 손바닥 모양에 연한 털이 있다. 암수한그루로 7~9월에 꽃이 피는데 단성화이다. 수꽃에 긴 꽃자루가 있고 암꽃은 꽃자루가 짧다. 저녁 무렵 피었다가 아침이면 시든다.

박꽃

박

수세미오이 (박과)

Luffa cylindrica Roemer

열대 아시아 원산으로 담장이나 울타리 주변에 심어 기르는 덩굴성 한해살이풀. 길이는 10m 정도 자란다. 잎은 손바닥 모양이며 잎의 갈래는 끝이 뾰족하고 가장자리에 톱니가 있다. 8~9월에 암수가 한그루에서 노란색 꽃이 핀다. 수꽃은 잎겨드랑이에 총상꽃차례로 피고, 암꽃은 1송이씩 달려 핀다. 열매는 녹색으로 원통형으로 30~60cm 정도 자란다. 어린 열매는 식용하고, 성숙된 것은 수세미, 슬리퍼 등에 쓰이고, 수액은 화장수나 약용으로 쓰인다. 일명 '수세미외'라고 한다.

수세미오이꽃

수세미오이

단풍마

단풍마 (마과)

Dioscorea quinqueloba

덩굴성 여러해살이풀. 산과 들에서 자란다. 뿌리줄기는 옆으로 뻗고, 줄기는 다소 연하며 많은 가지가 갈라지고 물체를 감으면서 길게 뻗는다. 잎은 어긋나고 심장 모양이고 손바닥 모양으로 5~9개로 갈라진다. 끝은 뾰족하며 그 옆에 있는 것은 끝이 둥글거나 둔하다. 잎자루는 길고 아래 부분에 1쌍의 작은 돌기가 있다. 꽃은 암수딴그루로 6~7월에 잎겨드랑이 수상꽃차례를 이루며 핀다. 수꽃이삭은 꽃대가 짧다. 화피 조각은 바소 모양이고 암꽃의 화피 조각은 긴 타원형이다. 열매는 삭과로 3개의 날개가 있다.

둥근잎유홍초

둥근잎유홍초 (메꽃과)

Quamoclit angulata Bojer

열대 아메리카 원산지의 한해살이풀. 길가나 빈터에서 자라 덩굴지는 줄기는 2~3m로 자란다. 다른 물체를 왼쪽으로 감아 오르면서 자란다. 어긋나는 잎의 잎몸은 심장상 원형으로 끝이 뾰족하고 가장 자리가 밋밋하다. 꽃은 8~9월에 잎겨드랑이에서 자란 긴 꽃대에서 3~5개의 주홍색 꽃이 핀다. 깔때기 모양의 꽃은 나팔꽃과 비슷하나 꽃이 작다. 귀화식물.

유홍초 (메꽃과)

Quamoclit pennata Bojer

열대 아메리카 원산의 덩굴성 한해살이풀. 줄기의 길이는 1~2m 정도 자란다. 잎은 호생으로 입자루가 길고, 잎이 빗살 모양으로 갈라진다. 7~8월에 잎겨드랑이에 긴 꽃자루가 나와 붉은색 또는 흰색 꽃이 1송이씩 핀다. 화관은 깔대기 모양이고, 주로 관상용으로 이용한다.

유홍초

왜승마 (미나리아재비과)

Cimicifuga acerina (sieb. et zucc.) C. Tanaka

산기슭의 골짜기의 나무 밑에서 자라는 여러해살이풀. 키는 50~60cm 정도, 잎자루가 길다. 원줄기는 꽃줄기 같고, 잎이 달리지 않는다. 7~9월에 흰 꽃이 겹총상 꽃차례를 이루며 핀다. 꽃잎은 2갈래로 갈라지고 암술 1~2개, 수술은 다수이며 열매는 긴 타원형이다. 뿌리는 약용한다.

왜승마

별씀바귀

벌씀바귀 (국화과)

IXeris polycephala

들에서 흔하게 자라는 두해살이풀. 키는 20cm 정도 자란다. 줄기에 어긋나는 피침형 잎은 밑부분이 화살촉 모양으로 뾰족한 귀를 이룬다. 5~7월에 가지 끝에 노란색의 작은 꽃송이가 달린다. 씀바귀와 비슷하지만 벌판에서 잘 자라기 때문에 '벌씀바귀'라고 한다.

뱀무

뱀 무 (장미과)

Geum japonicum Thumb

중남부 지방에 분포하며 주로 조릿대가 있는 곳에서 잘자라는 여러해살이풀. 키는 30~50cm 정도 자란다. 줄기는 외대로 서며, 짧고 연한 털이 있다. 어긋나는 잎은 연하고 털이 많으며 깃꼴겹잎이다. 가장자리에 톱니가 있다. 6~7월에 줄기 끝에 노란 꽃이 핀다. 전초는 약용하고, 어린 잎은 식용한다.

계뇨등

미국물칭개

계뇨등 (택사과)

Paederia scandens (Lour.) Merrill

바닷가 풀밭이나 숲에서 자라는 갈잎덩굴나무. 줄기는 5~7m 정도 길게 자란다. 잎은 달걀꼴로 2장씩 줄기에 마주난다. 냄새가 많이 난다. 7~8월에 잎겨드랑이와 가지 끝에서 나온 꽃대에 취산꽃차례로 하얀색 꽃이 핀다. 원통형의 꽃은 끝부분이 5갈래로 갈라져 벌어지고 꽃 안에는 자주색 반점이 있다.

미국물칭개 (현삼과)

Veronica americana

미국 원산의 귀화식물로 습기가 있는 습지나 개울가에서 자라는 여러해살이풀. 키는 10~30cm 정도 자란다. 줄기에 마주나는 긴 타원형 잎은 가장자리에 둔한 톱니가 있다. 7~9월에 잎겨드랑이 꽃대에 청자색 꽃이 핀다.

누린내풀

누린내풀 (마편 과)

Caryopteris divaricata Maximowicz

산이나 들에서 자라는 여러해살이풀. 키는 100cm 정도 자란다. 줄기는 네모지고 전체에 짧은 털이 있다. 고약한 냄새가 난다. 잎은 잎자루가 있고 잎이 뾰족하고 톱니가 있다. 7~8월에 벽자색 꽃이 취산꽃차례로 드문드문 핀다. 꽃받침은 작은 종 모양으로 5갈래로 갈라진다. 꽃 안에 자주색 반점이 있다. 꽃이 필 때 강한 냄새가 난다. 관상용과 약용한다.

참깨

참 깨 (참깨과)

Sesamum indicum Linné

인도와 이집트 원산으로 밭에서 재배하는 한해살이풀. 키는 1m 전후 자란다. 전체 줄기에 부드러운 털이 있다. 잎은 잎자루가 길고 타원형으로 끝이 뾰족하다. 7~8월에 잎겨드랑이에 입술 모양의 연분홍색 꽃이 핀다. 9월쯤 여무는 열매 속의 참깨 씨는 양념이나 제유용으로 쓰인다.

만 삼 (초롱꽃과)

Codonopsis pilosula

덩굴성 여러해살이풀, 깊은 산속에서 자란다. 자르면 즙이 나온다. 뿌리는 도라지 모양이며 잎은 어긋나지만 짧은 가지에서는 마주 난다. 계란 모양 또는 타원형, 양면에 잔털이 나고 뒷면은 흰색이다. 꽃은 7~8월에 곁가지 끝에 1개씩 달리며 바로 밑 잎겨드랑이에도 핀다. 화관은 종처럼 생기며 끝이 5개로 갈라진다. 수술은 5개, 암술은 1개이고 암술대의 끝 부분은 3갈래로 갈라진다. 열매는 삭과로서 10월에 성숙한다.

만 삼

층꽃풀 (마편과)

Caryopteris incana (Thunb.) Miquel

산과 들, 숲에서 자라는 여러해살이풀. 키는 60cm 정도 자란다. 줄기는 곧게 서고 잎은 긴 타원형으로 가장자리에 톱니가 있다. 7~9월에 줄기에 자주색 꽃이 취산꽃차례로 층층으로 배열되어 핀다. 꽃받침은 5갈래, 입술 모양, 수술은 4개, 열매는 삭과, 일명 '층꽃나무'라고 한다.

층꽃풀

쇠비름

쇠비름 (쇠비름과)

Portalaca oleracea Linné

길가나 밭에서 흔하게 자라는 한해살이풀. 키는 20~30cm 정도 자란다. 줄기와 잎 전체가 다육질로 물기가 많다. 잎은 줄기에 어긋나거나 마주난다. 주걱 모양의 잎은 광택이 난다. 7~8월에 가지 끝의 잎겨드랑이에 낮에만 노란색 꽃이 핀다. 열매는 타원형으로 익으면 가운데가 갈라지면서 씨가 나온다. 어린 잎은 식용한다.

소리쟁이

소리쟁이 (마디풀과)

Rumex japonicus Houttuyn

습지에서 자라는 여러해살이풀. 키는 40~100cm 정도 자란다. 잎은 호생, 타원형 잎 가장자리에 물결 모양의 굴곡과 톱니가 있다. 꽃은 6~7월에 원추화서를 이루며 돌려난다. 꽃받침은 6장 수술은 6개 암술은 3개 열매는 수과로 세모진 나원형, 8~9월에 성숙된다. 어린 잎은 식용하고 뿌리는 약용한다.

미국미역취 (국화과)

Solidago Serotina Aiton

북아메리카 원산의 여러해살이풀. 키는 1m 정도 자란다. 윗부분에 가지가 많이 갈라지고 잎이 촘촘히 달린다. 잎은 호생, 피침형으로 양끝이 좁고 톱니가 있다. 7~9월에 줄기나 가지 끝에 총상꽃차례로 밀생하여 노란색 꽃이 핀다. 열매는 수과, 원추형이고 털이 있다. 귀화식물로 중부 이남에 분포되어 자란다.

미국미역취

동강고랭이 (사초과)

Neoscirpus dioicus. Y.Lee / Y.oh

바위틈에서 자라는 여러해살이풀. 줄기는 서고 잎은 뭉쳐난다. 녹색의 줄기는 개화기에 5~10cm 꽃이 진 뒤에는 20~50cm 정도 자라며 다각형의 원기둥 모양으로 지름 0.6mm 가량 유리알 같은 유두 돌기가 줄기에 붙는다. 밑동은 여러 장의 황갈색 엽초에 쌓인다. 엽초 끝은 바늘 모양이며 돌기로 되었다. 작은 이삭은 1개가 줄기 끝에 달린다. 꽃은 암수딴그루에 3~4개의 낱꽃이 피고 5~6월에 결실 한다.

동강고랭이

방동사니

왕골

방동사니 (사초과)

Cyperus microiria Steudel

밭이나 산기슭에 자라는 한해살이풀. 키는 60~70cm 정도 자란다. 줄기는 삼각형이고 잎은 모두 근생엽으로 가늘다. 화서는 산방형을 이루며 작은 이삭은 선형이며 평평하다. 8~9월에 꽃이 핀다. 줄기와 잎은 약용한다. 일명 '금방동사니'라고 한다.

왕골 (사초과)

Cyberus exaltatus Re'tzius

습지에서 잘 자라는 한해살이풀. 키는 100~150cm 정도 자란다. 줄기는 세모지고, 잎은 가늘고 줄 모양이다. 개화는 8~10월에 하고 화서는 산방형이고, 가지는 길고 빳빳하다. 가지 끝에 이삭이 있다. 좁은 좌우 2줄로 배열되어 핀다. 돗자리 및 세공예품 재료로 쓰인다.

○ 띠 (화본과)

Imperata cylindrica (L.) Beauvois

전국 각지의 산이나 강가, 호수가에서 흔하게 자라는 여러해살이풀. 키는 30~80cm 정도 자란다. 줄기는 곧게 서고, 마디에 털이 있다. 화수는 5월에 잎보다 먼저 나오고 화서는 원주상, 작은 이삭에 자루에 털이 있다. 긴 비단 털이 둘러 쌓인다. 호영은 극히 작으며 까락이 없다. 피침형이다.

띠

○ 홍 띠 (화본과)

Imperata cylinderica (L.) Beauvois

산기슭이나 호수가에서 자라는 여러해살이풀. 키는 30~40cm 정도 자란다. 줄기는 곧게 선다. 잎몸은 납작한 선형이며 줄기 밑의 것이 가장 길고, 가장자리에는 털이 있다. 화서는 원주상으로 긴 비단 털에 둘러쌓이고, 호영은 막질, 피침형, 뒷면에 털이 있다. 수술은 2개, 꽃밥은 느란색 또는 자주색이고 인피는 없다. 5~6월에 꽃이 피고 7~8월에 결실한다.

홍띠

방가지똥

방가지똥

방가지똥 (국화과)

Sonchus oleraceus Linné

들이나 집 주변에서 자라는 한두해살이풀. 키는 30~100cm 정도 자란다. 줄기 속이 비어 있다. 줄기를 자르면 흰 즙액이 나온다. 어긋나는 잎은 새 깃꼴로 깊게 갈라진다. 5~9월에 줄기나 가지 끝에 노란색 꽃송이가 위를 보고 핀다. 털이 달린 씨는 바람을 타고 퍼져나간다. 어린 순은 나물로 먹는다.

쇠채아재비 (국화과)

scorzonera albicaulis Bange

산기슭 풀밭에서 자라는 여러해살이풀. 키는 40~50cm 정도 자란다. 줄기가 곧게 선다. 가지가 많이 갈라진다. 잎은 선상 피침형이며 가장 자리는 밋밋하다. 5~8월에 두상화로 연한 노란 꽃이 줄기 끝에 핀다. 총포는 원통 모양이며 흰 거미줄 같은 털로 덮여 있다. 열매는 삭과이며 관모는 약간 붉은색으로 9~10월에 성숙된다. 일명 '미역꽃'이라고 한다.

쇠채아재비씨

쇠채아재비

토마토꽃 *(Solamum lycopersicum)*

수박 *(Citrullus vulgaris)*

토마토 *(Solamum lycopersicum)*

참외꽃 *(cucamis melo)*

참외 *(cucamis melo)*

고추꽃 *(Capsicum annuum)*

뱀딸기 *(Duchesnea chrysantha)*

레몬 *(citrus limonia)*

고추 *(Capsicum annuum)*

가지 *(Solanum melongena)*

매실 *(Prunu mume SIEB. et Zucc.)*

대추 *(zizyphus Jujuba MiLL.)*

오디 *(Morus alba Linné)*

오미자 *(Schizandra chinensis)*

딸기 *(Fragaria ananassa Duch)*

옥수수 *(zea mays)*

다래 (*Actinidia arguta planch.*)

체리 (*Prunus tomentosa (Thunb.)*)

연밥 (*Nelumbo nucifera Gaertn.*)

인동 열매 (*Lonicera japonica*)

산마 (*Dioscorea japonica Thunb.*)

붓꽃씨 (*Iris nertachinskia*)

꽃단호박 (원예종) *(Cucurbita maxima Duch)*

여주 *(Momordica Chrantia)*

단호박 *(Cucurbita maxima Duch.)*

외수박 *(Watermelon)*

블루베리 *(Viccinium spp.)*

애기부들

부들

애기부들 (부들과)

Typha angustata Bory et Chaubard

강가, 호수, 연못의 습지에서 자라는 여러해살이풀. 키는 1.5~2m 정도 자란다. 땅속줄기는 옆으로 길게 뻗는다. 줄기는 원기둥 모양으로 곧게 서고 단단하다. 잎은 선형이며, 꽃은 6~7월에 이삭화서를 이루며 핀다. 수꽃이 윗부분에 피고 암꽃이삭은 일찍 떨어진다. 수꽃은 노란색, 꽃가루 주머니가 서로 떨어져 있다. 열매는 긴 타원형으로 붉은 갈색으로 성숙한다.

다닥냉이

다닥냉이 (십자화과)

Cepidium apetalum Willdenow

북아메리카 원산의 들에서 자라는 월년초. 키는 20~50cm 정도 자란다. 근생엽은 잎자루가 길다. 깃꼴겹잎, 경생엽은 호생, 잎가장자리에 톱니가 있다. 5~7월에 흰색 꽃이 총상화서를 이루며 핀다. 어린 식물은 식용한다.

쇠돌피

쇠돌피 (화본과)

Polypogon fugax Neeset Steudel

중남부 해안 지방의 습지에서 자라는 한해살이풀. 키는 20~50cm 정도 자란다. 줄기는 밑부분에서 가지가 갈라지며 모여나서 포기를 이룬다. 선형의 잎은 피침형 끝이 날카롭다. 꽃은 5~6월에 원기둥 모양, 원추화서를 이루며 핀다. 가지와 소축은 꺼칠꺼칠하고 강모가 있다.

인삼꽃

인삼씨

인삼뿌리

인 삼 (오갈피나무과)

Panax schinseng Nees

깊은 산 수림 속에서 자라는 여러해살이풀. 키는 50~60cm 정도 자란다. 일명 산삼이라 부른다. 뿌리는 곧게 또는 비스듬히 자란다. 손바닥 모양의 겹잎은 돌려나기 하며, 잎자루는 길다. 작은 잎은 도란형으로 끝이 뾰족하며 가장자리에 톱니가 있다. 꽃은 암수한그루에 연한 녹색 꽃이 산형화서를 이루며 핀다. 8~9월에 둥글납작한 장과가 빨갛게 익는다.

봉선화

봉선화 (봉선화과)

Impatiens balsamina Linne'

중국, 인도, 말레이시아 원산의 한해살이풀. 키는 40~60cm 정도 자란다. 전체에 털은 없고, 잎은 호생, 피침형, 양 끝이 좁다. 가장자리에 톱니가 있다. 꽃은 7~8월에 잎겨드랑이에 각가지 색으로 여러 송이가 핀다. 꽃잎은 좌우로 퍼지고, 열매는 삭과로 타원형이며 털이 밀생한다. 씨는 황갈색으로 성숙한다.

방패꽃

방패꽃 (현삼과)

Veronica tenella

여러해살이풀로 고산지대의 약간 습한 곳에서 자란다. 원줄기가 옆으로 벋으면서 가지가 갈라지고 잔털이 약간 있다. 잎은 마주나고 넓은 계란형, 양끝이 둔하고 가장자리에 희미한 톱니가 있다. 꽃은 7~8월에 흰색 바탕에 자주빛 맥이 있으며 총상꽃차례를 이루며 달린다. 튀는 열매로 방패처럼 생겼으며 암술대가 남아있다. 일명 개투구꽃이라고 한다.

가을 · 겨울에 피는 풀꽃

가을은 코스모스의 길목따라 찾아온다. 며느리배꼽, 강아지풀, 억새, 쑥부장이, 이 모두 고향이 그리워지는 향수의 꽃. 들녘에는 울긋불긋 풍성한 결실이 넘쳐나고 온통 진홍색 단풍이 물결을 이루며 자태를 뽐내는 계절이다. 설화(雪花)는 식물체는 아니지만 천태만상으로 꽃을 피운 섬세함은 자연의 무한한 신비 그 자체이다. 온누리에 눈이 내려서 헐벗은 나무가지마다 은빛 눈꽃을 피워낸 모습은 마음속에 끊임없이 희망을 불어넣어 주기도 한다.

구절초

구절초

구절초

구절초 (국화과)

Chrysanthemum zawaolskii Herbich var. latilobum(Maxim.) Kitam.

산과 들에서 자라는 여러해살이풀. 키는 30~40cm 정도 자란다. 잎은 달걀형으로 위로 갈수록 작아지고 가늘어진다. 9~10월에 줄기와 가지 끝에 한 송이씩 하늘을 보고 핀다. 처음에는 담홍색으로 피었다가 차츰 흰색으로 변한다. 음력 9월 9일에 채취한 것이 약효가 좋다하여 '구절초'란 이름이 붙게 되었다. 산구절초가 기본종이고, 바위구절초, 낙동구절초, 한라구절초, 울릉국화 등은 변이 종이다.

포천구절초 (국화과)

Chrysanthemum zawadskii Herbich

경기도 포천 근처의 한탄강에서 자라는 여러해살이풀. 키는 50cm 정도 자란다. 줄기에 털이 거의 없다. 뿌리잎과 줄기 아랫부분의 잎은 깃골로 완전히 갈라진다. 갈래 조각은 선형으로 끝이 뾰족하다. 9~10월에 줄기나 가지 끝에 흰색 꽃이 1송이씩 하늘을 향해 핀다.

포천구절초

낙동구절초 (국화과)

Chrysanthemum zawadskii Herbich

우리나라 태백산과 낙동강 유역과 야산이나 들에서 자라는 여러해살이풀. 들국화의 일종으로 키는 30~40cm 정도 자란다. 잎은 깃털처럼 생겼으며 크게 다섯 번 갈라진다. 9~10월에 두상화로 흰색 또는 분홍색 꽃이 피고 10~11월에 결실한다. 전초는 약용하고, 꽃은 가을 관상용으로 쓰인다. 한국 특산 식물.

낙동구절초

서흥구절초

서흥구절초

서흥구절초 (국화과)

Chrysanthemum zawadskii Herbich

야산의 참나무 숲에서 자라는 여러해살이풀. 키는 50~60cm 정도 자란다. 9~10월에 줄기 끝에 자홍색 꽃이 1송이씩 핀다. 화축에 털이 있다. 우리나라 황해도 서흥에 분포되어 자란다. 일명, '서흥넓은잎구절초'라고 한다.

한라구절초

한라구절초 (국화과)

Chrysanthemum zawadskii Herbich

고산 지역(해발 1,300m 이상)에서 자라는 여러해살이풀. 키는 50cm 정도 자란다. 2회 깃 모양으로 가늘게 갈라지고 피침형으로 끝이 뾰족하다. 9~10월에 분홍색, 흰색 꽃이 두상 꽃차례로 핀다. 구절초와 유사하게 보인다. 주로 제주도 한라산에 분포되어 자란다. 한국 특산 식물.

바위구절초

바위구절초 (국화과)

Chrysanthemum zawadskii Herbich

고산 지역에서 자라는 여러해살이풀. 키는 20~30cm 가량 자란다. 줄기 전체에 잔털이 있고, 잎은 아래 것은 잎자루가 있으나 위로 갈수록 없어지며 깃 모양으로 갈라진다. 갈래는 피침형이다. 9~10월에 두상화로 흰색 또는 분홍색 꽃이 줄기 끝에 1송이씩 큰 꽃이 달려 핀다. 전초는 약용(특히 부인병)한다.

산국

감국

산 국 (국화과)

Chrysanthemum boreale Mak.

산기슭이나 들에서 자라는 여러해살이풀, 키는 1~1.5m 정도 자란다. 들국화의 일종으로 가지가 많고 갈라진다. 잎은 호생 타원형이다. 노란색, 엷은 핑크색 등의 꽃이 줄기 끝에 산방상으로 핀다.

감 국 (국화과)

Chrysanthemum indicum Linné

산이나 들에서 들국화의 일종으로 자라는 여러해살이풀. 키는 40~80cm 정도 자란다. 잎 전체에 짧은 털이 있다. 9~10월에 노란색 꽃이 줄기 끝에 상방상으로 달려 핀다. 결실은 10~11월에 한다. 관상용, 약용한다.

해국

해 국 (국화과)

Aster spathulifolius Maxim.

바닷가에서 자라는 여러해살이풀. 키는 30~60cm 정도 자란다. 잎 전체에 부드러운 털이 밀생한다. 잎이 주걱 모양으로 생겼다. 7~11월에 연한 자주색 꽃이 가지 끝에 1송이씩 핀다. 흰 꽃이 피는 '흰해국'과 꽃이 크고 탐스러운 '왕해국'도 있다.

해국

큰천남성

천남성 열매

성숙된 열매

큰천남성 (천남성과)

Arisaema amurense Maxim. var. serratum Nakai

산지의 습한 나무 그늘에서 자라는 여러해살이풀. 키는 30~50cm 정도 자란다. 줄기에 자주색 반점이 있다. 줄기 끝에 녹색 꽃이 핀다. 꽃은 암수딴그루에서 피는데 암꽃은 밑 부분에, 수꽃은 위에 달려 핀다. 불염포 속에 둥근 막대기 모양의 꽃이삭이 들어 있다. 열매는 이삭처럼 모여 피는데 가을이 되면 붉은색으로 성숙된다. 줄기는 독성이 있지만 약용으로 쓰인다.

무늬천남성 (천남성과)

Arisaema thunbergii Blume

산지의 숲에서 자라는 여러해살이풀. 구경이 편평한 구형으로 작은 구멍이 옆으로 자란다. 수염뿌리가 사방으로 퍼진다. 긴 잎자루에 1장 내지 2장 달리는 파침형 잎세는 짙은 녹색의 물결 모양이 있다. 꽃은 암수딴그루에 육수꽃차례로 황록색 또는 자갈색 꽃이 핀다. 열매는 옥수수처럼 붉은 색으로 성숙된다. 구경은 약용한다.

무늬천남성

두루미천남성 (천남성과)

Arisaema heterophyllum Blume.

산지 숲에서 자라는 여러해살이풀. 키는 30~50cm 정도 자란다. 구경은 평구형으로 작은 구멍이 있다. 잎은 헛줄기 끝에서 1개가 나오는데 잎자루가 길고, 잎몸은 새의 발 모양으로 갈라진다. 갈라진 조각은 긴 타원형으로서 양쪽이 좁고 끝은 뾰족하며 톱니는 없다. 줄기 끝에 녹색 꽃이 핀다. 8~10월에 가지 끝에 장과가 열리는데 꽃대에 긴 타원형으로 옥수수알처럼 모여 붙어 빨갛게 성숙된다.

두루미천남성

고마리

붉은고마리

흰고마리

고마리 (마디풀과)

Polygonum thunbergii Siebold et Zucc.

들이나 길가, 물가에서 자라는 한해살이풀. 키는 50~100cm 정도 자란다. 줄기는 모가나고 갈고리 모양의 가시가 있다. 잎은 창 모양의 삼각형이고, 잎자루에는 날개가 있다. 꽃은 가지 끝에 연분홍색 또는 흰색 꽃이 두상꽃차례로 핀다. 줄기잎은 약용(지혈제)으로 사용된다. 일명 '고만이', '돼지풀'이라고 한다.

용담

용담

용담

용 담 (용담과)

PGentiana scabra Bunge

산지의 풀밭에서 자라는 여러해살이풀. 키는 20~60cm 정도 자란다. 줄기에 마주나는 피침형 잎은 잎자루가 없다. 가장자리가 밋밋하고 큰 잎맥이 있다. 8~10월에 줄기 끝이나 잎겨드랑이에 보라색 꽃이 종 모양으로 핀다. 원예종으로 분홍색, 흰색 등이 있다. 10~11월에 결실한다. 꽃은 관상용, 뿌리는 약용한다. 일명 '괴나물', '선용담'이라고도 한다.

칼잎용담

칼잎용담 (용담과)

Gentiana uchiyamai Nakai

깊은 산 숲에서 자라는 여러해살이풀. 키는 100cm 정도 자란다. 꽃은 곧게 서고, 잎은 대생으로 잎자루는 없고 긴 타원형에 피침형이다. 8~9월에 줄기 끝이나 잎겨드랑이에 보라색 꽃이 핀다. 화관은 종 모양이며, 꽃받침 또한 종 모양을 이룬다. 열매는 삭과, 뿌리는 약용한다.

흰칼잎용담

흰칼잎용담 (용담과)

Gentiana uchiyamai Nakai

깊은 산 숲에서 자라는 여러해살이풀. 키는 100cm 정도 자란다. 잎자루가 없는 긴 타원형의 피침형으로 용담잎에 비해 길고 가장자리에 톱니는 없다. 8~9월에 보라색 꽃이 줄기 끝이나 잎겨드랑이에 핀다. 화관은 5~6갈래, 화관과 꽃받침은 종 모양이다. 뿌리는 약용한다.

진퍼리용담 (용담과)

Gentiana scabra Bunge

산기슭의 습한 곳에서 자라는 여러해살이풀. 키는 50~80cm 정도 자란다. 줄기는 자주색으로 털이 없으며 잎은 피침형이다. 8~10월에 보라색 꽃이 줄기 끝이나 잎겨드랑이에 피는데 꽃자루가 없다. 포는 입 모양이다. 용담과 닮았으나 잎이 선상피침형이고, 습지에서 자라는 것이 다른 점이다.

진퍼리용담

덩굴용담 (용담과)

Tripterospermum japonicum

산기슭의 음지에서 자라는 여러해살이풀. 길이는 40~80cm 정도 자란다. 전체에 털이 없다. 잎은 마주나는데 긴 난형으로 끝이 길고 뾰족하다. 잎의 표면은 짙은 녹색이고 뒷면은 연한 녹색으로 자줏빛이며 가장자리는 밋밋하다. 9~10월 자주빛을 띤 흰색 꽃이 잎겨드랑이에 1송이가 달린다.

덩굴용담

비로용담

구름용담

비로용담 (용담과)

Saxifraga laciniata Nakai et Takeda

우리나라 북부 지역 고산지대(해발 2,000m)에서 자라는 여러해살이풀. 키는 5~10cm 정도 자란다. 줄기에 마주나는 긴 타원형 잎은 잎자루가 없고 끝이 둔하다. 꽃은 8~9월에 꽃자루 없이 바로 줄기에서 짙은 벽자색 꽃이 핀다. 결실은 10월에 한다.

구름용담 (용담과)

Gentiana spp

여러해살이풀. 해발 500~600m에서 키는 20~30cm 정도 자란다. 구름용담은 뿌리가 용의 쓸개처럼 쓰다고 하여 붙여진 이름이다. 잎은 마주나고, 피침형이다. 8~9월에 피는 꽃은 색깔이 선명하다.

용머리 (꿀풀과)

Dracocephalum argunense Fisch ex Link

산기슭의 숲에서 자라는 여러해살이풀. 키는 20~30cm 정도 자란다. 줄기 전체에 잔털이 나 있다. 꽃은 줄기 끝에 이삭 모양의 화서를 이루며 보라색 꽃이 핀다. 결실은 9월에 한다. 꽃은 관상용으로 쓰인다. 꽃 모양이 용이 입을 벌리고 있는 것처럼 생겨서 붙여진 이름이다.

용머리

멧용담 (용담과)

Gentiana nipponica Max

숲에서 자라는 여러해살이풀. 줄기의 길이는 15cm 정도 자란다. 모가 지고 밑둥이 길다. 잎은 넓은 피침형이다. 9월에 보라색 꽃이 핀다. 꽃받침의 갈래는 달걀 모양이다. 화관의 길이는 꽃받침 길이의 2배 가량 된다. 뿌리는 약용한다. 제주도 한라산에 자생한다.

멧용담

둥근잎꿩의비름

둥근잎꿩의비름 어린잎

둥근잎꿩의비름 꽃

둥근잎꿩의비름 (돌나물과)

Sedum ussuriense Komarov

낮은 계곡 바위틈에서 자라는 여러해살이풀. 줄기 전체가 통통한 다육질이다. 키는 20~30cm 정도 자란다. 잎은 대생이며 잎자루는 없고 타원형으로 불규칙한 톱니가 있다. 꽃은 줄기 끝에 자잘한 홍자색 꽃이 촘촘히 모여 핀다. 잎이 둥그렇고 꿩의 발 모양을 하고 있으며, 물을 많이 저장하고 있어 건조한 조건에서도 잘 견딘다.
환경부가 지정한 법정 보호 식물.

맥문동

이끼

맥문동 (백합과)

Liriope platyphylla Wang et Tang

산지의 나무 그늘에서 자라는 여러해살이풀. 키는 30~50cm 정도 자란다. 잎은 뿌리줄기에서 선형 잎이 모여나 포기를 이룬다. 꽃은 잎 사이에서 자란 꽃줄기 윗부분부터 총상꽃차례로 이삭 모양으로 자주색 꽃이 핀다. 열매는 가을에 검은 자주색으로 익는다. 관상용으로 화단에 많이 심는다. 뿌리는 약용한다.

이 끼 (비단이끼과)

Moss lichen

잎과 줄기의 구별이 분명하지 않고 관다발이 없는 하등식물로 고목이나 바위 습지에서 10cm 정도 자라는 식물이다. 누워 자라며 넓은 버들잎 모양으로 끝이 점차 뾰족하다. 이삭은 원기둥 모양이다.

명아주여뀌

명아주여뀌 (마디풀과)

Persicaria japonica Gross ex Nakai

빈터나 길가, 개울가에서 자라는 한해살이풀. 50~100cm 정도 자란다. 달걀 모양의 피침형 잎은 줄기에 어긋난다. 꽃은 가지마다 4~5cm 정도의 흰 꽃 또는 연분홍색 꽃이삭이 수상꽃차례를 이루며 핀다. 꽃이삭의 끝부분이 밑으로 늘어진다.

흰명아주여뀌

흰명아주여뀌 (마디풀과)

Persicaria lapathifolia(L.) S.F. Gray

길가나 밭에서 자라는 한해살이풀. 키는 80~100cm 정도 자란다. 가지는 굵고 붉은색이 돌며 원줄기에는 흑갈색의 점이 있다. 잎은 어긋나고 피침형이고 잎자루가 없으며 잎맥 가장자리에 선점이 있다. 잎자루는 짧다. 가장자리에 털은 없다. 흰 꽃이 이삭꽃차례로 핀다. 일명 '큰개여뀌'라고 한다.

노인장대 (마디풀과)

Persicaria orientalis(L.) Assanov

산지의 숲이나 밭둑에서 자라는 한해살이풀. 일명 '붉은털여뀌'라고 한다. 키는 1.5~2m 정도 크게 자란다. 줄기 전체에 털이 있고 곧게 선다. 잎자루가 길고 심장형으로 끝이 날카롭다. 7~8월에 줄기 끝에 원기둥 모양의 이삭꽃차례로 붉은색 꽃이 핀다. 열매는 수과, 납작한 원형이 꽃받침에 싸인다. 어린 잎은 식용한다.

노인장대

개여뀌 (마디풀과)

Persicaria longiseta(De Brayn) Kitagawa

들의 길가나 밭에서 자라는 한해살이풀. 키는 50~70cm 정도 자란다. 줄기는 원통형이고 잎은 호생, 넓은 피침형이며 가장자리에 수염털이 있다. 6~9월에 홍자색 또는 흰 꽃이 이삭꽃차례로 핀다. 열매는 수과로 세모지고 암갈색에 광택이 난다. 우리나라 전역에 분포되어 자란다.

개여뀌

닭의장풀

닭의장풀

닭의장풀 (닭의장풀과)

Commelina communis Linné

길가나 빈터 등의 우리 주변에서 흔히 볼 수 있는 한해살이풀. 키는 옆으로 비스듬히 25~50cm 정도 자란다. 꽃은 잔잔한 하늘색 꽃, 또는 흰 꽃이 핀다. 닭장 주변에서 흔하게 자란다하여 '닭의장풀'이라고 한다. 또한 꽃잎이 닭벼슬 같다 하여 '달개비'라고 부른다. 피부 화상에 좋은 약으로 쓰인다.

애기닭의장풀 (닭의장풀과)

Commelina mina Y. Lee & Y. oh

길가나 빈터 등의 우리 주변에서 흔하게 볼 수 있는 한해살이풀. 키는 25~50cm 정도 자란다. 꽃은 분홍색 빛을 띤 하늘색 꽃이 핀다. 닭의장풀과 닮았으나 꽃이 훨씬 작다. 전초는 약용하고 어린 잎 줄기는 식용한다.

애기닭의장풀

자주닭의장풀 (닭의장풀과)

Tradescantia reflexa Rafin.

북아메리카 원산의 화단에 심어 키우는 여러해살이풀. 키는 40~50cm 정도 자란다. 꽃은 꽃가지 끝에 자주색 또는 흰색 꽃이 핀다. 닭의장풀에 비해 꽃 색깔이 짙어서 '자주닭의장풀'이라고 한다. 수술대의 털은 세포가 연결되어 있어, 식물학에서 세포내의 원형질 유동 관찰 자료로 쓰인다.

자주닭의장풀

꽃무릇

꽃무릇

꽃무릇 (수선화과)

Lycoris radiata (L.Her.) Herb

산과 들의 습한 곳에서 자라는 여러해살이풀. 일명 '석산'이라고 한다. 키는 30~50cm 정도 자란다. 비늘줄기는 넓은 난형, 잎은 넓은 선형이며 녹색이다. 꽃은 9~10월에 줄기 끝에 산형꽃차례로 달려 핀다. 선운사(고창) 근처에서 많이 심어 가꾸고 있다. 가을에 꽃이 진 다음 잎이 돋아 다음 해 봄에 말라 죽는다. 꽃은 관상용.

깨 꽃 (꿀풀과)

Salvia splendens Ker~Gawler

브라질 원산의 한해살이풀. 정원이나 화단에 심어 가꾸는 관상용으로 키는 60~90cm 정도 자란다. 잎은 대생, 잎자루는 길고, 끝이 뾰족하다. 5~10월 줄기나 가지 끝에 밝은 붉은색 꽃이 핀다. 전체 모양이 들깨와 비슷하여 '깨꽃'이란 이름이 붙여졌다. 색깔이 다른 변종이 있다.

깨꽃

뚱딴지 (국화과)

Helianthus tuberosus Linné

북아메리카 원산의 여러해살이풀. 일명 '돼지감자'라고 한다. 키는 1.5~2m 정도 자란다. 전체 짧은 강모가 산재하고 줄기 윗부분에 가지가 많이 갈라진다. 잎은 아래쪽에서는 마주 달리고 윗 부분에서는 어긋나게 달린다. 잎몸은 타원형, 가장자리에 톱니가 있다. 8~10월에 가지 끝에 노란색 꽃 1개씩 핀다. 꽃은 관상용, 뿌리는 식용하고 사료용으로도 쓰인다.

뚱딴지

갈대

갈대

갈대와 석양

갈 대 (벼과)

Phragmites communis Trinius.

강변이나 해변에서 자라는 여러해살이풀. 키는 1~3m 정도 자란다. 땅속의 뿌리 마디에 노란색 수염뿌리가 있다. 줄기는 속이 비어 있고, 줄기에 어긋나는 가는 선형은 줄기를 감싼다. 8~9월에 줄기 끝에 수많은 자주색 꽃이 피어 원뿔 모양의 꽃이삭을 만들면서 군락을 이루며 자란다. 10월에 털이 달린 씨앗은 바람을 타고 퍼져나간다. 줄기는 수공예품 재료로 사용한다.

달뿌리풀 (화본과)

Pharagmites japonica steudel

산기슭이나 계곡, 강가에서 자라는 여러해살이풀. 키는 1.5~3m 정도 자란다. 줄기와 마디에 털이 있다. 잎은 약간 가죽질이며 털이 있다. 원추화서는 마디에 긴 털이 있고 작은 이삭은 긴 비단 털이 있다. 낱꽃은 거의 같은 크기로 비슷하다. 일명 '달뿌리갈'이라고도 한다.

달뿌리풀

물억새 (벼과)

Miscanthus sacchariflorus Benth

여러해살이풀. 종자로 번식한다. 전국적으로 분포하며 들이나 물가에서 자란다. 키는 50~250cm 정도 자란다. 잎몸은 선형, 가장자리에 잔 톱니가 있으며 뒷면은 분백색이다. 9~10월에 원추꽃차례를 이루며 흰 꽃이 핀다. '참억새'와 달리 근경이 가늘며 길다. 줄기는 1개씩 나며 소수의 기모는 은백색으로 까락은 없거나 짧다. 관상식물이나 사방용으로 심으며 공예품 재료로 쓰이기도 한다.

물억새

참으아리

상록으아리

참으아리 (미나리아재비과)

Clematis teyniflora De Candolle

바다 가까운 산과 들에서 자라는 낙엽 덩굴나무. 길이는 4~5m 정도 자란다. 잎은 마주나며 3~7장의 작은 잎으로 된 깃꼴겹잎은 피침형으로 양면에 털이 없고, 가장자리는 밋밋하다.

꽃은 가지나 잎겨드랑이에 원추화서 또 취산화서를 이루며 흰색 꽃이 핀다. 열매는 수과, 두상으로 늘어서고, 긴 깃털 모양의 암술대가 있다. 뿌리는 약용하고 어린 잎은 식용한다.

결명자 (콩과)

Cassia tora Linné

북아메리카 원산의 한해살이풀. 키는 1.5~2m 정도 자란다. 전체에 털은 없다. 잎은 호생, 깃꼴겹잎, 작은 잎은 도란형이다. 꽃은 잎겨드랑이에 노란색 꽃이 핀다. 꽃잎은 5장 수술은 10개 열매는 협과로 구부러지고 네모진 마름모꼴의 씨가 1줄로 늘어진다. 일명 '긴강남차'라고 한다. 씨는 약용, 차용 으로 쓰인다.

결명자

글라디올러스

글라디올러스 (버먼초과)

Gladiolus gandavensis Van Houtte

남아프리카 원산의 여러해살이풀. 키는 80~100cm 정도 자란다. 구경은 납작하고 둥근 모양, 잎은 창 모양, 두 줄로 곧게 선다. 다양한 빛깔의 꽃이 줄기 끝에 여러 송이를 이루며 한쪽을 향해 핀다. 수술은 3개, 암술 머리는 3갈래로 종류에 따라 피는 시기가 다르다.

물매화

물매화

물매화

물매화 (범의귀과)

Pamassia palustris Linné

산기슭의 풀밭에서 습기가 많은 습지에서 자라는 여러해살이풀. 키는 20~30cm 정도 자란다. 7~10월에 꽃자루 끝에 매화를 닮은 흰 꽃이 하늘을 향해 핀다. 꽃받침은 5갈래로 갈라지고, 꽃잎은 5장이며 끝이 둥글고 평편하다. 꽃밥은 바깥을 바라보고, 헛수술이 5개, 암술머리는 4갈래로 갈라진다. 열매는 둥근 삭과로 성숙된다.

꽈리 (가지과)

Physalis alkekengi Linné

집앞 정원에 심어 키우는 여러해살이풀. 키는 40~80cm 정도 자란다. 잎은 마주나며 한군데서 2장씩 나온다. 그 사이에 꽃이 핀다. 잎자루에 달린 넓은 난형의 잎 가장자리에 결각상의 톱니가 있다. 꽃은 연한 황백색 꽃이 1송이씩 핀다. 꽃받침은 짧은 통 모양, 끝은 5갈래로 갈라진다.

꽈리

참 취 (국화과)

Aster scaber Thunberg

산과 들에서 자라는 여러해살이풀. 키는 1~1.5m 정도 자란다. 전체 줄기에 털이 있다. 줄기잎은 어긋나기하며 심장형. 가장자리에 치아 모양의 톱니가 있다. 잎의 표면은 짙은 녹색이나 뒷면은 흰색으로 하트 모양으로 어긋난다. 8~10월에 가지 끝에 흰색 꽃이 상방꽃차례를 이루며 핀다. 어린 잎은 '취나물'이라 하여 식용한다.

참취

벼

벼 (화본과)

Oryza sativa Linné

인도와 말레이시아 원산으로 논에서 재배하는 한해살이작물. 때로는 다년초로 분류한다. 키는 1~2m 정도 자란다. 포기를 형성한다. 줄기는 곧게 선다. 잎몸은 30cm 정도 된다. 표면 가장자리가 꺼칠꺼칠하다. 원추화서는 낱꽃이 빽빽이 붙어 밑으로 처진다. 외영과 내영은 단단하다. 짧은 털이 있다. 때로는 외영의 끝에 까닥이 있다. 열매는 식용하며 우리나라 주식이다.

수수

수 수 (화본과)

Sorghum bicolor Moench

인도 원산의 한해살이작물. 재배하는 식물로 키는 1~1.5m 정도 자란다. 줄기의 속이 충실며 마디가 뚜렷하다. 잎은 호생, 끝이 처진다. 처음에는 잎과 원줄기가 녹색이나 나중에는 적갈색을 띤다. 화서는 큰 원추형, 많은 꽃이 밀생한다. 암꽃은 꽃자루가 없다. 타원형 아랫부분에 다발로 된 털이 있다. 각 마디에 자루가 있는 수꽃이 1~2송이씩 핀다.

조 (화본과)

Setaria italica (L.) Beauvois

한해살이작물. 키는 1~1.5m 정도 자란다. 가지는 없고, 잎몸은 피침형, 가장자리에 잔 톱니가 있다. 화서는 원기둥 모양이며 작은 이삭은 겨드랑이에 1개의 강모가 있다. 불결실성 작은 이삭에는 겨드랑이에 3개의 강모가 있다. 개화는 7~8월에 해서 결실은 9~10월에 한다. 곡류의 일종으로 식용한다.

조

칠면초 (명아주과)

Suaeda japonica Makino

해안의 갯벌에서 자라는 한해살이풀. 키는 20~50cm 정도 자란다. 전체 줄기에 가지가 많고 털은 없다. 잎은 어긋나기하며 선형으로 녹색에서 가을이면 홍자색으로 변한다. 꽃은 잡성화로 7~9월에 잎겨드랑이에 많은 꽃이 섞여 핀다. 열매는 포과 원반형에 씨가 1개씩 들어 있다. 어린 싹은 식용한다.

칠면초

통퉁마디

어린 퉁퉁마디

퉁퉁마디의 현미경 사진

퉁퉁마디 (명아주과)

Salicornia europaea Linné

해변 갯벌에서 자라는 한해살이풀. 키는 10~40cm 정도 자란다. 줄기 전체에 털이 없고, 줄기에 마디가 많고, 한두 번 갈라진다. 다육질이고 짙은 녹색으로 가을이 되면 묵은 색으로 변한다. 꽃은 8~9월에 녹색 꽃이 이삭꽃차례로 가지 끝에 달려 핀다. 결실은 10월에 한다. 마디가 튀어나와서 '퉁퉁마디'라고 한다.

해홍나물

해홍나물 꽃

해홍나물 열매

해홍나물 (명아주과)

Suaeda maritima (L.) Dumorter

해변이나 갯벌이나 염전 근처에서 군락을 이루어 자라는 한해살이풀. 키는 30~60cm 정도 자란다. 줄기 전체에 털이 없고, 원기둥 모양으로 곧게 선다. 잎은 마주나기, 다육질이며 좁은 선형, 끝이 뾰족하다. 꽃은 녹황색 꽃이 잎겨드랑이에 3~5송이씩 모여 달려 핀다. 어린 잎은 식용한다. '나문재'와 비슷하다. 일명, '갯나문재'라고 한다.

억새

야고

억 새 (벼과)

Miscanthus sinensis Andersson

산과 들의 저지대에서 높은 지대까지 분포되어 자라는 여러해살이풀. 키는 1~2m 정도 자란다. 칼 모양의 잎은 억세고 날카로운 톱니가 있다. 9월에 줄기 끝에 자주색 꽃이 촘촘히 핀다. 10월이 되면 씨에 붙은 털이 부풀어 꽃이삭이 흰 털뭉치처럼 피어난다. 일명, '참억새'라고 한다. 물가에서 피는 '물억새'도 있다.

야 고 (열당과)

Aeginetia indica Linné

억새에 기생하며 사는 식물로 한해살이풀. 줄기는 짧다. 수개의 적갈색 비늘 조각이 어긋나기한다. 꽃은 9월에 연한 홍자색 꽃자루가 줄기에서 나와 그 끝에 한 송이씩 옆을 향해 핀다. 화관은 통 모양으로 다육질이다.

장억새 (화본과)

Miscanthu changii Y.Lee

산기슭에서 자라는 여러해살이풀. 키는 70~120cm 정도 자란다. 근경은 약간 길고, 줄기는 모여나며 털이 없다. 마디에는 털이 있다. 잎의 양면에는 털이 없으나 가장자리에는 있다. 꽃차례는 부채 모양, 꽃차례 축은 짧고, 작은 이삭은 쌍으로 이어진다. 결실성 외영은 끝에 까락이 있다. 8~9월에 개화하여 10월에 결실한다. 식물학자 '장형두'씨를 기념하여 1964년에 '장억새'라고 명명하였다.

장억새

가는잎물억새 (화본과)

Miscanthus sacchariflorus Hackel

강가나, 산지의 습한 곳에서 자라는 여러해살이풀. 키는 50~60cm 정도 자란다. 근경은 길고 잎몸에는 털이 없다. 화서는 부채 모양이고, 화서의 중축은 화서 길이의 반 가량이고, 외영은 까락이 없다. 거친 털이 있다. 물억새보다 키가 작고, 잎이 더 좁고 거친 털이 짧다.

가는잎물억새

백합

백합

백 합 (백합과)

Lilium Spp. (oriental Hybrid)

일본 원산의 여러해살이풀. 키는 3~100cm 정도 자란다. 비늘줄기는 납작한 구형이며, 비늘조각은 연한 노란색이고 잎은 잎자루가 없고 피침형이다. 꽃은 줄기 끝에 2~3송이씩 옆을 향해 핀다. 화관통은 나팔 모양이고 화피는 피침형, 열매는 삭과로 긴 타원형이다. 향기가 좋아 관상용으로 인기가 높다.

상사화

상사화

노랑상사화

상사화 (수련화과)

Lycoris squamigera Maxim.

화단에 심어 가꾸는 여러해살이풀. 봄철에 비늘줄기에서 잎이 모여나와 여름에 잎이 마르면 8월경 하나의 줄기에 4~10개의 연분홍 꽃이 핀다. 결실은 9월에 한다. 잎이 진 후에 꽃이 피어서 서로를 그리워한다 해서 붙여진 이름이다. 일명, '개가재무릇'이라고 한다.

나팔꽃

나팔꽃

나팔꽃(흰 꽃)

나팔꽃 (초롱꽃과)

Pharbitis nil Choisy

집 주변의 울타리나 길가에서 다른 식물이나 물체를 감아올라가며 자라는 덩굴성 한해살이풀. 줄기 길이가 2~3m 정도 자란다. 잎은 호생인데 3갈래로 갈라지고 줄기에 어긋나며 끝이 뾰족하다. 꽃은 보라색, 흰색, 붉은색 꽃이 잎겨드랑이에서 핀다. 꽃부리가 나사처럼 감겨져 있다가 풀리면서 나팔 모양으로 핀다. 꽃의 모양이 악기인 나팔을 닮아서 붙여진 이름이다. 일명 '털잎나팔꽃'이라고 한다.

미국나팔꽃

미국나팔꽃

미국나팔꽃

미국나팔꽃 (메꽃과)

Ipomoea hederacea (L.)Jacq.

인도 원산의 덩굴성 한해살이풀. 잎은 호생으로 3갈래로 갈라진다. 잎은 줄기에 어긋나고 끝이 뾰족하다. 꽃은 붉은색, 분홍색, 보라색, 흰 꽃 등이 핀다. 꽃잎은 깔때기 모양이다. 나팔꽃 종류에는 둥근나팔꽃, 애기나팔꽃, 별 나팔꽃, 흰나팔꽃 등 다양하다.

해바라기

해바라기

해바라기

해바라기씨

해바라기 (국화과)

Helipanthus annuus Linné

우리나라 전역에서 재배하는 한해살이풀. 키는 2m 정도 자란다. 잎 전체에 강모가 있으며, 줄기는 곧게 서고, 잎은 가장자리에 톱니가 있다. 8~9월에 줄기 끝에 노란색 꽃이 핀다. 해를 향해 꽃이 피어서 '해바라기'라 부른다. 겹꽃이 피는 '겹해바라기'도 있다. 열매는 식용하고, 식용유로 사용된다.

해바라기

ㅇ 해바라기(원예종) (국화과)

Helianthus annuus Linre

중앙아메리카원산이 한해살이풀. 키는 50~100cm 정도 자란다. 줄기와 잎 전체에 강보가 있으며 줄기는 곧게 서고, 잎은 가장자리에 톱니가 있다. 10~11월에 꽃이 핀다. 해바라기의 어원은 '꽃이 해를 향해 핀다'라는 중국어 '항일류'에서 유래되었다. 이꽃은 페루의 국화이자 미국 캔자스 주의 주화이다. 관상용과 종자용으로 개발되었다. 이 사진은 관상용과 퇴비용으로 심은 일본 북해도 비에이벌판 사진이다.

원예종 해바라기

쑥갓

쑥 갓 (국화과)
Chrysanthemum coronarium Linné

지중해 연안 원산의 한두해살이풀. 키는 30~60cm 정도 자란다. 전체에 털은 없고 독특한 향기가 난다. 잎은 호생, 2회 깃 모양, 밑이 줄기를 감싸고 있다. 노란색, 흰색 꽃이 핀다. 가장자리의 설상화는 암꽃이고, 가운데의 관상화는 양성화다. 총포편은 넓고, 가장자리는 막질, 열매는 수과, 삼각기둥 모양이다. 전초는 식용한다. 재배 식물.

당아욱

당아욱 (아욱과)
Malva sylvestris Linné

유럽의 온대와 아시아 원산의 두해살이풀. 우리나라에서는 재식한다. 간혹 바닷가에 야생 상태로 자라는데 키는 60~90cm 정도 자란다. 잎은 어긋나기하며 갈래는 끝이 둔하고, 심장형의 가장자리에 톱니가 있다. 5~9월에 여러 가지 색으로 꽃이 피는데 주로 연한 자주색 바탕에 자줏빛 맥이 있다. 잎겨드랑이에 몇 송이가 핀다.

고 추 (가지과)

Capsicum annuum Linné

남아메리카 원산의 한해살이풀. 키는 60~90cm 정도 자란다. 전체에 털이 약간 있다. 잎은 마주나기며 잎자루가 길다. 피침형 양 끝이 좁고 가장자리는 밋밋하다. 여름에 잎겨드랑이에 흰색 꽃이 핀다. 화관은 얕은 접시 모양, 열매는 수분이 적은 장과, 붉은색으로 익는다. 열매는 식용한다.

고추

아욱

아 욱 (아욱과)

Malva verticillata Linné

유럽 북부 온대 및 아열대 원산으로 습기가 있는 밭에서 재배하는 한해살이풀. 키는 60~90cm 정도 자란다. 잎은 호생, 잎자루가 길고 거의 원형, 갈래는 짧고 넓다. 끝이 둔하고 가장자리에 톱니가 있다. 꽃은 봄부터 가을까지 피지만 최성기는 6~7월이다. 잎겨드랑이에 연한 분홍색 꽃이 핀다. 연한 줄기와 잎은 식용한다. 씨는 약용한다.

시금치

시금치 (명아주과)

Spinacia oleracea Linné

아시아 서부 원산으로 식용으로도 재배하는 한해살이풀, 또는 두해살이풀. 키는 40~50cm 정도 자란다. 원뿌리는 끝이 들어가고 연분홍색의 육질이고, 원줄기는 곧게 선다. 연한 녹색 잎은 줄기에 어긋나며 아래잎은 긴 삼각형이고, 밑부분이 날개 모양으로 생겼다. 꽃은 암수딴그루에 피고, 줄기 끝이나 잎겨드랑이에 모여 이삭화서를 이루며 핀다.

땅콩

땅 콩 (콩과)

Arachis hypogaea Linné

남아메리카 원산으로, 모래땅에 재배하는 한해살이풀. 키는 40~60cm 정도 자란다. 밑둥에서 가지가 나와 무성하게 지면을 덮으며 자란다. 뿌리에는 뿌리혹박테리아가 기생한다. 잎은 호생, 대생, 짝수 깃꼴겹잎, 잎자루는 길다. 꽃은 나비 모양의 노란색 꽃이 잎겨드랑이에 핀다. 열매는 협과, 긴 타원형에 씨가 1~3개씩 들어 있다. 결실은 10월에 한다.

아주까리(피마자) (대극과)

Ricinus communis Linné

인도, 소아시아와 북아프리카 원산의 한해살이풀. 키는 1.5~2m 정도 자란다. 일명 '피마주'라고 한다. 줄기는 원기둥 모양, 잎은 호생, 잎자루가 길고, 방패 모양으로 달린다. 손바닥 모양으로 생긴 잎은 갈래는 난형이며 끝이 뾰족하고 날카로운 톱니가 있다. 꽃은 암수한그루에 핀다. 8~9월에 연한 노란색 꽃, 연한 붉은색 꽃이 원줄기 끝에 총상화서를 이루며 핀다. 암꽃은 윗부분에 피고 수꽃은 밑부분에 핀다. 씨는 약용한다.

아주까리

분꽃 (분꽃과)

Mirabitis jalapa Linné

정원의 화단에 심어 키우는 남아메리카 원산의 한해살이풀. 키는 50~100 cm 정도 자란다. 잎은 대생, 넓고 가장자리가 밋밋하고 뾰족하다. 6~10월에 가지 끝에 취산꽃차례로 붉은색, 노란색, 흰색 등의 꽃이 저녁부터 다음날 아침까지 핀다. 열매는 둥근 모양으로 녹색에서 검은색으로 성숙한다.

분꽃

표주박

표주박

표주박 (박과)

Lagenaria leucantha Rusby

아프리카 또는 열대 아시아 원산의 덩굴성 한해살이풀. 전체가 청록색이며 짧은 털이 있다. 덩굴손은 마주나기 하며 어긋나기하는 얕게 갈라진 손바닥 모양, 연한 털이 있다. 암수한그루로 꽃은 잎겨드랑이에 흰색 꽃이 1송이씩 핀다. 수꽃은 꽃자루가 길고, 암꽃은 꽃자루가 짧다. 화관은 저녁 때는 수평으로 퍼졌다가 아침에 시든다. 열매는 식용하고, 과피는 바가지용으로 쓰인다.

세담

세 담 (꿩의 비름과)

Sedum, orpine

멕시코와 아프리카 원산으로 전세계에 500여 종이 있다. 물기가 많은 지역에서 흔히 볼 수있는 돌나물과 함께 산속 바위 틈에서 자라며, 바위채동화, 말똥비름, 꿩의 비름 등 20여 종이 우리나라에 서식하고 있다. 잎이 특이하고 흰색, 노란색, 연분홍색, 빨강색의 꽃이 핀다. 세담은 라틴어로 '앉는다', '고정함'이란 뜻이다. 꽃이 아름다워 온실이나 정원에 많이 심는다.

세담

까마중

까마중 (가지과)

Solanum nigrum Linné

밭이나 길가에 흔하게 자라는 한해살이풀. 키는 30~60cm 정도 자란다. 줄기에 어긋나는 달걀형의 잎의 긴 잎자루 가장자리에 물결 모양의 톱니가 있다. 6~10월에 잎과 잎 사이의 꽃대가 나와 그 끝에 3~8개의 흰색 꽃이 핀다. 콩알 만한 열매는 가을이 되면 검은색으로 변화된다.

무늬마삭줄 (협죽과)

Trachelospermum asiaticum (steb&zucc.) Nakai, var. variegaler (yellow jasmine)

한국, 일본 원산의 정원 식물. 키는 20~30cm 정도 자란다. 잎은 타원형이고 가장자리에 점 무늬가 있으며 광택이 난다. 자스민과 유사한 향기를 가지고 있다. 양지와 음지에서 잘 자란다. 우리나라 남해안 도서 지역에 분포되어 잘 자라는 원예종이다.

무늬마삭줄

오색마삭줄

오색마삭줄꽃

오색마삭줄 (협죽도과)

Trachelospermum asiaticum (sieb & Zucc.) Nakai var. yellow ster jasmine

태양 빛을 받으면 다양하게 색상이 변하면서 단풍옷을 입는다. 특히 핑크빛과 흰빛의 조화로움이 너무 예쁘다. 꽃보다 잎이 아름답다. 태양의 각도에 따라 빨강, 초록, 흰색, 분홍색, 갈색 등이 물들어 5색 빛이라고 해서 '오색마삭줄'이라고 한다.

황금마삭줄

황금마삭줄꽃

황금마삭줄

황금마삭줄 (협죽도과)

Trachelospermum asiaticum Var. Variegatum

한국이 원산. 키는 20~25cm 정도 자란다. 잎은 가장자리에 무늬가 있다. 잎은 녹색, 연두색, 금색, 노란색이고 향기는 없다. 번식은 삼목한다. 생육온도는 16~20℃가 적합하며 최저 온도는 5℃로 주로 발코니 창측에서 잘 자란다.

좀마삭줄

좀마삭줄꽃

둥근잎 마삭줄

좀마삭줄 (마삭나무과)

Trachelospermum asiaticum Nakai

바위에 부착근 하는 상록 덩굴나무. 산지의 숲에서 키는 1~4m 정도 자란다. 가지는 적갈색, 털이 약간 있다. 잎은 대생, 난상 피침형, 양끝이 뾰족하다. 가죽질 표면은 짙은 녹색, 붉은색이 윤기가 난다. 꽃은 흰색, 노란색으로 변한다. 줄기나 잎겨드랑이에 핀다. 화관은 5갈래, 열매는 대과, 원통형이다.

창포

창 포 (천남성과)

Acorus calamus Linné

호수나 연못가의 습지에서 자라는 여러해살이풀. 전체에서 향기가 난다. 땅속줄기는 통통하고 옆으로 뻗는다. 잎은 뿌리에서 밀생하며 곧게 선다. 선형 피침형 잎의 표면은 윤택이 난다. 꽃은 육수화서로 꽃줄기의 한 가운데서 나온다. 작은 꽃은 양성화로 꽃자루에 밀착 되어 있다. 열매는 장과로 긴 타원형이며 붉은색으로 성숙한다.

사철둥굴레꽃

사철둥굴레

사철둥굴레 (백합과)

Polygonatum odoratum (Mill.) Druce

산과 들에서 자라는 여러해살이풀. 키는 30~50cm 정도 자란다. 땅속줄기는 통통하고 근생엽은 보통 호생, 드물게 윤생, 긴 타원형, 잎자루는 없다. 표면은 녹색, 후면은 분백색이다. 꽃은 흰색 꽃이 핀다. 꽃잎은 5개, 열매는 장과로 둥근 모양의 검은색으로 성숙된다.

대문자초

수중여귀

대문자초 (범의귀과)

Saxifraga fortuneivar. incisolbata

이꽃은 큰대(大)자를 닮아 '대문자초'라고 부른다. 우리나라 원산인 이 꽃은 남부 지방의 그늘지고 습한 곳에서 자생한다. 키는 30cm 정도 자란다. 5월~11월까지 흰색, 분홍색 꽃이 핀다. 변이종이 많고 추위에 강하다.

수중여귀 (마다풀과)

Persicaria hydropiper(L.) Spach

시냇가에서 자라는 한해살이풀. 키는 30~60cm 정도 자란다. 줄기는 곧게 서고, 홍갈색을 띤다. 잎은 호생, 피침형, 가장자리가 밋밋하다. 잎자루는 없고, 씹으면 매운맛이 난다. 꽃은 가지 끝에 1~3송이씩 핀다. 꽃받침은 4~5장, 연한 자주색 끝이 붉은색이다. 열매는 수과로 납작한 난형의 검은색으로 성숙한다.

갯고들빼기

삽주

갯고들빼기 (국화과)

Crepidiastrum lanceloatum Nakai

바닷가 바위 틈에서 자라는 여러해살이풀. 줄기는 목질화되어 여러 방향으로 뻗고, 근생엽은 밀생하고 주걱 모양의 긴 타원형이며 잎자루는 날개처럼되고, 가장자리는 밋밋하다. 10~11월에 노란색 꽃이 줄기나 가지 끝에 산방상을 이루며 핀다. 총포는 통 모양이고 털은 없다. 열매는 수과로 10~15개의 능선이 있다.

삽 주 (국화과)

Atractylodes japonica Koidzumi

산이나 들에서 자라는 여러해살이풀. 키는 30~100cm 정도 자란다. 뿌리는 굵고 마디가 있다. 근생엽은 꽃이 필 때 없어진다. 경생엽은 호생하며 긴 타원형으로 광택이 나고 가장자리에 가시가 있다. 꽃은 암수딴그루에 피는데 줄기와 가지 끝에 두상화가 1개씩 달린다. 두상화는 흰색 또는 붉은색 꽃이 총포는 종 모양이다.

호장근 (마디풀과)

Reynoutria japonica Houttuyn

산에서 자라는 여러해살이풀. 키는 1~1.5m 정도 자란다. 줄기는 속이 비었다. 붉은 자주색 반점이 있다. 잎은 호생, 넓은 침 모양이다. 꽃은 흰색 꽃이 총상꽃차례를 이루며 암수딴그루에 핀다. 꽃받침은 5장, 수술8개, 암술3개, 열매는 수과로 세모졌다.

호장근

천 궁 (산형과)

Cnidium officinale Makino

중국 원산의 여러해살이풀. 키는 30~60cm 정도 자란다. 잎은 호생, 2회 깃꼴겹잎, 근생엽은 잎자루가 길다. 경생엽은 잎자루가 짧다. 작은 잎은 난형, 피침형, 결각상의 톱니와 예리한 톱니가 있다. 8~9월에 흰색 꽃이 피는데 겹산형 화서는 크고, 작은 산형화서는 15개 가량 된다. 열매는 맺지 않는다. 어린 순은 식용하고, 뿌리는 약용한다.

천궁

모시풀

모시풀 (쐐기풀과)

Boehmeria nivea(L.) Gaudichaud

여러해살이풀. 키는 1~2m 정도 자란다. 근경은 목질로 땅 속에서 옆으로 뻗는다. 줄기는 굵고 줄기에 어긋나는 잎의 테두리에 규칙적인 톱니가 있다. 잎자루가 길다. 맥 위에 털이 있다. 꽃은 암수한 그루에 피는데 잎겨드랑이에 원추화서를 이루며 핀다. 수꽃은 황백색으로 줄기 아랫부분에 화서를, 암꽃은 연두색으로 줄기 윗부분에 화서를 이룬다.

목화

목 화 (아욱과)

Gossypium indicum Lamarck

동아시아 원산의 한해살이풀. 키는 60~100cm 정도 자란다. 곧게 선다. 잎은 줄기에 어긋나며 잎자루가 길다. 손바닥 모양의 잎은 3~5갈래로 갈라지는데 끝이 뾰족하다. 8~9월에 연한 노랑색, 분홍색 바탕에 아랫부분이 검붉은색 꽃이 잎겨드랑이에 1송이씩 핀다. 열매는 삭과로 포에 쌓인다. 씨는 희고, 긴 솜털에 쌓인다. 씨는 제유용, 솜털은 섬유용으로 쓰인다.

생 강 (생강과)

Zingiber officinale Roscoe

열대 아시아 원산의 여러해살이풀. 키는 40~50cm 정도 자라며, 잎은 두줄로 어긋나고 피침 모양이다. 뿌리는 맵고 향기가 좋아서 향신료로 쓰인다. 8~9월에 길이 20cm 정도의 꽃줄기 끝에서 잎집에 쌓인 꽃이 수상꽃차례로 핀다. 전체 모양이 양하와 닮았으나, 근경이 발달하고 잎은 양하보다 아주 작다. 식용(향신료) 또는 약용(건위제)한다.

생강

토 란 (천남성과)

Colocasia antiquorum Schott

열대 아시아 원산의 여러해살이풀. 습한 곳에서 잘 자라며 1m 가량 큰다. 구경은 타원형으로 겉은 섬유로 쌓여 있다. 잎은 뿌리에서 나오며, 넓은 타원형 또는 난상 타원형으로 가장자리에 물결 모양의 굴곡이 있다. 8~9월에 육수화서로 꽃이 피는데 불염포에 쌓이고, 단성화로 화피가 없다. 구경은 식용한다.

토란

털머위

무늬산수국

털머위 (국화과)

Farfugium japonicum (L.) Kitamura

해안에서 자라는 상록 여러해살이풀. 키는 30~50cm 정도 자란다. 전체에 연한 갈색 솜털이 있다. 잎은 심장형으로 잎 가장자리에 다각형의 이 모양 톱니가 있다. 9~10월에 노란 꽃이 줄기 끝에 산방상으로 핀다. 열매는 수과로 갈색의 긴 관모 가 있다.

무늬산수국 (범의귀과)

Hydranea macrophylla Makino

숲속에서 자라는 낙엽관목. 작은 가지에 잔털이 있다. 잎은 단엽으로 마주나기 한다. 꽃은 무성화로 흰색, 보라색, 하늘색 꽃이 핀다. 분재용으로 키운 원예종이다.

세잎향유

세잎향유 (꿀풀과)

Elsholtzia splendens Xlakai

한해살이풀. 키는 40~60cm 정도 자란다. 줄기는 네모지고 잎자루가 길다. 잎은 마주나기하며 가장자리에 이 모양의 둔한 톱니가 있다. 꽃은 분홍빛이 도는 자주색, 줄기에 한쪽으로 몰린 빽빽한 이삭화서를 이룬다. 상순 꽃잎은 오목하게 들어가고 하순 꽃잎은 3갈래로 갈라진다. 9~10월에 개화하여 10월에 결실한다. 향유에 비해 꽃이 크다.

세잎 향유

닥풀

닥풀 (아욱과)

Hibiscus manihot Linné

중국 원산의 한해살이풀. 키는 1~1.5m 정도 자란다. 전체에 털이 있고 원줄기가 곧게 서며 가지는 없다. 잎은 어긋나기하며 윗부분에 둔한 톱니가 있다. 8~9월에 연한 노란색 꽃이 피고 꽃 중심부에 검은 자주색이 있다. 원줄기는 종이 만드는 원료로 사용하고 뿌리는 약용한다.

강아지풀

강아지풀 (화본과)

Seteria virdis (L.) Beauvois

전국적으로 분포하고 들에서 흔하게 접할 수 있는 한해살이풀. 줄기는 분열하여 포기를 이루며 20~60cm 정도 자란다. 잎은 선형이며 가장자리에 잎혀와 같이 줄로 돋은 털이 있다. 7~8월에 개화하며 수상꽃차례로 원주형으로 곧추선다. 금강아지풀과 닮았으나 꽃차례는 푸른색 또는 자주색 강모에 쌓여 있다. 강모는 무더기로 난다. 제2호영은 불결실성 외영보다 약간 짧다.

비단이끼

비단이끼 (비단이끼과)

Moss lichen

산속의 습기가 있는 바위 아래 또는 계곡의 바위에 분포한다. 잎과 줄기의 구별이 분명하지 않고 관다발이 없는 하등식물로 고목이나 바위가 있는 습지에서 5~10cm 정도 자라는 식물이나 누워 자란다. 줄기잎은 마르면 줄기에 밀착한다. 잎은 넓은 버들잎 모양으로 끝이 점차 뾰족해진다. 융단을 깔아 놓은 것처럼 퍼지면서 자란다.

비단이끼

자금우

자금우 (자금우과)

Ardisia japonica (Thunb.) Blume

산기슭의 숲 밑에서 자라는 늘푸른 떨기나무. 키는 15~20cm 정도 자란다. 잎은 긴 타원형으로 줄기에 2장씩 마주난다. 잎의 겉면에는 광택이 난다. 꽃은 흰 꽃이나 연분홍 꽃이 잎겨드랑이에 산형 꽃차례로 핀다. 열매는 가을에 붉은색으로 성숙되어 다음 해 봄까지 붉은색을 유지한다. 관상용과 정원에 심는 분재용.

절굿대

절굿대 (국화과)

Echinops setifer Iljin

산기슭의 양지의 풀밭에서 자라는 여러해살이풀. 키는 80~100cm 정도 자란다. 전체에 화솜털이 밀생한다. 잎은 호생, 긴 타원형의 깃 모양으로 깊게 갈라지며, 가시가 달린 뾰족한 톱니가 있다. 꽃은 남자색, 흰색 꽃이 두상화서로 줄기나 가지 끝에 핀다. 화관은 깊게 5갈래로 갈라지며 뒤로 젖혀진다. 열매는 수과로 원통 모양이다.

나무에 피는 꽃

봄이 되면 앙상한 가지에 싹이 돋아 꽃을 피우며 신록을 만들고, 여름이면 짙은 녹음이 우거졌다가 가을이면 잎새마다 붉고 노란 빛으로 물드는 단풍, 그리고 겨울이면 바람 속에 이리저리 뒹구는 낙엽과 앙상한 가지에 꽃을 피우는 히어리, 풍년화, 그윽한 꽃향기와 인고의 정신을 전하는 설중매는 계절의 감각을 잘 살려준다.

풍년화

풍년화

백화상록풍년화

풍년화 (조록나무과)

Hamamelis japonica siebold et Zucc.

산에서 자라는 갈잎떨기나무. 봄소식을 개나리보다 먼저 알리는 봄의 전령이다. 키는 5~6m 정도 자란다. 2~3월에 잎보다 먼저 가지에 노랑 꽃, 붉은색 꽃이 모여 핀다. 이 꽃을 보고 있으면 마치 들녘에서 농악 소리가 들리는 것 같다. 이 꽃이 많이 피면 풍년이 든다는 속설이 있다. 둥근 열매는 갈색으로 성숙된다.

납매화

납매화 (납매과)

Chimonenthus praecox

중국이 원산으로 우리나라에는 그리 많지 않은 꽃나무. 산기슭에서 자라는 납매과의 갈잎떨기나무로 키는 2~4m 정도 자란다. 잎은 달걀 모양으로 마주난다. 1~2월에 잎이 나오기 전에 노란 꽃이 핀다. 향기가 좋아 정원에 관상수로 많이 심는다. 음력 12월, 섣달에 피는 매화라고도 하고 일명 '당매'라고 한다. 개화 시기가 빨라 봄의 전령사라고 한다.

납매화

히어리

히어리 꽃망울

히어리 열매

히어리 (조록나무과)

Corylopsis corea Uyeki

산에서 자라는 갈잎떨기나무. 우리나라 지리산, 포천 백운산에 드물게 자라는 특산 식물이다. 키는 2~3m 정도 자란다. 4월에 잎보다 먼저 꽃이 핀다. 가지마다 8~12개의 노란 꽃송이가 달려 핀다. 열매는 9~10월에 갈색으로 성숙된다. 송광사 근처에서 처음으로 발견하여 붙여진 이름으로 '송광납판화'라고도 부른다.

생강나무

생강나무 꽃봉오리

생강나무 꽃망울

생강나무 (녹나무과)

Lindera obtusiloba Blume

산기슭의 양지에서 자라는 갈잎떨기나무. 키는 3~4m 정도 자란다. 2~3월에 잎보다 먼저 노란 꽃이 피는데, 암수가 딴 그루에서 핀다. 잎이나 가지를 꺾으면 생강 냄새가 난다하여 '생강나무'라고 한다. 결실은 9월에 하는데 붉은색에서 검은색으로 성숙된다.

산수유

산수유

산수유 열매

산수유나무 (층층나무과)

Cornus officinalis Siebold et Zucc.

산기슭의 숲에서 자라는 갈잎떨기나무. 키는 7m 정도 자란다. 이른 봄에 풍년화, 생강나무와 함께 가장 먼저 산천에 아름다운 꽃을 피우는 봄의 전령이다. 3~4월에 잎이 나오기 전에 양성화로 가지마다 노란 꽃을 피운다. 가을이 되면 빨강색의 광택을 내는 아름다운 열매가 매달린다. 결실은 9~10월에 한다. 일명 '산수유나무', '신시유나무', '석조', '육조'라고 한다. 열매는 한약재와 먹는 차로 이용한다.

겹설유화 (장미과)

Spireea Prunifolla

장미과의 떨기나무. 키는 1.5m~2m 정도 자란다. 원명은 조팝나무인데 꽃 모양은 조팝나무꽃과 비슷하지만 조팝보다 자잘한 꽃들이 가지에 가득 붙어 있고, 잎이 거의 없는 것이 다르다. 조팝에는 거의 없는 달콤한 향기가 설유화가 가진 특징이다. 3~4월에 입체화로 흰 꽃이 산형화서를 이루며 핀다.

겹설유화

골담초 (콩과)

earagana sinica Rehder

중국 원산으로 산기슭 마을 부근에서 자라는 갈잎떨기나무. 키는 1.5~2m 정도 자란다. 줄기에는 가시가 있다. 잎은 짝수 깃꼴겹잎이며, 작은 잎은 2쌍 넓은 타원형이다. 5월에 노란색 꽃이 후에 붉게 되고 잎겨드랑이 1송이씩 핀다. 뿌리는 약용한다. 관절염을 완화시키며, 부러진 뼈를 빨리 붙게 한다. 혈액순환을 돕고 신경을 안정시켜주는 성분이 풍부하며 불면증 개선, 여성의 생리불순 개선, 심장 질환 예방 등에 다양하게 사용한다.

골담초

개나리

개나리

개나리

개나리 (물푸레나무과)

Forsythia koreana Nakai

산기슭이나 집 근처에서 자라는 갈잎떨기나무. 키는 2~3m 정도 자란다. 잎은 타원형으로 표면은 녹색, 후면은 황록색이며 가장자리에 톱니가 있다. 4~5월에 암수가 딴 그루에서 노란색 꽃이 잎겨드랑이에 1~3송이씩 달려 핀다. 꽃자루는 짧고 꽃받침은 4갈래로 갈라진다. 암꽃은 암술대가 수술 위로 나오고, 수꽃은 암술 따라 수술 밑에 숨어 있다. 9~10월에 결실한다.

장수만리화

장수만리화 (물푸레나무과)

Forsythia densiflora Nakai

산기슭에서 자라는 갈잎떨기나무. 키는 2m 정도 자란다. 만리화와 비슷하다. 잎은 마주나기 하며 넓은 달걀 모양으로 가장자리에 톱니가 있다. 넓고 작은 가지 밑에 털이 있고 줄기가 곧게 선다. 4월에 꽃이 피는데 꽃송이가 많이 달리며 꽃잎은 좁고 긴데 끝이 비틀린다. 밝은 황색이고 열편은 긴 타원형으로 만리화보다 크다. 9~10월에 꼬투리로 결실한다. 한국 특산 식물이다.

장수만리화

명자나무

흰 꽃

명자나무

명자나무 (장미과)

Chaenomeles Speciosa (Sweet) Nakai

갈잎떨기나무. 키는 1~2m 정도 자란다. 4~5월에 짧은 가지에 붉은색 꽃이 핀다. 꽃이 아름답고 향기가 좋아 '명자나무꽃', '아가씨꽃' 또는 '명자꽃' 이라고 부른다. 줄기에는 가시가 있다. 옛사람들은 이 꽃을 여자가 보면 바람난다하여 집안에는 심지 못하게 했다고도 한다. 열매는 향이 좋아 과실주로 담그기도 한다. 장에 넣어 좀약 대용으로 널리 사용되고 있다.

풀명자나무 (장미과)

Chaenomeles japonica Lindley

일본 원산의 갈잎떨기나무. 키는 100cm 정도 자란다. 가지에 잔 가시가 많다. 잎은 어긋나고 가장자리에 날카로운 톱니가 있다. 4~5월에 주홍색, 흰색 꽃이 가지 끝에 1송이씩 핀다. 꽃자루는 짧고, 꽃잎은 5장이며, 수술은 다수, 암술대는 4~5개이다. 열매는 넓은 타원형으로 노란색으로 성숙된다.

풀명자나무

풀명자나무

풀명자나무

홍매화

홍매화

홍매화

홍매화 (장미과)

Prunus mume Siebold & Zuccarini

정원이나 화단에 심어 가꾸는 갈잎떨기나무. 키는 2~3m 정도 자란다. 잎은 어긋나며 끝이 뾰족하고 양면에 털이 있고 가장자리에 예리한 톱니가 있다. 4~5월에 잎이 돋기 전에 먼저 연한 붉은색 꽃이 핀다. 꽃이 아름다워 정원이나 공원에서 많이 볼 수 있다.

겹홍매화

이스라지나무

겹홍매화 (장미과)

Prunus glandulosa Thunberg

중국 원산의 갈잎떨기나무. 키는 1.5~3m 정도 자란다. 잎은 어긋나기, 넓은 피침형으로 끝이 뾰족하고 가장 자리에 물결 모양의 잔 톱니가 있다. 꽃은 옥매화와 닮았으나 붉은색 꽃잎이 여럿 겹쳐 핀다.

이스라지나무 (장미과)

Prunus japonica Thunberg

산과 들에서 자라는 갈잎떨기나무. 키는 1.5m 정도 자란다. 잎은 어긋나며 표면에는 털이 없으나 뒷면에 잔털이 있고, 가장자리에 톱니가 있다. 4~5월에 분홍색 꽃이 잎보다 먼저 잎겨드랑이에 3~4송이씩 산형 차례로 핀다. 열매는 핵과로 붉은색으로 성숙된다.

수양매실

수양매실

수양매실 (장미과)

Prunus mume for. Olbaplena

매실나무의 한 품종으로 축 늘어진 수형을 가지고 있다. 정원 뜰이나 분재로 많이 심는다. 관상 가치가 크기 때문에 인기가 좋은 매실나무이다. 2~4월에 흰 꽃, 연분홍색 꽃이 핀다. 일명 '처진 매실 나무'라고 한다.

청매실

청매실

매실

청매실 (장미과)

Prunus mume Siebold

중국 원산의 갈잎작은키나무. 키는 4~5m 정도 자란다. 잎은 줄기에 어긋나며 끝이 뾰족하고, 양면에 잔털이 있다. 잎가장자리에 예리한 톱니가 있다. 3~4월에 연한 녹색 꽃이 잎보다 먼저 핀다. 꽃향기가 짙고, 열매는 핵과로 노란색으로 성숙된다. 식용하고 약용한다. 가정에서 매실차를 담궈서 차로 이용한다. 매화나무와 닮았다.

옥매화

옥매화 (장미과)

Prunus glandulosa Thunberg

중국 원산의 갈잎떨기나무. 키는 1.5~3m 정도 자란다. 가지에는 털이 없고 잎은 어긋나기, 피침형으로 끝이 뾰족하고, 가장자리에 물결 모양의 잔톱니가 있다. 5월에 붉은색 또는 흰색 꽃이 잎과 함께 핀다. 열매는 핵과로 둥근 모양으로 성숙된다.

겹황매화

겹황매화 (장미과)

Kerria japonica (L.) De Candolle

산에서 자라는 일본 원산의 갈잎떨기나무. 키는 1~1.5m 자란다. 잎은 긴 달걀형으로 가지에 어긋난다. 절이나 마을 부근에 관상용으로 화단에 심어 가꾼다. 4~5월에 작은 가지 끝에 노란색 꽃이 핀다. 황매화와 비슷하지만 꽃잎이 여러 겹으로 핀다. 일명 '죽도화'라고 한다.

겹홍매화

겹매화 (장미과)

Kerria japonica(L.)DC. for. japonica

낮은 산이나 정원에서 자라는 갈잎떨기나무. 키는 1.5~2m 정도 자란다. 줄기는 개나리 잎과 비슷하며, 잎은 긴 달걀형으로 줄기에 어긋난다. 4~5월에 줄기를 따라 연한 붉은색 꽃잎이 여럿 겹쳐 피는데 마치 전체가 꽃이 덮혀 있는 것처럼 보인다. 식물체의 형태는 매화와 비슷하다.

만첩 백매화

만첩백매화 (장미과)

Prunus mume

갈잎떨기나무, 키는 5~10m 정도 자란다. 잎은 어긋나고, 계란 모양으로 가장자리에 날카로운 톱니가 있다. 양면에 털이 있고, 잎자루에는 선이 있다. 4월에 잎보다 먼저 흰색 꽃이 핀다. 열매는 공 모양의 핵과로 7월이면 노란색으로 성숙한다.

진달래

진달래꽃

진달래꽃 열매

진달래 (진달래과)

Rhododendron Schlippenbachii Turcz.

산기슭의 양지에서 자라는 갈잎떨기나무. 키는 2~3m 정도 자란다. 잎은 가지에 어긋난다. 4~5월에 가지 끝에 1~2송이가 잎보다 먼저 연분홍색 꽃이 핀다. 꿀 반점이 화관 안에 붙어 있고, 수술은 10개, 암술 1개로 수술보다 길다. 결실은 10월에 한다. 관상용, 꽃은 식용, 약용한다. 한국 전역에 분포되어 봄을 장식한다.

철쭉나무

철쭉나무

철쭉나무

철쭉나무 (진달래과)

Rhododendron schilppenbachii Maxim

산기슭의 능선에서 자라는 갈잎떨기나무. 키는 3~5m 정도 자란다. 4~5월에 꽃과 잎이 동시에 연분홍색 꽃이 핀다. 꽃에는 향기와 함께 독성이 있다. 꽃잎 안에 자주색 반점이 있다. 수술은 10개 암술은 1개이다. 결실은 10월에 하는데 열매는 꼬투리로 성숙된다. 꽃이 아름다워 정원에 관상수로 많이 심는다.

앵두나무 열매

앵두나무

앵두나무

앵두나무 (장미과)

Prunus tomentosa Thun.

집 근처나 정원에 심어 키우는 갈잎떨기나무. 키는 3m 정도 자란다. 4월에 잎겨드랑이에 잎보다 먼저 흰색 · 연분홍색 꽃이 가지에 가득 모여 핀다. 꽃자루는 짧고 털이 밀생한다. 열매는 어릴 때는 잔털이 많고 둥근 모양으로 지름이 1cm 정도로 커지면서 빨갛게 성숙된다. 열매는 단맛이 좋아 과일로 먹는다. 꽃과 열매가 아름다워 관상용으로 많이 이용한다.

벚나무

장수매화꽃

벚나무 (장미과)

Prunus serrulata Lindley

산기슭이나 마을 부근에서 자라는 갈잎큰키나무. 키는 15~20m 정도 자란다. 수피는 암자색이고 잎은 어긋나기, 피침형으로 끝이 뾰족하다. 잎가장자리는 톱니와 겹톱니가 있다. 4~5월에 연한 붉은색, 흰색 꽃이 산방화서를 이루며 핀다. 열매는 붉은색에서 검은색으로 성숙된다. 열매는 식용하고 수피는 약용한다.

장수매화꽃 (장미과)

Prunus mume

갈잎떨기나무. 키는 분재에서 1~1.5m 정도 자란다. 추운 겨울을 견디며 나뭇잎 하나 없이 먼저 노란 꽃을 피운다. 봄의 전령사이다. 장수매화는 봄을 느끼는 고급스러운 자태로 봄을 장식한다.

복숭아나무

복숭아나무 (장미과)

Prunus persica (L.) Batsch

산과 밭에 과실수로 심어 기르는 갈잎떨기나무. 키는 3~5m 정도 자란다. 개나리꽃과 비슷한 길쭉한 잎은 끝이 뾰족하며 가지에 어긋난다. 4~5월에 온 나뭇가지에 분홍색 꽃이 핀다. 열매는 잔털이 많고 7~8월에 노란색에서 분홍색으로 성숙된다. 열매는 식용하고, 씨는 약용한다. 일명 '복사나무', '복사꽃'이라고 한다.

백겹매화

백겹매화 (장미과)

Prunus glandulosa Thunberg

중국 원산의 갈잎떨기나무. 키는 1.5~3m 정도 자란다. 잎은 어긋나기, 넓은 피침형으로 끝이 뾰족하고, 뒷면에 잔털이 있다. 옥매화와 닮았으나 흰 꽃이 겹으로 탐스럽게 핀다.

산벚나무

벚나무

왕벚나무

산벚나무 (장미과)

Prunus sargentii Rehder

바닷 바람이 잘 맞는 산 숲에서 자라는 갈잎큰키나무. 벚꽃은 알기 쉽게 산벚, 왕벚, 겹벚 세 부류로 나눌 수 있다. 산벚나무의 수피는 흑갈색이고 잎은 어긋나기, 타원형으로 끝에 날카로운 톱니가 있다. 5월에 연한 붉은색, 흰색 꽃이 산형화서를 이루며 핀다. 열매는 핵과로 둥근 모양이고, 검은색으로 성숙된다. 벚나무의 '벚'은 순우리말로 '버찌'의 준말이다.

미선나무

미선나무

미선나무 (물푸레나무과)

Abeliophyllum distichum Nakai

산기슭의 석회암이 많은 곳에 자라는 갈잎떨기나무. 키는 100cm 정도 자란다. 3~4월에 잎보다 먼저 개나리꽃과 비슷한 흰색 또는 분홍색이 총상꽃차례로 핀다. 꽃받침은 자주색이고 꽃은 종 모양으로 핀다. 한국 특산 식물.

올괴불나무 (인동과)

Lonicera praeflorens Batalin

산지의 숲에서 자라는 갈잎떨기나무. 키는 1.5m 정도 자란다. 줄기는 흰색, 잎은 줄기에 어긋나는 타원형이나 끝이 뾰족하고 양면에 비단 같은 털이 밀생한다. 3~5월에 황백색, 연한 붉은색 꽃이 잎보다 먼저 핀다. 화관은 짧고 5갈래, 상순 꽃잎과 하순 꽃잎의 구별이 뚜렷하지 않다. 미선나무꽃과 닮았다.

올괴불나무

괴불나무 (인동과)

Lonicera maackii Maximowicz

산기슭이나 골짜기에서 자라는 갈잎떨기나무. 일명 '아귀꽃나무'라고 한다. 키는 4~5m 정도 자란다. 잎은 대생하며 타원형의 끝이 뾰족하다. 5~6월에 잎겨드랑이에 보통 2송이씩 흰 꽃이 피는데 노란색으로 변한다. 화관은 입술 모양이고 끝이 둔하다. 열매는 장과로 붉은색으로 성숙된다.

괴불나무

자두나무꽃

자두나무 열매

자두나무꽃 (장미과)

Prunus salicina Lindley

중국 원산의 갈잎작은키나무. 키는 8~10m 정도 자란다. 잎은 어긋나며 긴 거꿀달걀꼴이다. 가장자리에 둔한 톱니가 있다. 4월에 흰 꽃이 잎보다 먼저 핀다. 열매는 핵과로 둥근 모양 노란색이나 적자색으로 성숙한다. 식용하는 과일이다.

갯버들

갯버들 (버드나무과)

Salix gracilistyla Miquel

들이나 하천변에서 무리지어 자라는 갈잎떨기나무. 키는 2m 정도 자란다. 피침형의 잎은 가지에 서로 어긋나거나 2장씩 마주나며 잎 뒷면에 융모가 있다. 3~4월에 잎보다 먼저 전 년도 가지의 겨드랑이에 타원형 꽃이삭이 핀다. 열매는 5월에 긴 타원형으로 익는다. 일명 '고리버들' 또는 '키버들'이라고 한다.

유가래나무

유가래나무 (버드나무과)

Salix floderusii Nakai

갈잎떨기나무. 일명 '산버들나무'라고 한다. 잎은 타원형으로 끝이 뾰족하며, 가장자리는 밋밋하거나 톱니가 약간 있다. 여우버들나무에 비해서 햇가지와 잎에 털이 없다. 꽃은 유이화서를 이루며 잎보다 먼저 전 년도 가지의 겨드랑이에 핀다.

라일락

미스김라이락

라일락 (물푸레나무과)

Syringa vulgaris

유럽 원산의 정원에 심어 키우는 갈잎떨기나무. 키는 2~5m 정도 자란다. 뿌리에서 여러 대가 모여나고 가지가 많이 갈라진다. 잎은 가지에 마주나며 달걀 모양으로 끝이 뾰족하다. 4~5월에 가지 끝에 자주색, 흰색 꽃이 커다란 꽃송이를 이루며 핀다. 진한 꽃향기가 난다.

미스김라이락 (물푸레나무과)

Syringa patula "Miss Kim"

낙엽관목. 키는 1~2m 정도 자란다. 우리나라 토종인 '수수꽃다리'가 미국에 건너가 '미스김라이락'으로 둔갑하여 세계 꽃시장에 선풍적인 인기를 얻고 있으며 우리나라에 역수입되고 있다. 아담한 화훼나무로 개량되었다.

수수꽃다리 (물푸레나무과)

Syinga dilatata Nakai

산기슭의 양지 석회암 지대에서 흔히 자라는 갈잎떨기나무. 키는 2~3m 정도 자란다. 잎은 가지에 마주나는 심장 모양으로 톱니가 없고 털도 없다. 4~5월 연한 적자색, 흰색 꽃이 전 년도 가지 끝에 원추화서를 이루며 핀다. 열매는 삭과로 끝이 뾰족한 타원형으로 성숙한다.

수수꽃다리

때죽나무 (때죽나무과)

Styrax japonica Siebold et Zuccar

산중턱 이하의 양지 바른 데서 자라는 갈잎떨기나무. 키는 10m 정도 자란다. 잎은 타원형으로 끝이 뾰족하다. 어린 나무에는 별 모양의 털이 나 있다. 5~6월에 잎겨드랑이에 흰 꽃이 2~5송이씩 총상꽃차례를 이루며 핀다. 열매는 핵과로 타원형의 회백색으로 성숙된다. 열매는 약용하고 정원용 관상수로 많이 심는다.

때죽나무

사위질빵

○ 사위질빵 (미나리아재비과)
Clematis apiifolia A.P. de Candolle

산기슭이나 숲에서 자라는 갈잎덩굴나무 줄기는 2~3m 정도 뻗어 자란다. 잎은 줄기에 마주난다. 긴 잎자루는 덩굴손처럼 다른 물체에 감기며 자란다. 6~9월에 가지 끝과 겨드랑이에 자잘한 흰 꽃이 다닥다닥 모여 핀다. 어린 잎과 줄기는 식용한다.

박태기나무

○ 박태기나무 (콩과)
Cercis chinensis Bunge

중국 원산의 화단이나 정원에 심어 키우는 갈잎떨기나무. 키는 3~4m 정도 자란다. 일명 '구슬꽃나무'라고 한다. 잎은 둥근 심장형으로 광택이 나며 가지에 서로 어긋난다. 4~5월에 잎보다 먼저 나비 모양의 붉은 보라색 꽃이 가지에 다닥다닥 붙어 핀다. 가을이 되면 황금색의 단풍도 매우 아름답다. 꼬리 형태의 긴 열매로 성숙된다.

백등나무꽃

자등나무꽃

흰등나무꽃

등나무 (콩과)

Wisteria floribunda (willd.) De Cando.

산이나 들에서 자라는 갈잎덩굴나무, 정원에 심어 재배하기도 한다. 잎은 긴 타원형이며 가장자리가 밋밋하다. 5~6월에 자주색 꽃이 총상꽃차례로 주렁주렁 매달려 핀다. 결실은 9~10월에 한다. 꽃은 식용 또는 관상용이다.

담자리참꽃나무(백두산)

담자리참꽃나무 (진달래과)

Rhododendron parvifolium Adams

우리나라 북부 지역 해발 2,000m 이상의 고산지대의 원에서 자라는 떨기나무. 키는 15cm 정도 자란다. 잎은 타원형으로 1cm 가량 된다. 잎 뒷면에는 갈색 비늘조각이 밀포되었다. 6~7월에 자홍색 꽃이 백두산 천지 주변에 대 군락을 이루며 핀다. 일명 '담자리꽃나무'라고 한다.

담자리참꽃나무(자홍색)과 담자리꽃나무(흰색)

담자리꽃나무 (장미과)

Dryas octopetala Linne

높은 산 정상 근처에서 자라는 떨기나무. 키는 10~15cm 정도 자란다. 포복형으로 번식한다. 잎은 타원형, 가장자리에 톱니가 있으며 잎이 말라도 잘 떨어지지 않는다. 후면에 털과 맥이 있다. 7월에 흰색 꽃이 핀다. 꽃받침조각과 꽃잎은 각각 8~9개이고, 수술과 암술대가 많으며 암술대는 씨방과 더불어 털이 있다. 과실은 수과로 백모가 있다. 백두산 남파에 대 군락을 이루며 핀다.

담자리꽃나무꽃

벽오동나무꽃

벽오동나무열매

오동나무꽃

○ 벽오동나무꽃 (현삼과)

Paulownia Simplex (L.) W.F. Wight

마을 부근의 습기가 많은 비옥한 땅에서 재배하는 갈잎떨기나무. 키는 15~20m 정도 자란다. 잎은 넓은 심장형이며 뒷면에 갈색의 털이 있다. 5~6월에 흰빛을 띤 자주색 꽃이 원추꽃차례로 핀다. 화관은 통 모양이며, 꽃입구는 노란색이고 끝이 입술 모양이다. 열매는 삭과이며 둥근 모양으로 성숙된다.

으름덩굴 암꽃

으름덩굴 수꽃

으름덩굴 열매

완숙된 열매

으름덩굴 (으름덩굴과)

Akebia quinata (Thunb.) Decaisne

황해도 이남 지역에서 자라는 갈잎덩굴나무. 길이는 5~6m 정도 자란다. 잎은 손바닥 모양의 겹잎, 작은 잎은 타원형으로 밑 부분이 뾰족하고 가장자리가 밋밋하다. 꽃은 암수가 한 그루에서 핀다. 수꽃은 작고 많이 달리며, 암꽃은 적게 달린다. 4~6월에 꽃이 피고 10월에 결실한다. 열매는 긴 타원형으로 성숙된다. 뿌리와 가지는 약용한다.

노랑찔레나무

노랑찔레나무 (장미과)

Rosa multiflora(Thunb.) var multifora

갈잎떨기나무. 키는 2m 정도 자라는 덩굴성으로 줄기는 비스듬이 자라거나, 곧게 서기도 한다. 어긋나기 하는 잎은 타원형으로 양끝이 좁다. 5~6월에 새 가지 끝에 원추화서를 이루며 노랑 꽃, 또는 분홍 꽃이 핀다. 열매는 장과로 둥글고 9~10월에 적색으로 성숙한다.

찔레꽃나무

찔레꽃나무 (장미과)

Rosa multiflora Thunberg

산기슭이나 하천 유역에서 자라는 갈잎떨기나무. 키는 1.5~2m 정도 자란다. 가지에 가시가 있고 잎은 호생한다. 작은 잎으로 된 깃꼴겹잎 가장자리에 톱니가 있다. 5월에 흰색, 연분홍색 꽃이 햇가지에 원추화서를 이루며 핀다. 열매는 타원형, 또는 구형 붉은색으로 성숙된다. 간혹 붉은 꽃을 피우는 나무도 있다.

해당화

흰해당화

해당화 열매

해당화 (장미과)

Rosa rugosa Thunb.

바닷가 모래땅에서 자라는 갈잎떨기나무. 키는 1~1.5m 정도 자란다. 줄기에 가시가 많고, 깃꼴겹잎으로 작은 잎은 타원형, 또는 긴 타원형이며 작은 선점이 있다. 5~7월에 햇가지 끝에 1~3개의 붉은색 또는 흰 꽃이 핀다. 8월에 열매를 맺는데 강렬한 붉은색으로 성숙된다. 열매는 향수 원료로 사용된다. 일명 '생열귀나무'라고 한다.

민둥인가목

흰 꽃인가목

민둥인가목 열매

민둥인가목 (장미과)

Rosa acicularis Lindley

산에서 자라는 갈잎떨기나무. 키는 2m 전후로 자란다. 가지에 잔 톱니가 있고, 날카로운 털이 있다. 5~6월에 장미색, 흰색 꽃이 햇가지에 1~2송이씩 핀다. 열매는 타원형으로 붉게 성숙된다. 일명 '인가목'이라고 한다.

흰 꽃인가목

개해당화

흰 꽃인가목 (장미과)

Rosa koreana Komarov

산기슭 중턱에서 자라는 갈잎떨기나무. 키는 1~1.5m 정도 자란다. 작은 가지에 붉은 가시 모양의 털이 밀생한다. 잎은 깃꼴겹잎 가장자리에 톱니가 있다. 5~7월 가지 끝에 흰 꽃이 1송이씩 핀다. 꽃잎은 5장, 수술은 다수이며 열매는 방추형으로 성숙한다.

개해당화 (장미과)

Rosa rugosaThunberg

바닷가 모래땅에서 자라는 갈잎떨기나무. 키는 1.5m 정도 자란다. 줄기에 커다란 가시와 가시 모양의 털이 있다. 작은 잎은 타원형 깃꼴겹잎이다. 장미색 또는 드물게 흰색 꽃이 핀다. 해당화와 닮았으나 줄기에 짧은 가시가 없다. 꽃과 열매가 해당화보다 작다.

석류나무

석류나무

석류나무 (석류나무과)

Punica granatum Linné

집 주위에 정원수로 심어 키우는 갈잎떨기나무. 키는 3~4m 정도 자란다. 잎은 마주나며, 긴 타원형, 양면에 털은 없다. 5~6월에 붉은색 꽃이 가지 끝에 1~5송이씩 핀다. 9~10월이면 석류 열매가 붉은 노란색으로 익는다. 관상용으로 키운다. 열매는 약용과 식용한다.

산수국

산수국 (유성화)

산수국 (무성화)

산수국 (범의귀과)

Hydrangea serrata (Thunb.) Ser.

산기슭의 숲이나 돌 더미에서 자라는 갈잎떨기나무. 키는 1~2m 정도 자란다. 줄기에 잔털이 많고 잎은 타원형으로 끝이 꼬리처럼 길다. 6~8월에 가지 끝에 연한 남색 꽃이 핀다. 꽃송이 가장자리의 꽃은 꽃처럼 생긴 꽃받침이 크고 화려하지만 열매를 맺지 못하고 벌과 나비를 유혹하는 역할만 한다. 이러한 꽃을 '무성화'라고 한다. 9~10월에 열매를 맺는다.

수국

나무수국

수 국 (범의귀과)

Hydrangea macrophylla (Thunb.) Seringe

교배종으로 화단에 심어 가꾸는 갈잎떨기나무. 키는 1m 정도 자라며 겨울 동안 윗가지는 말라죽는다. 달걀 모양의 잎은 가지에 2장씩 마주나며 광택이 난다. 꽃은 6~7월에 대형의 산방꽃차례를 이루며 처음에는 연한 자주색에서 하늘색으로 변화했다가 다시 연한 홍색으로 변하며 핀다.

줄댕강나무 (인동과)

Abelia tyaihyoni Nakai

산 계곡의 바위 틈에서 자라는 갈잎떨기나무. 키는 100cm 정도 자란다. 잎은 마주나기, 계란형이며 가장자리는 밋밋하고 맥 위에 털이 있다. 꽃은 5월에 피는데 꽃 바깥은 연한 붉은색, 꽃이 흰색이다. 향기가 좋아 벌과 나비가 많이 찾는 꽃이다. 주로 석회암이 있는 곳에서 잘 자란다.

줄댕강나무

개느삼 (콩과)

Echinosophora koreansis

개느삼은 우리나라 특산식물(천연기념물 372호)로 척박한 땅에서 잘 살아가는 강인한 식물이다. 잎은 나란히 마주보기로 붙은 깃꼴겹잎이 특징이다. 5월이면 햇가지 끝에 노란 꽃이 매력적으로 핀다. 키는 150cm 정도 자란다. 강원도 인제군 동면에 가면 처음 발견된 개느삼의 자람터가 있다. 개느삼속은 개느삼 한 종으로만 구성되어 있다.

개느삼

노랑만병초

노랑만병초

노랑만병초 (진달래과)

Rhododendron aureum Georgi

설악산 이북 지역(백두산) 높은 곳에서 자라는 늘푸른떨기나무. 키는 80~90cm 정도 자란다. 잎은 어긋나고 타원형의 가죽질로 표면은 짙은 녹색, 후면은 연두색 그물맥이 있으며 길이는 3~5cm, 5~7월에 노란 꽃이 줄기 끝에 3~10송이씩 깔때기 모양으로 탐스럽게 핀다. 꽃 지름이 3~4cm, 수술은 10개, 수술대 밑에 털이 나고, 암수술대는

노랑만병초(백두산 천지)

흰만병초

만병초

1개, 씨방에는 갈색 털이 있다. 9월에 결실하는 타원형의 열매는 2cm 정도가 된다. 백두산 천지 주변에 사방으로 펼쳐져 꽃이 필 때는 인간의 힘으로는 만들 수 없는 대장관을 이룬다. 일명 '노랑뚜깔나무'라고도 한다.

홍만병초

홍만병초

홍만병초

홍만병초 (진달래과)

Rhododendron brachycarpum D.Don

높은 산 숲속에서 자라는 늘푸른떨기나무. 키는 3~4m 정도 자란다. 잎은 어긋나기, 가지 끝에 모여난다. 가죽질의 잎은 타원형 피침형으로 끝이 둔하고 가장자리가 뒤로 말린다. 광택이 나고 연한 갈색 털이 밀생한다. 6~7월에 붉은색 꽃이 탐스럽게 핀다. 일명 '붉은꽃뚜깔나무'라고 한다.

만병초 로지움 엘레강스

만병초 꽃봉오리

만병초 (흰색)

만병초 로지움 엘레강스 (진달래과)

Rhododen dron 'Roseum Elegans'

늘푸른떨기나무로 키는 3m 정도 자란다. 잎은 어긋나기, 긴 타원형, 가죽질이고 끝이 뾰족하고 가장자리가 뒤로 말린다. 광택이 난다. 꽃은 6~7월에 붉은색, 또는 흰색 꽃이 탐스럽게 핀다.

떡버들

떡버들 (버드나무과)

Salix 'hallaisanensis'

갈잎작은키나무로 키는 5~6m 정도 자란다. 잎은 어긋나고 계란형, 또는 타원형, 가장자리는 뚜렷하지 않은 톱니가 있다. 꽃은 4월 지난 해 가지에서 노란색 꽃이 핀다. 열매는 6월에 성숙한다. 잎이 두껍고 크기 때문에 떡버들이라고 한다. 잎 뒷면에 털이 없는 것을 '긴 잎 떡버들'(var. longifolia)이라고 한다.

흰싸리

흰싸리 (콩과)

Lespedeza bicolor fialba

갈잎떨기나무로 키는 2~3m 정도 자란다. 줄기와 가지는 월동 중 반 이상은 말라 죽는다. 잎은 3출겹잎이고 타원형, 표면은 짙은 녹색, 뒷면에 털이 있다. 꽃은 7~8월에 흰색 꽃이 총상꽃차례를 이루며 핀다. 꽃잎은 4개로 갈라진다. 열매는 넓은 타원형으로 10월에 성숙한다. 콩팥 모양 비슷하고 갈색 바탕에 짙은 색의 반점이 있다. 희귀 식물로 보호 받고 있다.

싸리꽃

싸리꽃 (콩과)

Lespedeza bicolor Turez.

산에서 자라는 갈잎떨기나무. 키는 2~3m 정도 자란다. 월동 중에 줄기와 가지가 반 이상 죽는다. 잎은 3장의 작은 잎으로 된 겹잎이다. 7월에 붉은색 꽃이 1송이 또는 여러 송이가 모여서 핀다. 10월에 결실하고 잎은 땔감용, 사료, 수피는 섬유용으로 쓰인다.

소성매

소성매

Llex serrata Koshobai

잎이 아주 작은 품종이다. 잎과 꽃 열매까지 작아 '소엽낙상홍'이라고도 불린다. 암수가 따로 필요없는 자웅동체로서 혼자서도 열매가 잘 달리는 나무다. 가을이면 좁쌀만한 크기의 열매가 빨갛게 익어 봄까지 달린다. 관상 가치가 뛰어나다.

모감주나무

모감주나무 꽃

모감주나무 열매

ㅇ 모감주나무 (모감주나무과)

Koelreuteria paniculata Laxmann

바닷가 산지나, 절, 마을 주변에서 자라는 갈잎큰키나무. 키는 7~10m 정도 자란다. 가지에 서로 어긋나는 잎은 긴 잎자루에 타원형으로 잎이 새 깃처럼 마주 붙는 겹잎이다. 7월에 가지 끝의 꽃대에 자잘한 노란 꽃이 촘촘히 핀다. 꽈리처럼 생긴 열매 속에는 3개의 둥근 씨로 성숙된다.

물싸리 (장미과)

Potentilla truticosa Linné

북부 지역의 고산지대(백두산) 습기가 많은 바위틈에서 자라는 갈잎떨기나무. 키는 1.5m 정도 자란다. 잎은 호생이며 깃꼴겹잎이고 긴 타원형이다. 뒷면에 털이 있다. 6~8월에 노란색 꽃이 햇가지 끝이나 잎겨드랑이에 2~3송이씩 달려 핀다. 열매는 수과로 광택이 나고 긴 털이 퍼져난다.

물싸리

보라싸리꽃 (콩과)

Hardenbergia violacea "*Busby Blue*"

호주 원산의 덩굴식물로 잎이 넓고 길다. 산에서 보는 싸리와는 다르며 겨울에 꽃이 핀다. 꽃 모양이 노란 두 눈이 툭 튀어나오고, 얼굴이 작고 앙증 맞은 꽃과 보라색 립스틱으로 치장한 꽃봉오리가 아름답다. 미국에서는 'Purple coral pid'라고 한다. 꽃 모양이 보라색 산호와 같다하여 부르게 된 것 같다.

보라싸리꽃

사과나무꽃

사과나무꽃

사과나무꽃 (장미과)

Malus pumila Miller

과실수로 재배하는 갈잎큰키나무. 키는 10m 정도 자란다. 타원형의 잎은 가지에 서로 어긋난다. 잎자루에 털이 있다. 4~5월에 잎겨드랑이에 5~6개의 백색, 분홍색 꽃이 모여 핀다. 꽃이 진 다음 열매로 자라 9~10월에 붉은색으로 성숙된다. 날로 먹기도 하고 주스나 잼을 만들기도 한다.

황칠나무 (두릅나무과)

Dendropanax morbiferus

늘푸른큰키나무로 키는 10~15m 정도 자란다. 수피는 녹색, 잎은 어긋나고 계란모양 또는 타원형이다. 가장자리에는 톱니가 있다. 꽃은 6~8월에 연한 황록색 꽃이 핀다. 열매는 핵과로 타원형, 9~11월 흑색으로 성숙한다. 황칠에 사용되는 나무의 진액 채취는 8~9월에 한다. 한국 특산종으로 경남, 전라남북 및 제주도에 분포한다.

황칠나무

별당나무 (연복초과)

Viburnum plicatum V.tomentosum

갈잎떨기나무로 키는 2~6m 정도 자란다. 잎은 마주나고 타원형, 끝이 뾰족하고 가장자리에 둔한 톱니가 있다. 꽃은 5~6월에 가지 끝에 고른꽃차례를 이루며 자잘한 흰색 꽃이 접시 모양으로 핀다. 열매는 8~10월에 붉은색이 되었다가 검은색으로 성숙한다.

별당나무

노박덩굴

노박덩굴 (노박덩굴과)

Celastrus orbiculatus

넓은잎덩굴로 이웃 나무에 감아 올라가거나 바위에 기대어 길이 10m 정도 뻗어 나간다. 어린나무는 갈색, 묵을수록 회색, 불규칙하게 갈라진다. 잎은 어긋나고 끝이 뾰족한 타원형, 가장자리에 톱니가 있다. 가을이면 노랗게 물든다. 꽃은 5~6월에 노란 연록색으로 핀다. 암꽃과 수꽃이 다른 나무나 한 나무에 핀다. 열매는 10월에 노란 갈색으로 여문다.

처진꽃사과

처진꽃사과 (장미과)

Malus domestica Maypole

갈잎작은키나무로 키는 3m 정도 자란다. 미국 미주리주 원산. 원통형으로 높게만 자란다. 잎은 어긋나기, 타원형, 톱니가 있다. 꽃은 짙은 분홍색 꽃이 잎겨드랑이에 핀다. 잎이 연한 자홍색에서 황녹색으로 변했다가 가을에 진홍색으로 단풍이 든다. 일명 개량사과나무 '메이폴'이라고 한다.

유자나무 꽃

유자나무

유자나무 열매

유자나무 (운향과)

Citrus junos Tanaka

늘푸른떨기나무. 남부 지역 바닷가에서 재배하는 과실수이다. 키는 4m 정도 자란다. 가지에 날카로운 가시가 있다. 긴 타원형의 잎은 가지에 서로 어긋나고 잎자루에는 날개가 있다. 5~6월에 잎겨드랑이에 흰 꽃이 핀다. 열매는 겉이 울퉁불퉁하며 10~11월에 황금색으로 성숙된다.

갈기조팝나무

갈기조팝나무 (장미과)

Spiraea trichocarpa NAKAI

산기슭이나 들에서 자라는 낙엽관목. 키는 100~150cm 정도 자란다. 잎은 호생, 타원형 또는 긴 타원형이다. 양면에 털은 없다. 톱니는 없거나 윗부분에 톱니가 있다. 5~6월에 햇가지 끝에 겹산방화서를 이루며 흰 꽃이 핀다. 열매는 골돌, 갈색 털이 밀생한다.

꼬리조팝나무 (장미과)

Spiraea salicifolia Linné

산기슭의 습한 곳에서 자라는 갈잎떨기나무. 키는 1~2m 정도 자란다. 6~8월에 줄기 끝에 연분홍색 또는 흰색 꽃이 촘촘히 원뿔 모양의 꽃송이를 만들어 핀다. 꽃에는 꿀이 많아서 벌과 나비들이 유난히 많이 찾아든다. 9월에 결실하며 정원수, 관상용으로 많이 이용된다.

꼬리조팝나무

구기자나무 (가지과)

Lycium chinense Miller

마을 주변의 밭이나 길가에서 자라는 갈잎떨기나무. 키는 1~4m 정도 자란다. 햇가지가 자라서 가지 끝에 늘어지고 가지에 가시가 있다. 잎은 어긋나기 넓은계란형 끝이 뾰족하고 밑부분이 넓거나 좁으며 양면에 털은 없다. 8~10월에 자주색 꽃이 종 모양으로 핀다. 수술은 5개, 암술은 1개이고 열매는 긴 타원형으로 붉은색으로 성숙된다. 열매와 껍질은 약용하고, 차의 원료로 쓰인다.

구기자나무꽃

함박꽃나무 (목련과)

Magnolia sieboldii K. Koch

깊은 산 숲속에서 자라는 갈잎떨기나무, 키는 6~7m 정도 자란다. 햇가지와 겨울눈에는 털이 있고, 잎은 어긋나고 긴 타원형. 끝이 뾰족하고 가장자리는 밋밋하다. 잎 후면에도 털이 있다. 꽃은 양성화로 잎이 나온 다음에 흰색 꽃이 핀다. 향기가 있고 긴 꽃자루에는 털이 많다. 9~10월에 열매를 맺는다. 관상용.

함박꽃나무

조팝나무

일본조팝나무

좀조팝나무

조팝나무 (장미과)

Spiraea trichoeapa Nakai

산기슭이나 논밭 뚝에서 자라는 갈잎떨기나무. 키는 1.5~2m 정도 자란다. 잎은 어긋나기, 타원형 끝이 뾰족하고 가장자리에 톱니가 있다. 4~5월에 흰색 꽃이 산형화서를 이루며 핀다. 어린 잎은 식용하고 근경은 약용한다.

배롱나무

배롱나무 (배롱나무과)

Lagerstroemia indica Linné

일명 '백일홍나무'로 더 많이 알려진 중국 원산의 갈잎떨기나무. 키는 5m 정도 자란다. 잎은 두꺼우며 마주나기하고, 타원형으로 뒷면에 털이있고 가장자리에 톱니는 없다. 잎자루가 거의 없다. 꽃은 양성화로 붉은색 꽃이 원추화서를 이루며 핀다. 100일 동안 꽃이 핀다고 해서 '백일홍나무'라고도 한다. 주로 정원수로 많이 심는다.

배롱나무

병꽃나무

흰병꽃나무

병꽃나무

병꽃나무 (인동과)

Weigela Subsessilis (Nak.) Bails

산기슭의 양지바른 곳에서 자라는 갈잎떨기나무. 키는 2~3m 정도 자란다. 4~5월에 잎겨드랑이에서 꽃이 피기 시작하는데 처음에는 황색을 띠다가 점점 붉은색으로 변하면서 핀다. 꽃은 깔때기 모양이며 9월에 작고 길쭉한 열매를 맺는 한국 특산 식물이다.

이팝나무 (물푸레나무과)

Chionanthus retusus Lindley

산기슭이나 개울가에서 자라는 갈잎큰키나무. 키는 15~20m 정도 자란다. 잎은 마주나고 타원형 가장자리는 밋밋하고 맥에 연한 갈색 털이 있다. 4~6월에 흰색 꽃이 암수딴그루로 햇가지 끝에서 취산화서를 이루며 핀다. 최근에 가로수로 많이 심는 인기종이다.

이팝나무

은행나무 (은행나무과)

Ginkgo biloba Linné

중국 원산의 갈잎큰키나무. 키는 40m 이상 자란다. 잎은 부채 모양으로 끝이 2갈래로 갈라진다. 4~5월에 연노란 꽃이 암수딴그루에 핀다. 6~7월에 짧은 가지에 피는 수꽃은 이삭꽃차례를 이루고, 암꽃은 꽃자루가 길고 짧은 가지에 피는데 그 중 1개만 결실한다. 노란 열매는 고약한 냄새가 난다. 열매는 식용과 약용한다.

은행나무

호랑가시나무

호랑가시나무

호랑가시나무

호랑가시나무 (감탕나무과)

Ilex cornuta Lindley

남부 지방 바닷가의 낮은 산기슭의 양지에서 자라는 늘푸른떨기나무로 관상수로 심어 가꾼다. 키는 2~3m 정도 자란다. 가지에 서로 어긋나는 긴 육각형 잎은 모서리가 날카로운 가시로 되어 있다. 4~5월에 흰색 꽃이 잎겨드랑이에 5~6송이씩 산형꽃차례로 핀다. 가을이 되면 콩알만한 둥근 열매가 붉게 성숙된다.

협죽도 (협죽도과)

Nerium indicum Miller

일명 '류선화'로 더 잘 알려진 인도 원산의 늘푸른떨기나무. 키는 2~3m 정도 자란다. 잎은 피침형으로 두껍고, 가장자리가 밋밋하다. 7~8월에 붉은색 또는 흰색 꽃이 가지 끝에 취산꽃차례를 이루며 핀다. 수피와 뿌리는 한약재(강심제)로 쓰인다. 제주도에서 흔하게 볼 수 있다.

협죽도

두릅나무 (두릅나무과)

Aralia elata(Miq.) Seemann

산기슭 양지에서 자라는 갈잎떨기나무. 키는 3~4m 정도 자란다. 잎은 어긋나기, 2회 깃꼴겹잎이며 가시가 있고 잎끝이 뾰족하다. 가장자리에 톱니가 있다. 7~9월에 양성화로 흰색 꽃이 산형꽃차례가 겹총상꽃차례로 핀다. 열매는 긴 모양으로 납작하고 둥근 모양으로 성숙된다. 뿌리와 열매는 약용하고 어린 순은 식용한다.

두릅나무

장미꽃 퍼레이드 ①

덩굴장미

오렌지 달라이드 장미

데이비드 오스틴 장미

하이브리드 티 장미

장미 (장미과)

Rosa hybrida Hortorum

야생 장미 속 식물의 교잡으로 이루어진 관상수로 심어 키우는 갈잎떨기나무. 키는 1~2m 정도 자란다. 장미에는 많은 품종이 있는데 줄기와 모양에 따라 크게 덩굴장미와 나무에 피는 장미로 나눈다. 줄기는 녹색이며 날카로운 가시가 있다. 서로 어긋나는 잎은 긴 잎자루에 3~7개의 작은 잎이 새깃처럼 마주 붙는 겹잎이다. 꽃에서 다양한 향기가 난다. 달콤한 향기, 사랑의 묘약 등 우리에게 익숙한 꽃말로 표현되어 왔던 꽃이다. 품종이 다양하여 피는 시기, 기간에 따라 꽃 색깔이 다르다. 우리 생활에서 관상용으로 높이 평가받고 사랑받는 꽃이다. 일명 '서양장미'라고 한다.

장미꽃 퍼레이드 ②

오렌지 센세이션 장미

라미네테

하이브리드 장미

몰리뉴

퀸 엘리자베스 장미

마리에케

장미꽃 퍼레이드 ③

호노카

골드메리82

플로리분다 장미

메풀 장미

○ 꽃의 여왕 장미

현재 약 1만 종의 원예 품종이 있다. 원래 장미꽃 색은 빨강색, 분홍색, 흰색 3가지였으나 거듭된 육종으로 20세기 초에는 노랑색, 오렌지색이 등장하였다.

빨강 장미의 향기에는 '게라니올과 모노테르펜'이라는 사람의 감성을 자극하는 물질을 함유하고 있다. 이는 사람의 마음을 안정시키고, 상대방에 대한 호감을 느끼게 하는 일종의 '페로몬'과 비슷한 작용을 한다. 그래서 빨간 장미꽃 향기는 스트레스나 불안감을 줄이고 우울증을 억제하는 효과가 있어 치료 목적으로 활용한다.

장미의 꽃말은 색상, 모양에 따라 다양하다.

붉은 장미 : 사랑, 그리운마음, 노랑장미 : 질투, 부부의 애정, 흰장미 : 나는 그대와 어울림, 소녀의 모습, 파란장미 : 사치

장미꽃 퍼레이드 ④

오렌지 센세이션 장미

퀸 엘리자베스 장미

마가렛

크리스트얼 장미

로즈어드샤틀렛 장미

오렌지 센세이션 장미

백두산월귤

백두산월귤꽃

백두산월귤

백두산월귤 (진달래과)

Vaccinium vitis~idaea Linné

우리나라 북부 지역 고산의 숲에서 자라는 늘푸른떨기나무. 키는 10~20cm 정도까지 자라는데 나무 중에서 가장 작은 편이다. 잎은 마주나기, 가죽질이며 표면은 녹색으로 광택이 난다. 6~7월에 분홍색 또는 흰 꽃이 가지 윗부분 잎겨드랑이에 2~3송이가 핀다. 9월이면 빨간색 열매로 성숙된다. 일명 '땅들쭉'이라고 한다.

귤나무 설화

귤나무꽃

귤

귤나무 (운향과)

Citrus unshiu Mark

열대지방 원산의 늘푸른작은키나무. 키는 3~5m 정도 자란다. 가지에 가시가 없고, 잎은 어긋나고 넓은 피침형으로 끝이 둔하다. 가장자리는 밋밋하거나 잔톱니가 있다. 제주도를 비롯한 남부 지방에서 과일나무로 심어 키운다. 6월에 잎겨드랑이에 1송이씩 흰 꽃이 핀다. 꽃향기가 그윽하다. 열매는 식용하고 관상용으로도 쓰인다.

다정큼나무

다정큼나무 (장미과)

Rhaphiolepis indica var. Umbelleta

제주도에서부터 남쪽 섬에 이르는 남부 난대림에서 자란다. 키는 1.5~3m 정도 자란다. 잎은 어긋나기하고 긴 타원형, 표면에는 왁스분이 풍부하여 윤기가 난다. 특별한 잎의 구조를 가지고 있다. 꽃은 5월에 5장의 꽃잎을 가진 매화 모양의 흰 꽃이 핀다. 열매는 콩알만한 크기의 보라빛 열매가 성숙된다. 남쪽에서는 '쪽나무'라고도 한다.

누리장나무

누리장나무 (마편초과)

Symplocarpus renifolius Schott ex Mig.

습기 많은 곳에서 자라는 갈잎떨기나무. 키는 2m 정도, 잎은 가지에 2장씩 마주 나고 달갈형의 잎은 끝이 뾰족하다. 꽃은 8~9월에 가지 끝에 흰 꽃이 부채 모양으로 펼쳐져 핀다. 열매는 핵과로 10월이면 성숙한다. 붉은색 꽃받침이 뒤로 젖혀지면서 푸른 보라색의 둥근 열매가 드러난다. 나무 전체에서 고약한 누린내가 나서 '누리장나무'라고 한다.

배나무

배나무

배나무 (장미과)

Pyrus pyrifolia Nakai

산에서 나는 과실을 밭에서 재배하는 갈잎작은키나무. 키는 4~5m 정도 자란다. 잎은 호생, 심장형 가장자리에 톱니가 있다. 4월에 흰색 꽃이 산방화서를 이루며 핀다. 돌배나무에 비해 잎과 열매가 크다. 수많은 재배종이 있다. 열매는 식용한다.

목련

목련

목련

목 련 (목련과)

Magnolia kobus A.P. de Candolle

산이나 마을 주위에서 자라는 갈잎떨기나무. 키는 10m 전후로 자란다. 잎이 크고 표면은 짙은 녹색, 뒷면에는 잔털이 있다. 3~4월이면 잎보다 먼저 흰색 꽃이 핀다. 수술은 30여 개 꽃밥, 수술대는 붉은 자주색이다. 열매는 붉은색 씨로 성숙된다. 꽃은 약용과 관상용으로 사용한다. 자주색 꽃이 피는 '자목련'과 연하고 누런 빛이 도는 흰색 꽃이 피는 향기가 강한 '백목련'이 있다.

자목련

자목련

자목련 열매

자목련 (목련과)

Magnolia liliflora Desrousseaux

중국 원산의 갈잎큰키나무. 키는 10~15m 정도 자란다. 가지는 굵고 털은 없다. 잎은 난형으로 앞면에는 털이 없고 후면에는 털이 있다. 3~4월에 검붉은 자주색 꽃이 핀다. 관상용 칠기재료로 많이 쓰인다.

모란

모란

백모란

모 란 (미나리아재비과)

Paeonia suffruticosa Andrews

중국 원산의 갈잎떨기나무, 일명 '목단'이라고 한다. 키는 1.5~2m 정도 자란다. 잎은 어긋나기하며 깃꼴겹잎으로 표면은 털이 없고 뒷면은 잔털이 있으며 흰빛이 돈다. 잎은 피침형이고 가장자리에 거친 톱니가 있다. 꽃은 양성으로 5월에 여러 가지 색의 꽃이 핀다. 붉은색, 흰색, 분홍색 등 개량종이 많다. 꽃은 관상용이고 뿌리와 껍질은 약용한다.

풀또기 (장미과)

Prunus triloba var, truncata Kom.

갈잎떨기나무. 키는 2~3m 정도 자란다. 잎은 어긋나기 하며 거꿀달걀 모양으로 잎맥에 따라 털이 밀생하고 가장자리에 톱니가 있다. 4~5월에 잎보다 먼저 연한 홍색 꽃이 핀다. 열매는 핵과로 연한 갈색 털이 있으며 8월이면 적색으로 성숙된다.

풀또기

오갈피나무 (두릅나무과)

Acanthopanax sessiliflorus

산에서 자는 갈잎떨기나무. 키는 3~5m 정도 자란다. 흑갈색의 줄기에 가시가 있다. 잎은 가지에 어긋난다. 잎은 어긋나기하며 손바닥 모양의 겹잎으로 가장자리에 겹톱니가 있다. 8~9월에 가지 끝에 산형꽃차례로 자주색 꽃이 핀다. 열매는 덩이를 이루며 검은색으로 성숙된다.

오갈피나무

백서향

백서향

백서향

백서향 (팥꽃나무과)

Daphne kiusiana Miquel

바다와 가까운 산기슭에서 자라는 늘푸른떨기나무. 키는 1~1.5m 정도 자란다. 잎은 어긋나기, 피침형이고 끝이 둔하고 가장자리는 밋밋하고 잎자루는 없다. 2~4월에 암수가 딴 그루에서 흰색 꽃이 핀다. 향기가 강하고 5~6월에 결실한다. 주로 따스한 남부 지방에서 분포되어 자란다. 일명 '흰서향나무'라고 한다.

○ 서향나무 (팥꽃나무과)

Daphne odera Thunb

중국 원산의 늘푸른떨기나무. 키는 1~2m 정도 자란다. 줄기는 곧게 서고, 잎은 어긋나기, 타원형의 피침 모양이며 두껍고 표면에는 광택이 난다. 꽃은 4~5월에 암수딴그루에 피는데 꽃의 바깥은 홍자색, 안은 흰색 꽃이다. 향기가 강하며, 전년도 가지 끝에 핀다. 우리나라에 재식되는 나무는 수나무이므로 열매를 맺지 못한다. 일명 '천리향'이라고 한다.

서향나무

○ 떡갈나무 (참나무과)

Quercus dentata Thunberg

산에서 자라는 갈잎큰키나무. 키는 15~20m 정도 자란다. 가지에는 별 모양의 황갈색 털이 밀생한다. 잎은 어긋나고 넓은 타원형, 잎 뒷면에는 별 모양의 길고 연한 털이 밀생한다. 꽃은 4~5월에 암수한그루에 수꽃이삭은 유이화서로 축 늘어지고 암꽃이삭은 곧게 선다. 암꽃은 화피가 6장이며 열매는 견과로 둥근 모양이다. 수피는 염료용, 열매는 식용과 약용 한다.

떡갈나무

사철나무

사철나무 열매

사철나무 열매

사철나무 (노박덩굴과)

Euonymus japonicus Thunberg

산기슭에서 자라는 늘푸른떨기나무. 키는 2~3m 정도 자란다. 잎은 마주나기, 가지에 2장씩 마주나는 타원형 잎은 가죽질이며 광택이 난다. 6~7월에 잎겨드랑이에서 늘어진 꽃대에 자잘한 노란 꽃이 핀다. 10월이면 공 모양의 열매는 붉은색으로 성숙되면 껍질이 4개로 갈라지면서 황적색 씨가 드러난다. 관상용으로 재배하며 나무껍질은 약용한다.

쥐똥나무 (물푸레나무과)

Ligustrum obtusifolium Siebold

산기슭이나 들에서 자라는 갈잎떨기나무. 키는 1.5~2m 정도 자란다. 긴 타원형 잎은 가지에 2장씩 마주난다. 5~6월에 흰 꽃이 가지 끝에 겹총상꽃차례로 핀다. 열매는 콩알 만한 원형의 검은색으로 성숙된다. 쥐똥 같이 생겨서 '쥐똥나무'라고 한다.

쥐똥나무

복분자딸기 (장미과)

Rubus coreanus Miq.

복분자딸기는 나무에 열리는 여러 가지 딸기 중 한 종류이다. 갈잎떨기나무로 키는 2~3m 정도 자란다. 줄기에는 가시가 있고, 잎은 어긋나기하는 우상복엽으로 소엽은 5~7장이다. 5~6월에 연한 붉은색 꽃이 핀다. 꽃받침에는 털이 있다. 꽃이 지면 뒤로 말린다. 열매는 둥글고, 붉은색으로 익지만 7~8월이면 흑색으로 성숙한다. 동양의학에서는 열매가 눈을 밝게 하고 강장 효과가 있다고 한다. 복분자라는 뜻은 동이(요강)를 뒤엎어 버리는 열매라는 뜻이다. 과실주를 먹기도 한다.

복분자딸기

밤나무

밤나무

밤나무 열매

밤나무 (너도밤나무과)

Castanea crenata Siebold et Zuccar.

하천가나 산에서 흔하게 자라는 갈잎큰키나무. 키는 10~15m 정도 자란다. 꽃은 암수한그루에서 피는데 수꽃은 햇가지 밑의 겨드랑이에서 흰색으로 피고, 암꽃은 수꽃이삭의 밑부분에서 2~3송이씩 핀다. 열매는 견과로서 다갈색으로 성숙되며 가시가 있는 밤송이 속에 1~3개씩 들어 있다. 열매와 꽃은 식용한다.

호두나무 (가래나무과)

Juglans regia Linné

산기슭에 과일나무로 심어 기르는 갈잎큰키나무. 키는 20m 정도 자란다. 호두과자를 만들기 위해 기른다. 가지에 어긋나는 잎은 긴 잎자루에 작은 잎이 새깃 모양으로 마주 붙은 겹잎이다. 암수가 한그루에 4~5월에 꽃이 피는데 연두색 수꽃은 아래로 늘어지고, 암꽃은 햇가지 끝에 1~3개가 모여 핀다.

호두나무꽃

호두나무열매

다래나무 (다래나무과)

Aetinidia arguta Planchon

산에서 자라는 갈잎덩굴나무. 줄기는 다른 물체를 감으며 6~7m 정도 자란다. 줄기에 어긋나는 타원형 잎은 광택이 난다. 5월에 암수딴그루로 잎겨드랑이에 흰 꽃이 핀다. 암꽃은 5장의 튀어나온 꽃잎 가운데 암수 머리가 사방으로 갈라진다. 수꽃은 검은색의 꽃밥을 가진 많은 수술이 있다.

다래나무꽃

감나무

감나무꽃

감나무

감나무 (감나무과)

Diospyros kaki Thunb.

마을 주변에 심어 가꾸는 갈잎큰키나무. 키는 10~15m 정도 자란다. 잎은 가죽질이고 표면은 광택이 나며 타원형으로 끝이 뾰족하다. 꽃은 잎겨드랑이에 1송이씩 달리고 화관은 종 모양에 연노란색 꽃이 핀다. 10월이 되면 둥근 열매는 붉은색으로 성숙된다. 열매는 홍시와 곶감을 만들어 식용한다.

레몬 (운향과)

Citrus limonia

늘푸른작은키나무로 키는 3m 정도 자란다. 잎은 혁질이며 계란형, 가장자리에 얇은 톱니가 있다. 꽃은 7~8월에 흰 꽃이 피며 향기가 강하다. 과실은 끝이 뾰족하고 녹색으로 광택이 난다. 점차 성숙하면 노란색으로 변한다. 레몬은 약용 효과가 높다. 살균 효과와 수렴작용이 있어 구강청결 및 목감기에 효과적이다.

독활

뜰보리수나무 (보리수나무과)

Elaeagnus multiflora Thunberg

일본 원산의 갈잎떨기나무. 키는 1.5~2m 정도 자란다. 잎은 어긋나고, 긴 타원형, 잎 뒷면에는 갈색과 흰색의 점이 있다. 잎 가장자리는 밋밋하다. 4~5월에 잎겨드랑이에 연한 황색 꽃이 산형꽃차례로 핀다. 여름에 성숙되는 타원형의 열매는 붉은색인데 보리수 열매보다 조금 크고 단맛이 나며 먹을 수 있다.

뜰보리수나무

무궁화꽃 퍼레이드

화순1호 (백단심계)

자 명 (적단심계)

산처녀 (적단심계)

세 현 (백단심계)

이중색 (아사달계)

진 선 (백단심계)

무궁화 (아욱과)

Hibiscus syriacus Linné

우리나라 국화로 마을 어귀나 정원수로 심어 가꾸는 중국과 인도 원산의 갈잎떨기나무. 키는 3~4m 정도 자란다. 가지는 회백색이고 가지에 서로 어긋나는 타원형 잎은 윗부분이 3갈래로 갈라진다. 표면에는 털이 없고, 짙은 녹색 밑부분에 커다란 3개의 맥이 있다. 뒷면은 맥 위에 털이 있으며 연두색이다. 마름모꼴로 가장자리에 톱니가 있다. 7~8월에 잎겨드랑이에서 분홍색 꽃이 한 송이씩 피는데 꽃

단 동 (백단심계)

종 무 (적단심계)

선암2호 (백달계)

환 희 (적단심계)

콜라넷볼 (홍단심계)

근 환 (홍단심계)

안 에는 붉은 자주색 무늬가 있다. 꽃자루는 아주 짧고 꽃받침은 5갈래, 꽃받침 밑에 선형의 부꽃받침이 5~7개가 있다. 열매는 삭과이며 타원형으로 4갈래로 갈라진다. 아침에 피었다가 저녁에는 꽃잎이 말리면서 진다. 그러나 수많은 꽃송이가 피고 지기를 반복하기 때문에 '무궁화'라고 부른다. 결실은 10월에 한다. 수많은 원예 품종이 있다. 일명 '목근'이라고 한다.

화 합 (이사달계)

난 파 (적단심계)

병 화 (적단심계)

수 양 (백심단계)

새마을 (홍단심계)

파랑새 (무심계)

무궁화 구분

무궁화 꽃 구분은 다음과 같다. 중심부에 단심이 없는 순백색의 꽃을 백달계, 붉은색 또는 자색계통이 있는 꽃을 단심계라고 한다. 백단심계, 적단심계, 자단심계, 청단심계, 홍단심계로 세분한다. 이 밖에 흰색이나 연한 분홍색 꽃잎에 진분홍 무늬가 있는 꽃을 아사달계라고 하고, 꽃 중심부에 단심이 없는 홍색의 꽃을 무심계라고 한다. 우리나라 나라꽃은 재래종이나 국내에서 연구 개발된 홑꽃의 홍단심계 또는 홑꽃의 백단심계 품종이다.

붉은 아카시아나무

아카시아나무

붉은 아카시아나무 (콩과)

Robinia hispida Linné

북아메리카 원산의 갈잎큰키나무. 키는 20m 정도 자란다. 가시가 많고 잎은 깃꼴겹잎으로 작은 잎은 가장자리가 밋밋하다. 턱잎이 있고, 턱잎은 가시 모양이다. 5~6월에 아카시아나무와 비슷한 시기에 홍자색 꽃이 총상화서를 이루며 핀다.

아카시아나무 (콩과)

Robinia pseudoacacia Linné

북아메리카 원산으로 산과 들에 야생 상태로 잘 자라는 갈잎큰키나무. 키는 25~30m 정도 자란다. 턱잎이 변한 가시가 많고 잎은 깃꼴겹잎 타원형으로 가장자리는 밋밋하다. 꽃은 5~6월에 흰색 꽃이 많은 꿀을 가지고 총상화서를 이루며 핀다.

돈나무

돈나무

무늬돈나무

돈나무 (돈나무과)

Pittosporum tobira (Thunb.) Aiton

바닷가의 산기슭에서 자라는 늘푸른떨기나무. 키는 2~3m 정도 자란다. 잎은 어긋나기, 가지 끝에 밀생한다. 긴 도란형으로 잎이 두껍고 광택이 난다. 마르면 가죽질이 된다. 5~6월에 양성화로 흰색에 노란색으로 가지 끝에 취산꽃차례로 핀다. 꽃잎은 주걱 모양의 5장이며 향기가 난다.

가침박달나무

가침박달나무

가침박달나무 (장미과)

Exochorda serratifolia S. Moore

산기슭이나 골짜기에서 자라는 갈잎큰키나무. 키는 8~10m 정도 자란다. 잎은 어긋나기하는 타원형으로 가장자리의 위쪽에 톱니가 있다. 4~5월에 피는데 양성화로 흰색 꽃이 총상화서를 이루며 핀다. 열매는 삭과로 모가 졌다. 관상수로 인기가 높다.

산딸나무

분홍산딸나무

산딸나무 (층층나무과)

Rubus crataegifplius Bunge

산지의 수림 속에서 자라는 갈잎큰키나무. 키는 7~10m 정도 자란다. 일명 '박달나무'라고 한다. 잎은 타원형으로 끝이 뾰족하고 가지에 2장씩 마주 난다. 잎 뒷면의 잎맥이 갈라진 곳에 털이 있다. 6월에 가지 끝에 넉 장의 꽃잎이 십자가 모양으로 피는데 넉 장의 흰색 꽃은 꽃을 싸고 있는 잎이 발달한 것이다. 유럽의 기독교 국가와 미국에서는 십자가 모양의 꽃과 아름다움 때문에 정원수로 널리 심는다.

꽃치자나무

치자 열매

치자 열매

꽃치자나무 (꼭두서니과)

Gardenia jasminoides ellis

중국 원산의 늘푸른떨기나무. 키는 40~70cm 정도 자란다. 가지가 많다. 잎은 마주나며, 피침형으로 양끝이 좁고 두꺼우며 광택이 나고 가장자리가 밋밋하다. 7~8월에 흰색 꽃이 가지 끝에 1~2송이씩 핀다. 한국 남부 지역에 많이 재배한다. 치자나무와 닮았으나 잎과 꽃이 작고 꽃이 아름답다.

동백나무꽃

동백나무꽃

검은동백꽃

동백나무 (동백나무과)

Camellia japonica Linné

마을 부근이나 바닷가에서 자라는 늘 푸른 떨기나무. 키는 3~7m 정도 자란다. 잎은 어긋나고 가죽질이며 긴 타원형으로 표면에는 광택이 나고 잎 가장자리에 톱니가 있다. 2~4월에 가지 끝에 붉은색 꽃이 1송이씩 달리고 꽃자루가 없다. 꽃밥은 노란색이다. 열매는 10월에 검붉은 색으로 성숙된다. 흰 꽃이 피는 흰동백도 있다. 열매는 약용, 머리기름용으로 쓰인다.

동백나무꽃

동백나무꽃

동백나무꽃

동백나무 희에말리스

동백나무꽃

팥꽃나무

팥꽃나무

팥꽃나무 (팥꽃나무과)

Daphne genkwa Siebold et zuccarini

바닷가 근처의 산이나 들에서 자라는 갈잎떨기나무. 키는 1m 정도 자란다. 잎은 마주나기하며 타원형으로 끝이 뾰족하다. 3~5월에 연한 자홍색 꽃이 잎보다 먼저 피는데 전년도 가지에 산형화서를 이루며 핀다. 일명 '조기꽃나무'라고 한다. 조기가 많이 잡히는 시기에 핀다고 해서 붙여진 이름이다.

윤노리나무 (장미과)

Pourthiaea villosa Decaisne

경상도, 전라도, 제주도, 울릉도등지에 분포하며 산기슭이나 중턱에서 자라는 갈잎떨기나무. 키는 4~5m 정도 자란다. 잎은 어긋나기. 타원형이고 가장자리에 예리한 톱니가 있다. 5~6월에 흰색 꽃이 산방화서를 이루며 핀다. 열매는 타원형 붉은색으로 성숙된다.

윤노리나무

콩배나무 (장미과)

Pyrus calleryana Decaisne

중부 이남의 해발 600m 이하 야산과 들에서 자라는 갈잎떨기나무. 키는 2~3m 정도 자란다. 줄기에는 가시가 있고 잎은 어긋나기며 넓은 달걀 모양 또는 원형이고, 심장형 가장자리에는 구부러진 가는 톱니가 있다. 꽃은 4~5월 거꿀달걀 모양의 흰색 꽃이 가지 끝에 산방화서를 이루며 핀다. 열매는 식용한다.

콩배나무

석결명

꼭지윤노리나무

석결명 (콩과)

Cassia occidentalis Linné

멕시코 원산의 약용식물로 키는 60~150cm 정도 자란다. 잎은 어긋나기. 잎자루는 길고 깃꼴겹잎이고 작은 잎은 피침형으로 끝이 뾰족하고 가장자리는 밋밋하다. 6~8월 잎겨드랑이에 노란색 꽃이 2~6송이씩 핀다. 수술은 10개로 길이가 같지 않다. 열매는 협과이며 납작하다. 잎과 씨는 약용한다.

꼭지윤노리나무 (장미과)

Phcdrnla vllioaa(Thunb.) DC

갈잎떨기나무로 키는 4~5m 정도 자란다. 잎은 어긋나기하며 거꿀달걀형으로 목질이 단단하고 무거워 윷놀이용으로 사용한다. '쇠코뚜레나무'라 하여 소의 코에 끼워 고삐를 매는 용도로 사용한다. 꽃은 4~5월 산방화서를 이루며 피고, 열매는 이과로 적색으로 성숙한다.

탱자나무 (운향과)

Poncirus trifoliata Raf

갈잎떨기나무로 키는 3m 정도 자란다. 줄기와 가지에 커다랗고 뾰족한 가시가 달려 있다. 잎은 어긋나며 3장의 잔잎으로 이루어진 겹잎으로 두껍다. 잎에는 자그마한 톱니가 있다. 잎자루 양쪽으로 날개가 달려 있다. 5월에 잎이 나오기 전에 흰 꽃이 먼저 핀다. 열매는 장과로 노란색으로 성숙된다. 관장제, 이뇨제, 습진 치료제로 쓰인다. 남쪽에서는 울타리용으로 많이 심는다.

탱자나무꽃

황련목 (옻나무과)

Pistacia chinensis

중국 원산의 갈잎큰키나무로 키는 25m 정도 자란다. 나무껍질은 다갈색이며 잔가지에 털이 있다. 잎은 어긋나는 짝수깃꼴겹잎으로 가장자리는 밋밋하다. 꽃은 4월에 꽃잎이 없이 원추꽃차례를 이루며 핀다. 열매는 거꾸로 된 달걀 모양으로 붉은색, 자주색으로 성숙한다. 가을이면 단풍이 아름답다. 중국에서는 공자묘에 심는 나무로 유명하다. 위 사진은 '베어트리파크'의 분재.

황련목

영춘화

시로미

영춘화 (물푸레나무과)

Jasminum nudiflorum Lindley

중국 원산의 전국 각지의 양지바른 산기슭에서 자라는 갈잎떨기나무. 키는 80~150cm 정도 자란다. 줄기는 네모지고 휘어지며 자란다. 잎은 마주나기하며 3장의 피침형의 작은 잎으로 된 겹잎이다. 가장자리에 톱니가 있다. 3~4월에 총상꽃차례를 이루며 깔때기 모양의 노란 꽃이 핀다. 주로 정원 입구에 많이 심는다.

시로미 (시로미과)

Empemum nigrum var.japonicam

늘푸른 넓은 나무. 키는 한뼘 남짓에 불과하다. 적갈색의 가지가 옆으로 뻗으며 많은 포기를 형성한다. 융단 깔아 놓은 것처럼 자란다. 꽃은 가지 끝 잎겨드랑이에 달린다. 5월이면 암수딴그루에서 보라색 꽃이 핀다.

매자나무 (매자나무과)

Berberis koreana Palibin

산기슭 양지에서 자라는 갈잎떨기나무. 키는 2m 정도 자란다. 줄기에 갈라지지 않은 날카로운 가시가 마주나고, 잎은 타원형으로 가지 마디에 5~6장씩 모여나며 날카로운 톱니가 있다. 5월에 노란색 꽃이 총상꽃차례로 늘어져 핀다. 열매는 둥근 모양으로 붉은색으로 성숙된다.

매자나무

홍매자나무 (매자나무과)

Berberis thunbergii DC

일명 '일본 매자나무'로 통한다. 매자나무과의 당매자나무는 초록잎이 가을에 붉게 물드는데 홍매자나무는 사철 잎이 붉다. 키는 50cm 정도 자란다. 날카로운 가시가 있다. 잎은 앞뒤 양면이 붉은색이고 가장자리가 밋밋하다. 꽃은 4~5월에 총상화서를 이루며 잎겨드랑이에 핀다. 열매는 9월에 타원형의 장과로 빨갛게 익는다.

홍매자나무

섬분꽃나무

채진목꽃

섬분꽃나무 (인동과)

Viburnum carlesii Hemsl.

산기슭 양지에서 자라는 갈잎떨기나무. 키는 2m 정도 자란다. 작은 가지와 겨울 눈에 털이 빽빽이 난다. 잎은 마주나고 달걀 모양이다. 양면에 털이 있고 가장자리에 불규칙한 톱니가 있다. 4~5월에 취산꽃차례로 가지 끝에 홍색을 띤 자주빛 꽃이 핀다. 향기가 있다. 열매는 9월에 검은색으로 성숙된다.

채진목 (장미과)

Amelanchier asiatica Endlicher

산기슭에서 자라는 갈잎큰키나무. 키는 15m 정도 자란다. 햇가지에 흰 솜털이 있으나 차차 없어진다. 잎은 어긋나고 긴 타원형이며 가장자리에 톱니가 있다. 4~5월에 흰색 꽃이 총상화서를 이루며 핀다.

안개나무

안개나무 (옻나무과)

Cotinus coggygria Linné

남유럽과 중국이 원산이며 우리나라에서는 관상수로 심어 기른다. 키는 3~4m 정도 자란다. 잎은 달걀형으로 어긋난다. 가장자리에 톱니가 없이 밋밋하다. 5~6월에 가지 끝에 원추꽃차례로 작은 꽃이 피는데 꽃자루에 실 같은 털이 촘촘하게 달려 있어 나무가 안개에 휩싸여 있는 것처럼 보인다.

분단나무

분단나무 (인동과)

Viburnum furcatum Blume

숲 아래서 자라는 갈잎떨기나무로 키는 4~5m 자란다. 잎은 마주나기하며 끝이 뾰족하다. 심장형의 잎 가장자리에 톱니가 있고 잎자루는 길다. 4~5월 흰색 꽃이 우산 모양의 취산화서를 이루며 햇가지 끝에 핀다. 열매는 핵과로 타원형의 둥근 모양이다. 검은색으로 성숙된다.

황금노박덩굴

좀회양목

황금노박덩굴 (노박덩굴과)

Celastrus orbiculatus Thunberg

산과 들에서 자라는 갈잎덩굴나무. 길이는 30cm 전후 자란다. 잎은 노란 황금색으로 어긋나기하며 타원형의 잎 가장자리에 톱니가 있다. 5월에 암수딴그루에 연두색 꽃이 취산화서를 이루며 핀다.

좀회양목 (회양목과)

Buxus microphylla Siebold & Zucc.

산지에 야생하거나 정원에 심어 가꾸는 늘푸른떨기나무. 키는 60~70cm 정도 자란다. 잎은 줄기에 어긋난다. 작지만 두껍고 광택이 난다. 3~5월에 연한 황록색 꽃이 잎겨드랑이나 가지 끝에 핀다. 보통 녹색으로 겨울을 나지만, 추운 지역에서는 잎이 갈색으로 변한다. 일명 '회양목', '도장나무'라고 한다.

애기말발도리

바위말발도리

애기말발도리 (범의귀과)

Deutzia gracilis Siebold et Zuccarini

일본 원산의 갈잎떨기나무로 잎은 마주나며 넓은 피침형으로 끝이 뾰족한 잎이 연한 녹색의 막질이다. 잎의 뒷면과 씨방에 털이 거의 없다. 꽃은 5~6월에 원추꽃차례를 이루며 흰색 꽃이 핀다. '빈도리'와 비슷하다.

바위말발도리 (범의귀과)

Deutzia prunifolia Rehder

산기슭 바위 틈에서 자라는 갈잎떨기나무. 키는 80~100cm 정도 자란다. 잎은 마주나기, 타원형으로 양 끝이 뾰족하며 가장자리에 톱니가 있다. 4~5월에 산방화서를 이루며 흰 꽃이 햇가지에 핀다. 열매는 삭과 3줄의 홈이 있고 융모가 있으며 9월에 결실한다.

둥근홍가시나무

흰말채나무

둥근홍가시나무 (장미과)

Photinia glabra (Thunb.) Hoximowicz

일본 원산의 늘푸른큰키나무로 잎은 어긋나고 피침형의 긴 타원형으로 끝이 뾰족하고 예리한 톱니가 있다. 5~6월에 흰색 꽃이 밀생하며 원추화서를 이루며 핀다. 타원형의 열매는 9~10월에 붉은색으로 익는다. 잎이 새로 나올 때와 겨울철에 단풍이 들어서 '홍가시나무'라고 한다.

흰말채나무 (산수유나무과)

Cornus alba Linné

산기슭이나 들에서 자라는 갈잎떨기나무로 키는 3~4m 정도 자란다. 나무껍질은 여름에는 청색이나 가을부터 붉은 빛이 돈다. 잎은 마주나기하며 타원형으로 끝이 뾰족하고 톱니는 없다. 5~6월에 황백색 꽃이 가지 끝에 상방상취산화서를 이루며 핀다. 열매는 타원형이고 흰색으로 성숙한다. 설경을 배경으로한 붉은 가지가 매혹적이다.

야광나무 (장미과)

Malus baccata Borkhausen

야광나무는 밤에 야광주와 같은 빛을 낸다는 뜻이다. 중부 지방의 깊은 산골짜기나 도랑에서 자라는 갈잎작은키나무로 키는 6~7m 정도 자란다. 잎은 어긋나기하며 가장자리에 톱니가 있다. 봄이 무르익는 5월경 잎과 함께 온통 흰 꽃으로 뒤집어 쓴다. 야광나무는 홀로 자라기를 좋아해 무리를 이루는 경우가 드물다. 그러나 지리산 천왕봉 아래에 대단위 군락지를 이루며 자라고 있다.

야광나무 꽃

야광나무 열매

가막살나무 (인동과)

Viburnum dilatatum Thunberg

경기도, 충청남북도, 전라남북도 및 경상남북도의 산기슭의 숲에서 자라는 갈잎떨기나무. 키는 3~4m 정도 자란다. 햇가지에는 별 모양의 털이 있다. 잎은 마주나기하며 둥근 모양으로 가장자리에 톱니가 있다. 5~6월에 흰색 꽃이 줄기 끝에 취산화서를 이루며 핀다. 열매는 핵과로 붉게 성숙된다.

가막살나무

가솔송

개비자나무

가솔송 (진달래과)

Phyllodoce caerulea (L.) Babington

우리나라 북부 고산 지역(백두산)에서 자라는 늘푸른떨기나무. 줄기는 옆으로 눕고, 가지는 많이 갈라진다. 잎은 끝이 둔한 선형이다. 가장자리에 잔털이 있다. 키는 10~20cm 정도 자란다. 7~8월에 홍자색 꽃이 단지 모양으로 핀다. 백두산 천지 주변에 군락을 이루어 자란다.

개비자나무 (주목과)

Cephalotaxus harringtonia K. Koch

산에서 자라는 늘푸른떨기나무, 키는 2~3m 정도 자란다. 잎은 선형으로 끝이 뾰족하며 비자나무 잎보다 약간 크다. 꽃은 암수딴그루에 3~4월에 핀다. 수꽃 꽃차례는 둥근형이고 한 화축에 20~30송이씩 핀다. 암꽃 꽃차례는 둥근 타원형 2송이씩 핀다. 열매는 다음 해 1월에 타원형으로 붉게 성숙된다.

금사매 (물레나물과)

Hypericum patulum Thunb.

중국 원산의 떨기나무. 키는 100cm 정도 자란다. 가지가 붉은색이고 잎은 마주나기하며 긴 난형이다. 6~7월에 노란색 꽃이 가지에 1송이 내지 3~4송이가 줄기 끝에 핀다. 관상용으로 정원에 심어 재배한다. 일명 '망종화'라고 한다.

금사매

고광나무 (범의귀과)

Philadelphus schrenkii Rupr.

유럽 남부, 동아시아, 중앙아메리카, 남아메리카 등이 원산지. 우리나라에는 함경도부터 백두대간에 분포되어 산기슭의 골짜기에서 자라는 갈잎떨기나무로 키는 2~4m 정도 자란다. 잎은 어긋나고 표면은 녹색 달걀 모양으로 뒷면에 잔털이 있다. 4~6월에 긴 꽃대에 흰색 꽃이 총상화서를 이루며 핀다. 열매는 9월경 타원형으로 성숙한다. 번식은 꺾꽂이한다.

고광나무

좀작살나무

좀작살나무 (마편초과)

Callicarpa dichotom Raeuschel

갈잎떨기나무로 산지에서 자란다. 키는 1.5m 전후 자란다. 작은 가지는 사각형이고 별 모양의 털이 있다. 잎은 마주나기, 긴 타원형으로 톱니가 있고 뒷면에는 성모와 함께 선점이 있다. 8월에 연한 자주빛 꽃이 취산화서를 이루며 핀다. 열매는 핵과로 10월에 자주색으로 성숙된다.

작살나무

작살나무 (마편과)

Callicarpa joponica Thunberg

산기슭에 흔하게 자라는 갈잎떨기나무. 키는 2~3m 정도 자란다. 잎은 마주나기, 긴 타원형이며 가장자리에 톱니가 있다. 7~8월에 연한 자주색 꽃이 잎겨드랑이에 취산꽃차례를 이루며 핀다. 열매는 핵과로 둥근 모양의 자주색으로 성숙된다. 관상용과 양산 자루 만드는 데 사용한다. 흰 꽃과 흰 열매가 맺는 '흰작살나무'도 있다.

순비나무 (마편과)

Vitex rotundifolia Linné

바닷가 모래땅에서 자라는 늘푸른 떨기나무. 줄기는 눕거나 비스듬히 자란다. 전체에 회색빛이 나는 흰색의 잔털이 있다. 잎과 가지에 향기가 있다. 7~9월에 가지 끝에 벽자색 꽃이 핀다. 관상용으로 열매는 약용하고 잎과 가지는 목욕용 향료로 쓰인다.

순비나무

무늬비파나무 (주목과)

Eriobotrya japonica Lindles Var. Variegafor.

일본 원산의 늘푸른큰키나무. 키는 10m 정도 자란다. 열매의 단면이 악기인 비파와 닮아서 붙여진 이름이다. 과일나무 중에서 매우 드물게 가을에 개화하며, 잎의 무늬가 상록으로 관상적 가치가 뛰어난 무늬종이다. 항암성 등 좋은 효능을 가진 유실수로 10~11월에 흰색 꽃이 피고 열매는 다음 해 6월에 노란색으로 성숙한다.

무늬비파나무꽃

무늬비파나무잎

금목서

금목서 (목서과)
Osmanthus fragrans Loureiro

중국 원산으로 산지의 습기가 많은 곳에서 자라는 상록대관목. 가지에는 털이 없고 마주나기하는 잎은 긴 타원형으로 양끝이 뾰족하다. 9월에 암수딴그루에 핀다. 잎겨드랑이에 등황색으로 밀생하여 핀다. 목서는 은색 꽃이 피는데 금목서는 금색이나 등황색 꽃이 핀다. 일명 '단계목'이라고 한다.

일본조팝나무

일본조팝나무 (장미과)
Spiraea japonica Linné

일본 원산의 갈잎떨기나무. 키는 1m 정도 자란다. 잎은 가늘고 길며 끝이 뾰족하다. 가장자리에 불규칙하고 예리한 톱니가 있다. 뒷면 연한 녹색 또는 흰색, 양면에 털이 있다. 꽃은 6~8월까지 연한 분홍색으로 가지 끝에 산형화서를 이루며 핀다. 열매는 9월에 성숙한다.

병아리꽃나무

좀백정화

병아리꽃나무 (장미과)

Rhodotypos scandens Makino

산에서 자라는 갈잎떨기나무. 키는 2~3m 정도 자란다. 잎은 마주나며 표면이 주름지고 짙은 녹색이다. 꽃은 5월에 햇가지 끝에 1개씩 핀다. 열매는 핵과로 타원형이고 검고 광택이 난다.

좀백정화 (꼭두서니과)

Serissa japonica Thunberg

중국, 인도네시아 원산의 갈잎떨기나무, 키는 70~100cm 정도 자란다. 가지가 많이 갈라지고 마주나기하는 잎은 좁은 타원형으로 끝이 뾰족하다. 턱잎이 가시털 모양이며 잎자루는 없다. 꽃은 5~6월에 잎겨드랑이에 흰색 또는 홍자색 꽃이 핀다. 화관은 깔때기 모양으로 끝이 5갈래로 갈라지며 수술은 5개 화관통에 달려 있다.

쉬땅나무

쉬땅나무 (장미과)

Sorbaria sorbifolia L..A. Braum

산기슭의 계곡이나 습기 많은 곳에서 자라는 갈잎떨기나무. 키는 2~2.5m 정도 자란다. 잎은 어긋나고 깃꼴겹잎, 끝이 뾰족하고 겹톱니가 있다. 6~8월에 흰 꽃이 핀다. 가는 줄기에 작은 꽃들이 다닥다닥 모여 꽃방망이를 만든다. 관상용으로 정원에 심어 가꾸기도 한다.

개쉬땅나무 (장미과)

Sorbaria sorbifolia Al, Braun

산기슭의 습한 곳에서 자라는 갈잎떨기나무로 잎자루에 어긋나며 깃꼴겹잎이다. 피침형의 잎은 끝이 뾰족하며 가장자리에 톱니가 있다. 후면에 별 모양의 털이 있다. 6~7월에 흰 꽃이 가지 끝에 겹총상화서를 이룬다. 꽃잎은 5장, 수술은 화관 위로 솟고, 암술은 5개, 열매는 골돌이다.

개쉬땅나무

족제비싸리 (콩과)

Amorpha fruticosa Linné

북아메리카 원산의 갈잎떨기나무. 키는 2.5~3m 정도 자란다. 잎은 어긋나기, 1회 깃꼴겹잎, 작은 잎은 타원형 끝이 뾰족하다. 5~6월에 자주빛이 도는 하늘색 꽃이 이삭화서를 이루며 핀다. 열매는 협과로 약간 구부러지고 신장형이다.

족제비싸리

마가목 (장미과)

Sorbus commixta Hedlund

강원, 경기도 이남에 분포되어 깊은 산 중턱에서 자라는 갈잎작은키나무. 키는 6~7m 정도 자란다. 추위에 강한 한대 수목이다. 세계적으로 80여 종이 있다. 잎은 어긋나기하는 깃꼴겹잎이며 피침형으로 가장자리에 길고 뾰족한 겹톱니가 있다. 5~6월에 흰색 꽃이 겹산방화서를 이루며 핀다. 열매는 둥근 모양이고 9~10월이면 붉게 성숙된다.

마가목

블루베리

블루베리꽃

블루베리

블루베리 (진달래과)

Blueberry Vaccinium spp. cv. Bluebrry

갈잎떨기나무로 키는 3~4m 정도 자란다. 북아메리카 원산으로 과일 나무로 심는다. 잎은 어긋나고 긴 타원형, 끝이 뾰족하고 가장자리는 밋밋하다. 잎이 돋을 때 흰색 꽃이 핀다. 꽃부리는 항아리 모양이며 뒤로 젖혀진다. 둥근 열매는 흰색 가루로 덮여 있으며 검푸른색으로 성숙한다.

모과나무 (장미과)

Chaenomeles sinensis Koehne

공원에 관상용으로 심어 키우는 갈잎큰키나무로 키는 8~10m 정도 자란다. 잎은 긴 타원형으로 가지에 어긋나며 끝이 뾰족하다. 5월에 가지 끝에 분홍색 꽃이 1개씩 핀다. 못생긴 열매는 가을이면 노란색으로 성숙된다. 향기가 좋아 차와 술을 담그거나 약용한다.

모과나무꽃

커피나무 (꼭두서니과)

Coffea arabica

커피나무는 꼭두서니과에 딸린 상록수로, 아프리카가 원산지이며, 아라비아 커피나무, 리베리아 커피나무, 콩고 커피나무 등 종류가 다양하다. 키는 6~10m 정도 자란다. 잎은 긴 타원형이며 꽃은 잎겨드랑이에 흰색 꽃이 모여 핀다. 열매는 처음에는 녹색이다가 차츰 자주색으로 변한다. 열대작물로 비교적 추위에 강하다. 대개 서리가 내리지 않는 지역이면 재배가 가능하다.

커피꽃

커피 열매

왕대나무

왕대나무

왕대나무

왕대나무 (벼과)

Phyllostachys bambusoides Siebold et Zucc.

중국 원산지로 키는 20m 정도 자란다. 자라는 속도가 빨라 20m 자라는데 50~60일, 줄기는 녹색에서 황록색으로 변화되며 마디가 있고 속이 비어 있다. 하늘로 치솟는 대나무의 직선적인 강한 모습이 매력적이다. 수십 년 만에 피는 꽃은 보기가 힘들다. 일명 '참대'라고 한다. 봄에 돋는 새순을 '죽순'이라고 한다.

이대

오죽

이 대 (화본과)

Sasa japonica Makino

해안 지대에서 잘 자라며 키는 2~5m 정도 자란다. 마디가 솟지 않고 중앙 위 부분에 가지가 난다. 잎은 피침형이며 양면에 털은 없다. 원추화서는 좁고 작은 이삭은 낱꽃이 핀다. 수술은 3개, 드물게 4개, 수술대에 털이 있고 씨방에는 털이 없다. 5~7월에 개화하여 10월에 결실한다. 주로 담뱃대, 죽세공에 쓰인다.

오 죽 (화본과)

Phyllostachys nigra Munro

중국 원산지로 키는 9~10m 정도 자란다. 줄기는 분백의 연한 녹색으로 자라다가 성숙하면 가지가 검은색으로 자란다. 잎몸은 피침형으로 가지 끝에 1~5장씩 달린다. 잔톱니가 있다. 꽃은 60년 주기로 6~7월에 양성화와 단성화로 된 작은 이삭으로 둘러 싸이면서 핀다. 일명 '검정대' 또는 '흑죽'이라고 한다.

죽순대

제주조리대

죽순대 (화본과)

Phyllostachys pubescen Mazel

중국 원산, 키는 10~20m 정도 자란다. 줄기는 녹색에서 황록색으로 변한다. 잎은 피침형, 엽초에 잔털이 있다. 꽃은 드물게 핀다. 이삭화서가 엽초 안에 들어있다. 엽초는 긴 타원형, 끝이 둔하다.

검은 갈색 반점과 털이 있다. 잎 조각 속에 양성화 1송이와 단성화 2송이가 달린다. 개화는 7~10월에 하고 11월에 결실한다.

제주조리대 (화본과)

Sasa quelpaertensin Nakai

일명 '탐라산죽'이라고 한다. 산기슭에서 키는 50~80cm 정도 자란다. 줄기는 털이 없고 녹색이다. 잎몸은 긴 타원형이며 잎 뒷면은 회색을 띤 녹색에 잔털이 있다. 꽃은 원추화서로 껍질이 두껍다. 6~7년에 한 번 5~6월에 꽃이 핀다.

차나무밭

차나무꽃

차나무열매

차나무 (뽕나무과)

Thea sinensis Linné

중국 원산의 늘푸른떨기나무. 키는 1~2m 정도 자란다. 잎은 가죽질의 긴 타원형이며 가장자리에 톱니가 있다. 11~12월에 흰색 꽃이 1~3송이가 잎겨드랑이에 핀다. 열매는 삭과로 약간 납작하며 다갈색으로 성숙된다. 어린 잎은 식용하고 열매는 제유용으로 사용한다.

소나무(정2품)

소나무

미인송

소나무 (소나무과)

Pinus densifcora Siebild & Zucca

산에서 흔하게 자라는 늘푸른바늘잎나무. 키는 종류에 따라 다르나 40m 정도 자란다. 꽃은 암수한그루로 5월에 크기가 작은 연노란색 꽃이 핀다. 수꽃은 햇가지 아랫부분에 피고 긴 타원형의 노란색 꽃송이는 햇가지 끝부분에 핀다. 솔방울은 꽃이 핀 다음 해 10월쯤 흑갈색으로 성숙된다.

백 송 (소나무과)

Pinus bungeana Zuccarini

중국 원산의 늘푸른바늘잎나무. 키는 15~20m 정도 자란다. 나무껍질은 회백색이며 밋밋하다. 비늘 조각 같은 껍질이 벗겨진다. 잎은 짧은 가지 위에 3개씩 모여난다. 꽃은 5월에 암수한그루에 핀다. 수꽃은 긴 타원형, 암꽃송이는 난형이고, 열매는 구과, 씨는 난형으로 흑갈색으로 성숙된다. 천연기념물로 지정보호된다.

백송

솔나무 (소나무과)

Pinus densiflora Siebold & Zuccarini

소나무는 한국의 전 지역에서 자란다. 다양한 품종이 발견되는데 쓰임새도 다양하다. 다른 이름으로는 육송, 적송, 여송, 소오리나무 등 다양하다. 상록 침엽교목 줄기는 적갈색이고 잎은 가지 위에 2개씩 모여난다. 잎은 침형이고 길이는 8~10cm 정도이다. 꽃은 암수한그루에 피고 수꽃송이는 햇가지 아래에 피고, 긴 타원형으로 노란 꽃이 피고 꽃송이는 햇가지 끝부분에 핀다.

솔나무

금송

솔방울

반송

금 송 (소나무과)

Pinus densiflora Siebold

늘푸른바늘잎나무. 키는 10~15m 정도 자란다. 줄기는 적갈색, 황금색이며 잎은 짧은 가지 위에 2개씩 모여난다. 침형이고 꽃은 암수한그루에 핀다. 수꽃은 햇가지 아래에 핀다. 긴 타원으로 노란색 꽃송이는 햇가지 끝부분에 핀다. 열매는 구과이고 원추형 씨는 타원형으로 흑갈색으로 성숙된다.

반 송 (소나무과)

Pinus densiflora Siebold

반송은 소나무의 한 품종이다. 소나무는 외줄기가 올라와 자라는 것에 비하여 반송은 밑에서부터 줄기가 여러 갈래로 갈라지는 것이 특징이다. 일명 '삿갓솔'이라고 한다. 천연기념물로 지정되어 아름다움을 뽐내고 있는 여섯 그루의 반송이 있다. 무주실천면(291호), 상주 상현리(293호), 선산 독동의 반송(357호), 함양 목현리(358호)의 구송, 영양 답곡리(399호)의 만지송, 문경 화산리(292호) 등이 대표적인 천연기념물이다.

주목

주목 열매

주목

주 목 (주목과)

Taxus cuspidata Sieboldе & zuccarini

고산지대의 숲에서 자라는 늘푸른바늘잎큰키나무. 키는 15~20m 정도 자란다. 가지는 사방으로 뻗는다. 큰 가지와 줄기는 적갈색, 잎은 선형 끝이 뾰족하다. 나선형으로 늘어진다. 꽃은 4월에 암수한그루에 피고 수꽃 이삭은 잎겨드랑이에 1개씩 피고, 6개의 포도씨는 육질로 도란형 핵과로 붉은색 기종피에 쌓인다.

구상나무

측백나무

구상나무 (소나무과)

Abies koreana Wilson

우리나라 남부 지방 높은 산에서 자라는 늘푸른바늘잎나무. 키는 18m 정도 자란다. 바늘잎은 가지에 돌아가며 빽빽하게 달린다. 꽃은 암수한그루에 6월 경에 핀다. 타원형의 수꽃이삭은 5~10개의 꽃이 핀다. 암꽃이삭에는 1~2개의 진한 보라색 꽃이 핀다. 원통형의 녹갈색 또는 자갈색 솔방울 열매는 하늘을 향해 곧게 선다.

측백나무 (측백나무과)

Thuja orientalis Linné

늘푸른바늘잎큰키나무. 키는 20~25m 정도 자란다. 큰 가지는 적갈색, 햇가지는 녹색, 가운데 잎은 도란형 마름모꼴이다. 가장자리의 잎은 넓은 피침형 흰색 점이 약간 있다. 꽃은 4월에 암수한그루에 핀다. 수꽃은 전 년도 가지 끝에 1개씩 피고 암꽃은 둥글며 연한 자갈색이다. 정원수, 울타리용으로 쓰인다. 잎, 가지, 씨는 약용한다.

향나무 (측백나무과)

juniperus chinensis

일명 '노송나무'라고 한다. 늘푸른 큰키나무로 키는 20m 전후 자란다. 잎은 돌려나기 또는 마주나기 하고, 어릴 때에는 바늘잎이지만 10년만 되면 비늘잎이 불어난다. 나무가 오래 되면 모두 비늘잎으로 돋는다. 꽃은 4월에 암수한그루에 핀다. 가지 끝에 핀다. 수꽃송이의 비늘 잎은 14개이고 비늘 잎 안에 4~5개의 꽃밥이 있다. 암꽃송이의 비늘잎은 4개, 열매는 구과 육질로 된 구형이며 흑자색으로 성숙된다. 결실은 다음 해 10월에 한다.

향나무

서양측백 (측백나무과)

Thuja occidentalis Linne

북아메리카 원산, 늘푸른바늘잎큰키나무로 키는 15~20m 정도 자란다. 수피는 흑갈색 원추형의 수관을 이루며 자란다. 잎은 난형 끝이 뾰족하고 표면은 녹색이고 후면은 황갈색이다. 향기가 있고 햇가지의 잎에는 선점이 있고 묵은 가지의 잎에는 선점이 없다. 4~5월에 개화하며 수꽃송이는 구형이고 암꽃송이는 난형이다. 열매는 구과로 황갈색이며 씨에 작은 날개가 있다.

서양측백

가이스까 향나무

잣나무

가이스까 향나무 (측백나무과)

Juniperus chinensis

늘푸른큰키나무. 큰나무로서 굵기가 한 아름이 훌쩍 넘게 자란다. 향나무의 변종으로 일본에서 들여온 원예종이다. 향나무와 거의 같으나 침엽이 없고 주로 비늘잎을 가지는 것이 차이점이다. 잎은 어릴 때는 짧고 끝이 날카로운 바늘잎이 대부분이다. 손바닥에 가시가 박힐 정도로 단단하다. 그러나 10년이 지나면 바늘잎 이외에 찌르지 않는 비늘잎으로 변한다.

잣나무 (소나무과)

Pinus koraiensis Siebold

산기슭에서 자라는 늘푸른바늘잎큰키나무. 키는 25~30m 정도 자란다. 잎은 짧은 가지 위에 5개씩 모여난다. 세모지고 양면에 흰색의 기공선이 있다. 꽃은 5월에 암수한그루에 핀다. 수꽃송이는 타원형이며 햇가지에 핀다. 암꽃송이는 2~5개가 가지 끝에 핀다. 열매는 구과이며 씨는 일그러진 삼각형이다. 씨는 식용 또는 약용한다.

잎갈나무

잎갈나무

잎갈나무 (소나무과)

Larix olgensis Henry var. koreana Nakai

산에서 자라는 늘푸른바늘잎나무. 키는 30~50m, 가지는 수평으로 퍼진다. 잎은 선형, 긴 가지에 흩어지고, 짧은 가지에 총생한다. 꽃은 암수한그루에 수꽃은 긴 타원형, 암꽃은 넓다. 색깔은 황갈색, 열매는 구과로 적갈색이며 끝이 둥굴다. 열매가 푸른 것은 '푸른잎갈나무'라고 한다. 일명 '이깔나무'라고 한다.

회화나무

회화나무 (콩과)

Sophora japonica

우리나라와 중국이 원산지, 갈잎큰키나무. 괴목으로 일명 괴나무, 홰나무, 괴화나무 라고도 한다. 키는 25m 정도 자란다. 껍질은 진한 회갈색, 잎은 어긋나며 1회 깃꼴 겹잎으로 계란 모양의 타원형, 끝이 날카롭고 가장자리는 밋밋하다. 꽃은 8월에 황백색의 잔꽃이 새로 나온 가지 끝에서 핀다. 열매는 9~10월에 염주처럼 노랗게 성숙한다. 우리나라에서는 좋은 일을 가져오는 행운목으로, 중국에서는 출세의 나무, 서양에서는 학자의 나무로 알려져 있다.

섬잣나무

섬잣나무 (소나무과)

Pinus parviflora Siebold

산에서 자라는 늘푸른바늘잎나무. 키는 20~25m 정도 자란다. 잣나무와 닮았으나 잎이 짧고 씨에 날개가 있다. 개화는 6월 무렵 같은 그루에서 암꽃과 수꽃이 따로 핀다. 수꽃은 새로 생긴 가지에, 암꽃은 가지 끝에 핀다. 결실은 다음 해 9월에 한다. 주로 건축 자재로 사용된다. 천연기념물 제50호로 지정되어 보호 받고 있다.

소사나무

소사나무 (자작나무과)

Carpinus coreana NaKai

섬 지역의 바닷가에서 자라는 갈잎작은키나무. 작은 가지와 잎자루에 털이 밀생한다. 잎은 작고, 난형 끝이 뾰족하거나 둔하다. 밑둥은 둥글고, 겹톱니가 있다. 측맥은 뒷면 맥 위에 털이 있다. 열매 이삭은 반난형으로 끝이 몽뚝하다. 톱니가 있으며 포 밑에 열매를 약간 둘러싼다. 열매는 난형 이며 개화는 5월, 결실은 10월에 한다.

화살나무

화살나무 (화살나무과)

Euonymus alatus(Thunb.) Siebold

산기슭의 산중턱의 암석지에서 자라는 갈잎작은키나무. 키는 3m 정도 자란다. 잔가지에 2~4줄의 날개가 있다. 잎은 어긋나기하며 타원형으로 끝이 뾰족하고 테두리에 날카로운 톱니가 있다. 꽃은 5~6월에 황록색 꽃이 취산화서를 이루며 잎겨드랑이에 핀다. 열매는 삭과 붉은색으로 성숙한다. 잎은 단풍이 들면서 진한 붉은색으로 변한다.

뽕나무

산초나무

뽕나무 (뽕나무과)

Morus alba Linné

마을 주위에서 심어 키우는 갈잎큰키나무. 키는 10~15m 정도 자란다. 작은 가지는 회갈색 또는 회백색, 잎은 난상 타원형이다. 꽃은 4~6월에 암수딴그루에 핀다. 수꽃이삭은 햇가지 아랫부분의 잎겨드랑이에 피고 긴 타원형이다. 암꽃이삭은 넓은 타원형 암꽃의 화피는 4장, 열매는 다육질이고 열매 이삭은 구형, 검은색으로 성숙된다.

산초나무 (운향과)

Zanthoxylum schinifolium

야산 기슭이나 마을 근처에서 자라는 갈잎떨기나무. 키는 3m 정도 자란다. 줄기와 가지에 날카로운 가시가 서로 어긋난다. 잎은 겹잎으로 긴 잎자루에 작은 잎이 새깃처럼 마주 붙는다. 8~9월에 가지 끝의 꽃대에 꽃잎이 없는 연노란색 꽃이 모여 핀다. 가을이면 둥근 열매는 갈색으로 성숙된다.

삼나무 (삼나무과)

Cryptomeria japonica (Thunb. ex L. f.) D. Don

일본 원산의 늘푸른큰키나무. 키는 30~40m 정도 자란다. 수피는 적갈색, 잎은 침형, 한 마디에 잎이 3개씩 달린다. 꽃은 암수한그루에 핀다. 수꽃은 가지 끝에 이삭 모양을 이루며 타원형이다. 암꽃송이는 둥글고 가지 끝에 1개씩 달린다. 열매는 구과로 적갈색이다. 개화는 3월에 하고 결실은 10월에 한다. 습기에 강한 나무이다.

삼나무

일본오엽송 (소나무과)

Pinus spp cv. Japenese white pine

일본 원산의 늘푸른큰키나무. 키는 15~20m 정도 자란다. 수피는 진회색이다. 잎은 오엽속성으로 다섯 개로 구성되며 피침형이다. 꽃은 6월에 개화한다. 수꽃은 난상 장타원형이고 암꽃은 줄기 끝에 핀다. 섬잣나무와 비슷하다. 일본오엽송은 섬잣나무를 개량하여 만든 원예종이다. 잎이 5개인 소나무란 의미로 '일본오엽송'으로 불리게 되었다.

일본오엽송

곰송

솔송나무

곰 송 (소나무과)

Pinus thunbergii parlatore

바닷가에서 잘 자라는 늘푸른바늘잎나무. 키는 15~20m 정도 자란다. 수피는 흑갈색, 잎은 짧은 가지 위에 2개씩 모여난다. 소나무 잎에 비해 두껍다. 꽃은 암수한그루에 핀다. 수꽃송이는 긴 타원형, 암꽃송이는 자주색으로 새순 위에 붙어 있다. 열매는 구과로 5월에 개화하여 다음해 9월에 결실한다. 일명 '해송'이라고 한다.

솔송나무 (소나무과)

Tsuga sieboldii carriere

해발 300~800m 정도에서 잘 자라는 늘푸른바늘잎나무. 키는 20~30m 정도 자란다. 잎은 선형, 표면은 짙은 녹색이고 윤기가 난다. 꽃은 암수한그루에 핀다. 수꽃송이는 위를 향하고 암꽃송이는 가지 끝에서 아래를 향해 달린다. 열매는 구과, 구형 또는 타원형이다. 씨는 황갈색이며 한쪽에 날개가 붙어 있다. 개화는 4~5월에 하고 결실은 10월에 한다.

대왕소나무

수퍼골드 황금소나무

파마소나무

느티나무

느티나무 (느릅나무과)

Zelkova serrata(Thunb.) Makino

산기슭이나 골짜기에서 자라는 늘푸른큰키나무. 키는 20~26m 정도 자란다. 수피는 회갈색, 잎은 호생, 긴 타원형으로 가장자리에 고른 톱니가 있다. 꽃은 취산화서를 이루며 암수한그루에 핀다. 수꽃은 햇가지에 피고, 암꽃은 햇가지 위 부분에 1송이씩 핀다. 열매는 핵과, 일그러진 구형이며 딱딱하다. 개화는 4~5월 결실은 10월에 한다.

은청가문비나무

은청가문비나무 (소나무과)

Picea jezoensis Carriero

높은 산에서 자라는 늘푸른바늘잎큰키나무. 키는 10~15m 정도 자란다. 수피는 비늘 모양, 햇가지는 털이 없다. 잎은 선형으로 편평하고 끝이 뾰족하다. 꽃은 암수한그루에 핀다. 수꽃은 황갈색 타원형이다. 암꽃송이는 홍자색 타원형이다. 열매는 구과로 원통상 타원형이며 황록색이다. 개화는 5~6월에 하고 결실은 9월에 한다.

겨우살이

노란 겨우살이 열매

붉은 겨우살이 열매

겨우살이 (겨우살이과)

Viscum album Linné

참나무, 밤나무, 팽나무 등에서 기생하며 자라는 늘푸른떨기나무. 가지는 2갈래로 갈라지고, 잎은 다육질이며 타원형, 꽃은 암수가 딴 그루의 가지 끝에서 핀다. 열매는 둥근 모양으로 연한 노란색 또는 붉은색으로 성숙된다. 개화는 2~3월에 하고 결실은 10월에 한다. 주로 지리산, 덕유산, 한라산에서 많이 자라고 있다.
전초는 약용한다.

낙우송

마로니에

낙우송 (삼나무과)

Taxodium distichum L. C. Richardson

북아메리카 남부 원산의 습지성 갈잎큰키나무. 키는 30~50m 정도 자란다. 수피는 적갈색이며 작은 조각으로 벗겨진다. 잎은 깃털 모양이고 작은 잎은 호생하며 밝은 녹색이다. 4~5월에 꽃이 피는데 수꽃송이는 자주색 꽃이 원추상의 화서같이 아래로 처진다. 암꽃송이는 둥글고 열매는 구과로 둥글고 크기는 2~3cm 정도이다. 씨는 삼각형으로 각모에 날개가 있다.

마로니에나무열매

마로니에 (밤나무과)

Aesculus hippocastanum

유럽 원산의 갈잎큰키나무. 키는 25~30m 정도 자란다. 잎은 겹잎으로 5~7갈래로 갈라지고, 잎자루가 길고 잎 가장자리에 둔한 톱니가 있다. 꽃은 5~6월에 원추꽃차례를 이루어 핀다. 꽃잎은 4~5장 흰색이며 아래쪽에 노란색과 분홍색 반점이 있다. 열매는 둥글고 가시가 있고 밤 같은 씨가 있다. 파리의 몽마르트 언덕과 센 강변의 '낙원들판'과 상젤리제 거리의 마로니에 가로수는 명물이다. 동숭동에 있는 전 서울대 문리과대학 교정의 마로니에가 잘 알려져 있다. 일명 '칠엽수'라고도 한다.

삼색참죽나무

삼색 참죽나무

삼색참죽나무 (멀구슬나무과)

Toona sinensis Flamingo

색이 세 번 변한다고 해서 삼색참죽나무라는 이름을 갖게 되었다. 봄철에 짙은 자주색의 새 잎을 내고, 초여름이 되면 연한 노란색으로 변한다. 한여름이 되면 그 색은 점점 짙어져서 초록의 잎을 가진다. 식물의 카멜레온 이라고 한다.

단풍나무

단풍설화

단풍 열매

단풍나무 (단풍나무과)

Acer palmatum Thunb. ex Murray

산에서 자라는 갈잎작은키나무. 키는 8~10m 정도 자란다. 5월에 가지 끝에 연한 황록색 꽃이 핀다. 공원이나 정원에 심어 곱게 물든 단풍을 보려고 심어 가꾼다. 열매는 날개가 있어 바람개비처럼 뱅글뱅글 돌면서 바람에 날려 퍼진다.

단풍나무는 잎겨드랑이에서 작은 황색 꽃이 2~3개 모여 핀다. 열매는 붉은색으로 익으면 껍질 속에는 주홍빛 씨가 드러난다. 줄기에 붙어 있는 회색 날개가 마치 화살에

느티나무단풍

단풍나무잎

단풍진 계곡

붙이는 날개와 같다하여 '화살나무'라고도 한다. 단풍잎은 화려한 색채와 고운 빛깔로 계절감을 느끼게 하는 강한 피사체이다. 불이 붙은 듯 온산에 진홍색 단풍이 물결을 이루며 저마다 자태를 뽐내고 있다. 자신의 사랑에 겨워 불타오르는 정열이 달아오른 여인의 마음을 연상케 한다.

담쟁이덩굴 (포도과)

Parthenocissus tricuspidata Planch.

갈잎떨기나무. 덩굴 잎과 마주나고, 전국의 돌담이나 바위 곁에서 자란다. 덩굴손은 끝에 둥근 흡착근이 있어 잘 떨어지지 않는다.

잎은 어긋나고 가장자리에 톱니가 있다. 6~7월에 취산화서를 이루며 황록색 꽃이 핀다. 열매는 10월에 흑색으로 성숙한다.

당단풍나무

당단풍나무 (단풍나무과)

Acer pseud~sieboldianum Komarov

한국 전지역에 분포하는 갈잎떨기나무. 키는 7~8m 정도 자란다. 잎은 심장형으로 마주나며 어린 잎에는 털이 밀생한다. 5월이면 암수 한그루에서 자홍색 꽃이 핀다. 꽃받침에는 5~6개 잔털이 있다. 꽃잎은 4장, 열매는 시과로 10월에 성숙된다. 중국 동북부, 러시아 등지에도 분포한다. 관상용으로 심고 목재는 가구재로 쓴다.

산단풍나무 (단풍나무과)

Acer pseudosieboldianum Komarov

갈잎작은키나무. '산 넓은 잎 단풍나무'라고도 한다. 키는 6~7m 정도 자란다. 잎은 손바닥 모양, 양쪽 끝 갈래가 합쳐지고 열매의 날개가 예각으로 벌어진다. 당단풍나무와 닮은꼴이다. 우리나라 산 전 지역에 분포되어 자란다. 눈 속에 어울린 낙엽.

산단풍나무

루비산사 (장미과)

Crataegus pinnatifiea

장미과의 갈잎떨기나무로 수분 없이 무수정 생식을 하는 독특한 나무다. 키는 15~20cm 정도 자란다. 열매가 루비처럼 아름다워 '루비산사'라하고, 일반 산사나무에 비해 거의 두 배 크기의 열매가 달린다. 일명 '대실산사'라고 한다. 색감이 좋은 열매가 겨우내 달려 있어 관상 가치가 높다.

루비산사

황금측백

황금측백 (측백나무과)

Thuja occidentalis "Elegantissima"

북아메리카, 동남아시아 원산의 늘푸른바늘잎나무로 키는 3~5m 정도 자란다.

측백나무와 유사한 것들로 같은 과에 속하는 눈측백, 서양측백, 편백 등이 있다. 잎은 바늘 모양의 황금색이고 끝이 뾰족하다. 4월에 옅은 갈색 꽃이 피며 9월에 열매가 성숙된다. 정원용으로 인기가 높다.

후피향나무 꽃

후피향나무

후피향나무 (차나무과)

Ternstroemia gymnanthera

아시아가 원산인 늘푸른큰키나무. 키는 10~15m 정도 자란다. 수피는 갈색으로 매끈하다. 짧은 잎자루는 붉은 빛이 돈다. 꽃은 7월에 잎겨드랑이에서 황백색 꽃이 아래로 처지며 핀다. 열매는 둥글며 10월이면 붉게 성숙한다.

상록활엽수 가운데 가장 아름다운 나무로 손꼽는다. 한국에서는 제주도에서 서식하고 있다.

검양옻나무

공조팝나무

검양옻나무 (옻나무과)

Rhus succedanea Linné

산기슭의 낮은 지대에서 자라는 갈잎떨기나무로 키는 8~10m 정도 자란다. 어긋나기하는 잎은 호생, 1회 깃꼴겹잎이며 넓은 피침형으로 끝이 뾰족하고 양면에 털이 있고 가을에 붉게 물든다. 꽃은 6~7월에 잎겨드랑이에 황록색 잡성화로 원추화서를 이루며 핀다.

공조팝나무 (장미과)

Spiraea cantoniensis Lour.

갈잎떨기나무로 키는 1~2m 정도 자란다. 어긋나기하는 잎은 피침형, 또는 넓은 타원형으로 결각상 톱니가 있다. 꽃은 4~5월에 잎과 함께 핀다. 흰 꽃이 가지에 산형상으로 나열된다. 열매는 골돌, 5개로서 털은 없고 7~9월에 성숙된다.

열매 퍼레이드 ①

인삼씨 *(panax ginseng)*

백당나무 *(Viburnum sargentii)*

주목 열매 *(Taxus cuspidata)*

누리장나무 열매 *(clerodendron trichotomum)*

까마귀밥여름나무 *(Ribes fasciculatum)*

제비꽃씨 *(Viola mandshurica)*

○ 열매 퍼레이드

온산을 불태우던 단풍의 정열도 점점 식어가는 만추, 낙엽과 곱게 물들어가는 열매들은 지난 봄, 여름, 가을의 추억을 회상하며 생을 마감한다. 풍성한 가을의 여운을 음미하게 된다. 한때는 하늘을 향해 온몸으로 그리움을 보냈고, 절기마다

열매 퍼레이드 ②

식나무 열매 *(Aucuba japonica)*

산사나무 열매 *(crataegus pinnatifida)*

구기자 열매 *(Lycium chinense)*

산수유 열매 *(cornus officinalis)*

가막살나무 열매 *(Viburnum dilatatum)*

으름 *(Akebia quinata)*

어울리는 빛깔로 생명을 노래했다. 그러나 좋은 계절은 가고, 이제 종족을 이어가기 위해 아름다운 색깔을 최대한 발휘하여 새들의 먹이가 되어 다음 세대를 기약해야 할 것이다.

열매 퍼레이드 ③

오렌지 자스민 *(Murraya panicalata)*

가막살나무 *(Viburnum dilatatum)*

루비산사 *(Crataegits pinnatifiea)*

말채나무 *(Cornus walteri)*

낙상홍 *(lex serrata)*

복분자딸기 *(Rubus coreanus)*

열매 퍼레이드 ④

사철나무 *(Euonymus japonicus)*

오렌지 *(citrus unshiu)*

산사나무 *(Crataegus pinnatifida)*

식나무 *(Aucuba japonica)*

노랑피라칸타 *(pyracantha)*

피라칸타 *(pyracantha)*

열매 퍼레이드 ⑤

파파야 (*Carica papaya L.*)

시계초 열매 (*Passiflora coerules*)

망고스틴 (*Garcinia mangostans*)

벤자민고무나무열매 (*Ficus benjamina*)

천남성열매 (*Ansaema amurense*)

열매 퍼레이드 ⑥

무화과 (*Ficus carica*)

큰귤 (*citrus reticulata*)

알로카시아 (*Alocasia odora*)

오렌지자스민 열매 (*murraya paniculataa*)

머루 (*Vitis Coignatiae*)

오디 (*Morus alba*)

열매 퍼레이드 ⑦

밤 *(Castanea crenata)*

호두 *(Juglans regia Linne)*

체리 *(Pruns tomentosa)*

댕댕이나무 *(Lonicera coerulea)*

산다래 *(Actinidia arguta)*

오미자 *(Schizandra chinensis)*

열매 퍼레이드 ⑧

사과 *(Malus pumila)*

배 *(Pyrus Pyrifolia)*

앵두 *(Pruns tomentosa)*

감 *(Diospyros Kaki)*

은행 *(Ginkgo biloba)*

당귤 *(Citrus unshiu)*

열매 퍼레이드 ⑨

포도 (*Vitis vinifera*)

천도복숭아 (*Prunus persica*)

자두 (*Prunus salicina*)

블루베리 (*Vaccinium spp.*)

청포도 (*Vitis vinifera*)

열매 퍼레이드 ⑩

뜰보리수 *(Vitis coignetiae)*

커피열매 *(Coffea arabica)*

호두 *(Juglans regia)*

블루베리 *(Vaceinium spp.)*

오렌지자스민 *(Orang jasmine)*

꽃사과 *(Malus asiatica NaKai CV. Crab apple)*

시간이 숨은 곳, 시간이란 것은 볼 수도 없고 만질 수도 없다. 그러나 나는 저러하게 움트는 자연의 새 생명에게서 시간을 보고, 또 만진다. 그 시간의 이름은 아마 인고의 시간, 환희의 시간 같은 것일 터이다. 세상살이에 마냥 서툴기만 하는 그 누군가에게 나는 말하고 싶어진다. 저 기다림의 시간을 좀 보세요.

겨울 눈은 추위를 이겨내기 위해 끈적이는 진액이나 엷은 비늘잎으로 싸여 있다.

마로니에나무 (*Aesculus turbinata*)

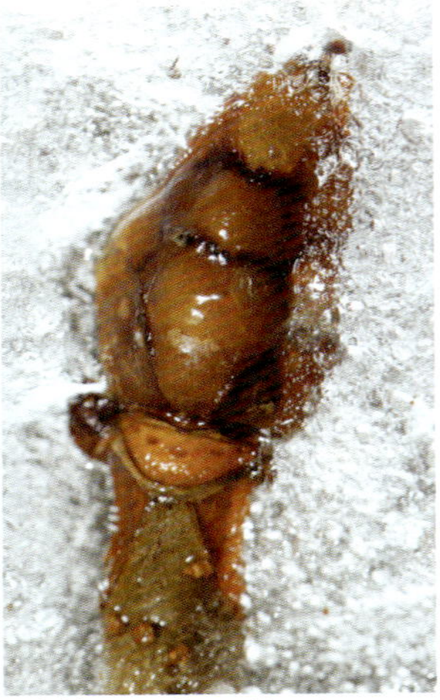

칠엽수 (*Aesculus turbinata*)

백목련 (*Magnolia denudata*)

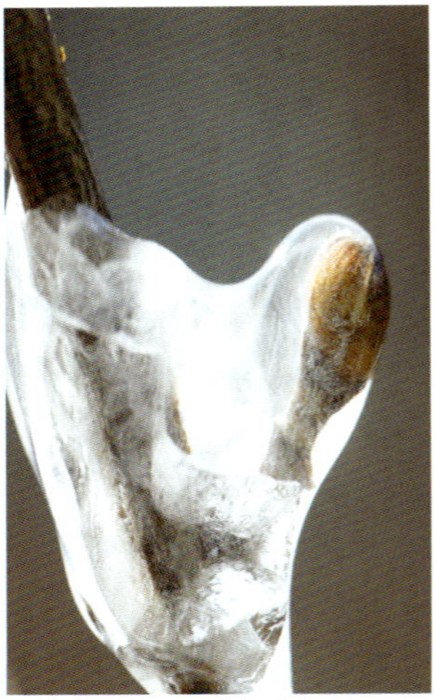

산수유 (*Cornus officinalis*)

산수유 (*Cornus officinalis*)

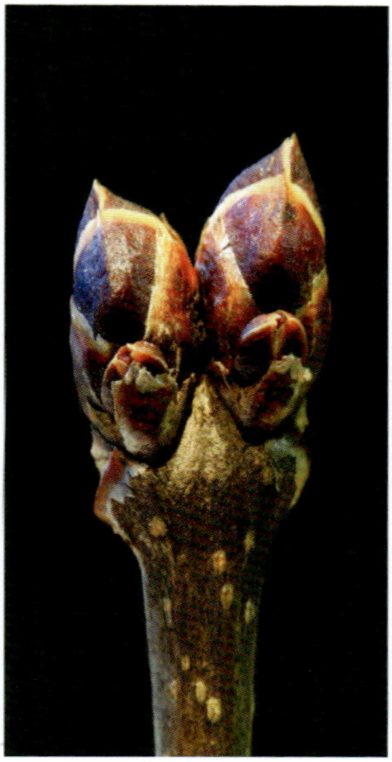

라일락 *(Syringia Vulgaris)*

생강나무 *(lindera obtusiloba)*

엄나무 *(Kalopanax picus (Thunb.) NaKai)*

두릅나무 *(Aralia elata)*

가죽나무 *(Ailanthus altissima)*

산수유나무

산수유꽃봉오리

산수유열매

산수유열매

Cornus officinalis

층층나무과의 갈잎작은키나무인 산수유나무 열매는 타원형 핵과로 처음 녹색이었다가 8~10월에 붉게 익는다. 약간의 단맛과 함께 떫고 강한 신맛이 난다. 예로부터 한방에서는 다양하게 약용으로 쓰였다. 동의보감에 의하면 간과 신장을 보호해주고 회춘 효과가 뛰어난 산수유는 저열량, 저지방 약재로 다이어트에 좋다. 또 살찌게 하고 원기를 도우며, 정액을 보충하나, 그 씨는 정액을 저절로 나가게 하므로 빼고 써야 한다. 그리고 산수유는 당뇨병에 일정한 효과가 있고 항암 작용도 나타나며 억균 작용을 한다.

제라늄

제라늄

제라늄

제라늄 (쥐손이풀과)

pelargonium inquinans Ait

아프리카 남부의 아열대 원산의 관상용으로 재배하는 여러해살이풀. 키는 30~50cm 정도 자란다. 잎자루가 길고 염통 모양으로 가장자리에 둔한 톱니가 있다. 7~8월에 빨강색, 흰색, 분홍색 등 다양한 색깔의 꽃이 꽃줄기 끝에 모여 핀다. 번식은 줄기 삽목한다.

피투니아

피투니아

피투니아

피투니아 (가지과)

Petunia hybrida Vilmorin

일명 애기나팔꽃이라고 한다. 아르헨티나 원산의 한해살이풀. 키는 10~20cm 정도 자란다. 줄기와 잎에는 잔털이 있다. 마주나기하는 잎의 가장자리가 밋밋하다. 꽃은 붉은색, 흰색, 분홍색 등 다양하게 핀다. 이 꽃은 우장춘 박사가 개발한 꽃으로 세계적으로 명성을 떨쳤던 꽃이다.

시클라멘

시클라멘

시클라멘

시클라멘 (앵초과)

Cyclamen persicum Mill

지중해 연안이 원산지인 여러해살이풀. 키는 15~20cm 정도 자란다. 잎은 염통 모양으로 끝이 뾰족하고 가장자리에 톱니가 있다. 꽃은 12월부터 이듬 해 3월까지 핀다. 꽃은 긴 꽃줄기 끝에 빨강, 분홍색, 흰색 등으로 1송이씩 아래를 향해 핀다. 열매는 6월이면 성숙한다.

목베고니아

목베고니아 (베고니아과)

Begonia maculata Rabbi

브라질, 멕시코, 필리핀 원산의 베고니아과의 늘푸른 여러해살이풀. 키는 50~90cm 정도 자란다. 잎 앞면은 녹색에 은회색의 반점이 있다. 뒷면은 갈색이다. 핑크색 또는 흰색 꽃이 이른 봄부터 늦가을까지 핀다. 공기 정화 능력이 뛰어나서 새집증후군에 효과가 크다. 번식은 삽목한다.

흰목베고니아

프리뮬러 (앵초과)

Primula Spp.

중국이 원산으로 북반구의 한대 지역에 분포되어 자라는 쌍떡잎식물로 앵초목 앵초과의 여러해살이풀. 키는 15~30cm 정도 자란다. 잎은 뿌리에서 나오고 달걀을 거꾸로 세운 듯한 모양이다. 꽃은 흰색, 노란색, 분홍색, 빨간색 등 꽃 빛깔이 풍부하다. 원예 품종도 많고, 이른 봄의 관상용 화초로 화단에 재배한다. 이 꽃은 종류가 다양하여 폴리안타 (Polyantha), 말라코이데스 (malacoides), 오브코니까 (obconica), 시넨시스 (sinsnsis) 등이 있다. 재배는 한해살이풀이나 두해살이풀로 다루고 6~7월에 씨를 뿌린다.

프리뮬러

프리뮬러

프리뮬러

히아야신스

붉은히아야신스

분홍히아야신스

흰히아야신스

히아야신스 (백합과)

Hyacinthus orientalis Linne

향기롭고 사랑스러운 히아야신스는 태양의 신 아폴로와 히아킨토스 소년의 슬픈 전설을 간직한 꽃이다. 소아시아 원산의 알뿌리 화초로 여러해살이풀. 키는 20~40cm 정도 자란다. 달걀모양의 비늘줄기는 3cm 가량 되며 겉껍질은 흑갈색이다. 이른 봄에 청자색, 분홍색, 흰색 꽃이 깔대기 모양으로 총상화서를 이루며 핀다. 일명 '짚시퀸'이라고 한다.

샤피니아

샤피니아

샤피니아 (가지과)

Petunia spp. CV. Sapinca

남아메리카 원산 한해살이풀. 가지가 가늘고 길게 뻗으며 자란다. 샤피니아는 페튜니아(petunia)의 원예 개량종으로 개화 기간이 길고 고온에서도 강해 도로화단이나 창가에 심어 키운다. 6~10월에 분홍색, 빨강색, 진한 보라색, 청색 등 다양한 색의 꽃이 핀다.

카네이션 (석죽과)

Dianthus caryophyllus Linne

서부 아시아, 유럽 원산의 여러해살이풀. 키는 40~50cm 정도 자란다. 전체가 분백색이며 줄기는 곧게 선다. 잎은 대생, 선형, 끝이 뾰족하다. 7~8월에 분홍색을 비롯해 여러 가지 색을 가진 꽃이 줄기 끝에 1송이씩 또는 2~3송이씩 핀다. 일명 '꽃패랭이꽃'이라고 한다.

카네이션

천수국 (국화과)

Tagetes erectalinne

멕시코 원산의 한해살이풀. 키는 40~50cm 정도 자란다. 줄기에 가지가 많이 갈라진다. 잎은 호생, 1회 깃꼴겹잎, 작은 잎은 피침형, 잔톱니가 있다. 독특한 냄새가 있다. 꽃은 두상화로 붉은 빛을 띤 황색, 연한 노랑색 등이 핀다. 관상용으로 화분에 재배하며 일명 '아프리카금잔화' 또는 '메리골드'라고 한다.

천수국

겹베고니아

겹베고니아

겹베고니아

겹베고니아 (구근베고니아과)

Begonia semperflorens Link et Otto

브라질 원산의 여러해살이풀. 키는 15~30cm 정도 자란다. 잎은 어긋나고 달걀 모양으로 가장자리에 톱니가 있다. 5~9월에 줄기 끝부분에서 여러 송이가 빨강색, 분홍색, 흰색 꽃 등이 겹겹으로 탐스럽게 핀다.

홍 초 (홍초과)

Canna generalis Bailey

인도, 말레이시아 등 열대원산의 여러해살이풀. 키는 1~2m 정도 자란다. 잎은 넓은 타원형이며 양끝이 뾰족하고 가죽질이다. 꽃은 붉은색, 노란색 등 다양하다. 꽃받침은 3장 짧고, 꽃잎 3장은 꽃받침보다 크다. 꽃칸나, 꽃홍초, 칸나 등으로 불린다.

홍초

워터칸나 (칸나과)

Canna generalis Bailey

아시아의 열대 지방인 인도 원산의 여러해살이풀. 화초이다. 키는 80~150cm 정도 자란다. 이탈리아와 프랑스에 건너가 개량되어 정원에 심는 관상용 화초가 되었다. 땅속에 둥근 알뿌리가 있다. 잎은 크고 둥근 모양으로 파초의 잎과 비슷하다. 초여름부터 늦은 가을까지 흰색, 노란색, 붉은색 등 여러 가지 꽃이 핀다. 꽃잎처럼 보이는 커다란 것은 수술이 변해서 된 것이다. 꽃받침과 꽃잎은 작아서 별로 눈에 띄지 않는다. 일명 '노랑칸나'라고 한다.

워터칸나

스트랩토카프스

카멜레온

스트랩토카프스

Streptocarpus

국내에서는 뉴질랜드 앵초로 불리는 식물이다. 주로 영국, 폴란드, 러시아 등에서 많이 재배한다. 해마다 다양한 신품종이 많이 나오고 있다. 씨앗 파종 후 빠르게 성장하여 교배, 육종이 빠르게 발전하는 품종이다. 온도만 맞으면 연중 대량 증식되면서 개화가 가능하다. 다양한 모양으로 여러 가지 색의 꽃을 피운다.

카멜레온 (채송화과)

Portulaca oleracea L, var. granat

다육식물로 서양채송화, '포체리카'라고도 한다. 모양과 색이 다양하며 꽃받침과 꽃잎, 암술과 수술로 이루어져 있다. 주로 화분용으로 많이 키우고 있다.

쿠루쿠마 (생강과)

Curcuma alismatifolia

유럽과 일본에서 매우 인기가 높은 고온성 구근식물이다. 빨강, 분홍색, 연분홍, 흰색 다양한 색의 꽃이 핀다. 일명 '연화'라고 한다. 생육 적온은 15~30℃ 정도면 충분하다. 화분에 4개월간 키우면 3~6대의 꽃대를 이루며 꽃을 피운다.

흰쿠루쿠마

쿠루쿠마

베들레헴의별

베들레헴의별

베들레헴의별 (백합과)

Ornithogalum dubium

유럽, 서아시아, 아프리카 원산의 구근식물로 여러해살이풀. 꽃은 노란색, 적색, 주황색 등으로 아름답게 핀다. 꽃이 아름다워 절화로도 고가로 거래된다. 일명 '오르니 소갈룸'이라고도 한다. 동방박사가 저 별들을 보고 예수님의 탄생을 축복하려 멀고 먼 베들레헴을 찾았다 한다.

라넌큘러스

○ 라넌큘러스 (미나리아재비과)

Ranuncuius asiaticus

남동 유럽, 아시아 서남부 원산의 여러해살이풀. 키는 20~40cm 정도 자란다. 줄기에 잔털이 있고, 뿌리는 덩이로 되었다. 꽃잎은 깃털 모양이고 4~5월에 노랑, 빨강색 꽃이 줄기 끝에 1~4송이씩 핀다. 꽃잎 5장이며 원예종은 겹꽃이 많다. 미나리아제비과에 속하는 식물로 400여 종이 분포하는 대가족이다. 우리나라에도 바람꽃류, 개구리자리 등 23종이 자생한다.

라넌큘러스

나도샤프란

나도샤프란 (수선화과)

Zephyranthes carinata Herbert

멕시코 원산의 여러해살이풀. 키는 20~30cm 정도 자란다. 비늘줄기는 파 모양이고, 잎은 납작한 선형이다. 7~8월에 줄기 끝에 분홍색 꽃이 1송이씩 핀다. 이 꽃은 음지에서는 반쯤 벌어지고 양지에서는 활짝 피며 밤에는 오그라진다. 삭과는 3개로 울툭불툭 튀어 나오며 녹색으로 벌어져서 종자가 나온다. 귀화식물.

물파초

스파티필룸 (천남성과)

Spathiphyllum patinii

여러해살이풀. 전국 각지의 응달에서 자란다. 키는 10~20cm 정도 자란다. 잎은 둥근 심장형으로 끝이 뾰족하고 가장자리는 밋밋하다. 잎자루는 길고, 4개의 수술과 1개의 암술이 있다. 꽃을 피울 때 스스로 열을 내고 온도를 조절하는 신비한 식물이다. 독성이 있으며, 주로 소화기 질환에 이용한다. 일명 '금련' 또는 '수파초', '우엉취', '앉은부채'라고 한다.

과꽃 (국화과)

Callistephus chinensis (L.) Nees

우리나라 북부 지역이 원산지로 유럽에서 개량되어 세계 각지로 퍼져나간 한해살이풀. 키는 30~90cm 정도 자란다. 줄기에 흰털이 나며 가지는 자주색이며 갈라진다. 잎에는 톱니와 거친 털이 있다. 꽃은 본래 보라색인데 개량되어 빨강, 분홍, 하얀색 등이 가지 끝에 한 송이씩 핀다. 관상용으로 정원에 심어 키운다.

과꽃

달리아 (국화과)

Dahlia pinnata Cavanilles

멕시코 원산의 화단에 심어 키우는 여러해살이풀. 키는 1.5~2m 정도 자란다. 괴근은 고구마 모양, 줄기는 원기둥 모양이다. 잎은 마주나고 1~2회 깃꼴로 갈라진다. 작은 잎은 달걀 모양이고 가장자리에 톱니가 있다. 6~9월에 줄기 끝에 분홍, 노란색 등 여러 가지 색깔의 꽃이 핀다. 개량된 원예종이 다양하며 관상용으로 인기가 좋다.

달리아

백일홍

백일홍

흰백일홍

백일홍 (국화과)

Zinnia elegans Jacquin

멕시코 원산의 화단에 심어 키우는 한해살이풀. 키는 60~90cm 정도 자란다. 잎은 마주나고 긴 난형으로 끝이 뾰족하고 아랫면은 심장형이다. 꽃은 6~10월 자주색, 노란색 등 여러 가지 색으로 두상꽃차례로 핀다. 100일 동안 꽃이 핀다고 하여 '백일홍'이라고 붙여진 이름이다.

뉴기니아봉선화 (봉선화과)

Impatiens hybrid Var. New Guinea

브라질 남부 원산의 원예 품종. 잎은 긴 타원형으로 끝이 뾰족한 피침형이다. 꽃은 봄, 여름, 가을에 분홍색, 빨강색, 오렌지색, 흰색 꽃이 핀다. 열대성 작물로 추위에 약한 다년생의 초본 또는 반관목으로 그늘에서도 개화가 양호하다.

뉴기니아봉선화

임파첸스 (물봉선과)

Impatiens Spp.

아프리카 원산의 한해살이풀. 서양봉선화라고도 한다. 5~10월 서리 내릴 때까지 꽃이 핀다. 흰색, 빨강색, 복숭아색, 보라색, 오렌지색 등 꽃이 다양하다. 꽃말은 나의 사랑은 당신의 사랑보다 아름답다.

임파첸스

튤립

튤립

튤립

튤 립 (백합과)

Tulipa gesneriana Linné

소아시아 원산의 여러해살이풀. 키는 20~50cm 정도 자라고 땅속의 비늘줄기는 달걀 모양이다. 줄기는 원기둥 모양이고 곧게 선다. 잎은 어긋나고 넓은 피침형이며, 줄기를 감싼다. 넓은 종 모양의 꽃이 4~5월에 빨간색, 노란색, 보라색, 흰색 등 다양한 색으로 줄기 끝에 1송이씩 달려 핀다. 빨간 튤립은 사랑의 고백, 불멸의 사랑, 짝사랑의 선고, 노란색은 헛된 사랑, 이루어질 수 없는 사랑, 분홍색은 영원한 사랑, 보라색은 사랑의 고백, 영원한 사랑, 백색은 당신을 사랑합니다.

튤립

튤립

튤립

튤립

천사의나팔

천사의나팔 (가지과)

Datura suaveolens Humb. et Bonpi

남아메리카 원산 여러해살이풀. 키는 1~2m 정도 자란다. 잎은 가지에 어긋나고 6~7월에 나팔처럼 노란 꽃이 아래를 향해 축 늘어져 핀다. 해가 잘 드는 양지를 좋아한다. 꽃 모양이 마치 성경에 등장하는 천사의 나팔처럼 생겼다하여 붙여진 이름이다. 일명 '트럼펫꽃'이라고 한다.

다기탈리스

다기탈리스 (현삼과)

Digitalis purpurea Linné

유럽원산의 여러해살이풀. 일명 '심장병풀'이라고 한다. 키는 80~100cm 정도 자란다. 줄기는 곧게 서고, 잎은 타원형으로 양면에 주름이 있으며, 가장자리에 물결 모양의 톱니가 있다. 6~8월에 홍자색 꽃이 피며 하얀 바탕에 짙은 반점이 있다. 줄기 끝에 이삭화서를 이루며 핀다.

접시꽃

접시꽃

접시꽃

접시꽃 (아욱과)

Althaean rosea cavanilles

중국 원산의 2년초. 키는 2m 전후 자란다. 줄기는 원기둥 모양으로 녹색 털이 있다. 잎은 손바닥 모양이며 잎가장자리에 톱니가 있다. 6월에 분홍색, 자주색, 흰색 등의 꽃이 잎겨드랑이에서 핀다.

맨드라미

맨드라미 (비름과)

Celosia cristata Linné

열대아시아 원산의 한해살이풀. 키는 80~90cm 정도 자란다. 줄기는 단단하며 곧게 선다. 잎은 어긋나고 난상 피침형으로 잎자루는 길다. 7~8월에 붉은색, 노란색 또는 흰색 꽃이 이삭화서를 이루며 핀다. 꽃줄기는 닭의 볏 모양이고, 화피는 5장으로 넓은 피침형이다.

채송화 (쇠비름과)

Portulaca gandiflora Hooker

남아메리카 원산의 한해살이풀. 키는 15~20cm 정도 자란다. 다육질에 붉은 빛이 난다. 잎은 어긋나기하며 원기둥 모양으로 끝이 둔하고, 겨드랑이에 흰색 털이 있다. 7~8월에 붉은색, 흰색, 노란색, 자주색 꽃이 가지 끝에 1~2송이씩 핀다. 밤이면 오므라든다.

채송화

한련화

○ 한련화 (한련화과)

Tropaelum majus Linné

페루 원산의 덩굴성 한해살이풀. 길이는 1.5m 정도 자란다. 잎은 호생, 잎자루는 길다. 둥근 방패 모양 뒷면에 털이 있다. 6월에 노란색, 붉은색 꽃이 잎겨드랑이에 나온 긴 꽃자루에 1송이씩 핀다.

은방울수선화

○ 은방울수선화 (수선화과)

Narcissus spp. CV. Snowflake

꽃말이 '자기도취'로 무리지어 함초롬히 피어 있는 꽃이 아름답다. 봄에 꽃이 피는 종류는 잎과 같이 자라지만 가을에 피는 종류는 꽃이 진 다음에 잎이 자란다. 꽃은 은방울꽃처럼 생겼다. 꽃은 아래를 향해 핀다. 꽃잎에는 녹색 점, 노란 점이 있으며 약간의 향이 있다. 열매는 삭과로 까만 씨가 있다.

국화

소국

소국

국 화 (국화과)

Chrysanthemum indicum Linné

여러해살이풀. 키는 80~100cm 정도 자란다. 줄기는 다소 목질이며 잎은 어긋나고 잎자루가 있고, 깃 모양으로 중간까지 갈라진다. 갈래는 불규칙한 톱니가 있으며 심장형이다. 꽃은 가을에 노란색, 흰색, 붉은색 등으로 다양하게 핀다. 줄기나 가지 끝에 두상화서가 1개씩 핀다. 두상화서 가장자리의 설상화는 암꽃, 가운데의 관상화는 양성화이며 꽃의 크기에 따라 대륜은 지름 18cm 이상, 중륜은 지름 9cm 이상, 소륜은 지름 9cm 미만으로 구분한다. 꽃의 형태에 따라 품종을 구분하기도 한다.

대륜국

중륜국

소륜국

코스모스

코스모스

코스모스

코스모스 (국화과)

Cosmos bipinnatus Cavanilles

멕시코 원산의 한해살이풀. 키는 1~2m 정도 자란다. 가을이면 길가에서 흔하게 접할 수 있다. 잎은 대생, 2회 깃꼴로 갈라진다. 꽃은 6~10월에 가지 끝에 연한 붉은색, 흰색 등으로 핀다. 관상화로 심어 키우는 '노랑코스모스'도 있다.

실유카 (용설란과)

Yucca smalliana Fernald

북아메리카 원산의 늘푸른 여러해살이풀. 키는 1~1.5m 정도 자란다. 정원이나 화단에 심어 키운다. 창 모양의 청록색 잎은 가죽질이며 밑에서 밀생하는데 길이가 30~100cm, 너비 2~3cm 이다. 잎 가장자리가 올실 모양으로 떨어진다. 꽃은 6~7월에 흰색의 원추화서로 20송이 가량 아래를 향해 핀다. 꽃줄기의 길이는 1~3m 정도, 화피는 6장, 수술은 6개, 암술은 1개, 열매는 긴 타원형으로 성숙된다.

실유카

인디안앵초 (앵초과)

Primula siebolldii

숲에서 자라는 여러해살이풀. 'shooting star'라고 한다. 줄기는 곧게 서며 크기는 5~10cm 정도 자란다. 4~5월에 홍자색 또는 흰 꽃이 산형꽃차례를 이루며 핀다. 총포는 피침형이고, 화관은 깔때기 모양이고 꽃잎은 5갈래로 갈라진다. 원예종으로 개량된 인디안앵초는 아주 작은 꽃이 앙증맞고 예쁘게 핀다.

인디안앵초

개양귀비

노랑개양귀비

개양귀비 꽃봉오리

개양귀비 (양귀비과)

Papaver rhoeas Linné

유럽 원산의 두해살이풀. 키는 50~80cm 정도 자란다. 가지 전체에 털이 있고, 잎 가장자리에 톱니가 있다. 4~5월에 붉은색 또는 노랑색 꽃이 가지 끝에 1송이씩 핀다. 꽃이 피기 전은 아래를 향하다가 꽃이 필 때는 위를 보고 핀다. 일명 '애기 아편꽃'이라고 한다.

○ 애기아편꽃 (양귀비과)

Papaver rhoeas Linné

유럽 원산의 두해살이풀. 키는 50~80cm 정도 자란다. 잎은 호생, 깃 모양으로 갈라지고, 갈래는 선상피침형이다. 끝이 뾰족하고 톱니가 있다. 꽃은 가지 끝에 1송이씩 핀다. 개양귀비꽃과 닮았다. 열매는 삭과 넓은 도란형이다. 일명 '꽃양귀비'라고 한다.

흰애기아편꽃

분홍애기아편꽃

애기아편꽃

군자란

군자란(황색)

군자란 (수산화과)

Clivia miniata Regal

남아프리카 원산으로 온실에서 재배하는 여러해살이풀. 잎은 비늘조각 모양의 짙은 녹색이고 광택이 나며 끝이 뾰족하다. 3월에 주홍색 꽃이 넓은 깔대기 모양으로 산형화서를 이루며 핀다.

세트크리아시아 푸르프리아

자주닭개비

흰달개비꽃

세트크리아시아 푸르프리아 (닭의장풀과)

Setcreasea purprea

북아메리카 원산의 여러해살이풀. 연보라색 잎에는 부드러운 털이 나 있고, 약간 살이 두꺼우며, 가늘고 길다. 줄기에는 수분이 많고 잘 꺾어진다. 삽목을 하면 다육질의 뿌리가 쉽게 내린다. 추위에 강하고 튼튼하므로 가꾸기가 쉽다. 햇볕이 부족하면 잎이 보라색이 퇴색하여 녹색으로 변한다. 꽃은 자홍색, 흰색으로 핀다.

꽃잔디

꽃잔디 (꽃고비과)

Phloz subulata Linné

아메리카 동부 원산으로 건조한 모래땅에 잘 자라는 여러해살이풀. 키는 8~10cm 정도 자란다.

가지가 많이 갈라지고, 지면을 긴다. 잎은 마주나고 피침형으로 가장자리가 밋밋하다. 4~9월에 붉은색, 자홍색, 분홍색, 연한 분홍색, 흰색 등 다양한 색의 꽃이 피는 귀화식물이다.

선아이별꽃 (석죽과)

Stallaria media(L.) Vill

석죽과 식물로 양지바른 곳이나 반 그늘진 곳에 잘 자라는 두해살이풀. 키는 10~20cm 정도 자란다. 잎은 마주나며 달걀형으로 가장자리에 털이 있다. 5~6월에 흰색 또는 연보라 꽃이 핀다. 열매는 8~9월경에 성숙 된다. 일명 '하나초'라고 한다.

선아이별꽃

선아이별꽃

수선화

수선화

수선화

수선화 (수선화과)

Narcissus tazetta Linné

지중해 연안 원산의 여러해살이풀. 키는 20~40cm 정도 자란다. 12월~3월에 꽃줄기 끝에 노랑꽃 5~6송이가 옆을 향해 핀다. 노란색 꽃의 수술은 6개 암술 1개이고, 흰 꽃잎에 노란 화관통이 있다. 그 외 겹꽃이 피는 것과 다양한 원예종이 있다.

베르바스쿰

베르바스쿰

겹해바라기 (원예종)

베르바스쿰 (현삼과)

Verbascum thapsusL.

유럽, 아시아원산의 한해살이 또는 여러해살이풀. 키는 80~200cm 정도 자란다. 줄기는 곧고, 잎은 로제트상으로 자라며, 약간의 털이 있다. 7~8월에 노란색 꽃이 줄기 끝에 핀다. 유럽에서 호흡기 계통의 치료제로 쓰이며, 미국에서는 치통, 신경통의 약재로 쓰이고 있다.

겹해바라기 (국화과)

Helianthus annuus Linne

중앙아메리카 원산, 한해살이풀. 키는 105m 정도 자란다. 유지 작물로 재배한다. 꽃은 봄에 피며 황색으로 비교적 크지만, 두껍고 겹꽃을 이룬다.

돼지감자 (국화과)

Helianthus tuberosus L.

북아메리카 원산지의 귀화식물로 전국적으로 분포하며 인가 부근에서 자란다. 키는 1.5~3m 정도 자란다. 줄기에는 털이 있고, 잎은 마주나며 윗부분에서 어긋난다. 타원형, 끝이 뾰족하다. 가장자리에 톱니가 있다. 9~10월에 두상꽃차례를 이루며 노란색 꽃이 핀다. 괴경은 식용한다. 일명 '뚱딴지'라고 한다.

돼지감자

큰금계국 (국화과)

Coreopsis lanceolata L.

북아메리카가 원산지의 귀화식물로 길가에 재배하거나 야생으로 자란다. 여러해살이 식물로 키는 40~100cm 정도 자란다. 잎은 마주난다. 피침, 가장자리가 밋밋하다. 털이 다소 있다. 6~8월에 노란 꽃이 두상화를 이루며 1개씩 핀다. 잎은 '금계국'이라 하여 약재로 쓰인다. 총포 조각은 2줄로 배열되며 외포편은 8개이고 선형, 내포편은 넓은 타원형, 갈색이다. 혀꽃은 황금색으로 윗가장자리가 불규칙하게 5개로 갈라진다.

큰금계국

잇꽃

잇 꽃 (국화과)

Carthamus tinctorius Linné

이집트 원산의 한해살이풀. 키는 90~100cm 정도 자란다. 잎은 호생, 넓은 피침형, 가장자리에 가시처럼 뾰족한 톱니가 있다. 꽃은 7~8월에 두상화로 붉은 빛이 도는 노란색 꽃이 핀다. 엉겅퀴와 비슷하다. 관상화는 가는 통 모양, 끝이 5갈래, 열매는 수과, 광택이 난다.

각시석남

각시석남

각시석남 (진달래과)

Andromeda polifolia

고원 습지에서 자라는 떨기나무로 키는 10~30cm 정도 자란다. 잎은 어긋나고 긴 타원형으로 양 끝이 뾰족하다. 가장자리는 뒤로 접히고 톱니는 없다. 꽃은 5~6월에 담홍색 꽃이 산형꽃차례를 이루며 핀다. 열매는 계란을 거꾸로 세운 모양이고 가을이면 갈색으로 성숙한다. 관상용으로 정원에 심거나 분재로 가꾼다.

다이오장구채

다이오장구채

다이오장구채 (패랭이꽃과)

Melandryum firunum

여러해살이풀. 북반구의 온대, 아열대원산, 산기슭이나 습지에서 자란다. 키는 30~40cm 정도 자란다. 가지는 밑에서부터 갈라지고, 줄기에 털이 있다. 잎은 마주나며 긴 난형, 가장자리는 밋밋하며 끝이 뾰족하다. 꽃은 7~9월에 분홍색 꽃이 핀다. 꽃받침은 종 모양, 꽃잎은 5개, 열매는 삭과로 달걀 모양이다. 꽃은 7~10월 분홍색 꽃이 핀다.

미모사

미모사 (콩과)

Mimisa pudica Linné

브라질 원산의 여러해살이풀. 우리나라에서는 한해살이풀로 분류한다. 키는 20~30cm 정도 자란다. 전체에 잔털과 가시가 있다. 잎은 호생, 잎자루가 길다. 4장의 작은 잎은 깃꼴겹잎이 손바닥 모양으로 배열되었다. 꽃은 연한 붉은색 화촉 끝에 두상화서로 핀다. 꽃잎은 4갈래 수술이 길게 나왔다. 암술은 실 모양으로 길다. 잎을 건드리면 곧 밑으로 처지며 오므라진다.

미모사(흰)

미모사열매

무스카리 (백합과)

muscari armeniacum Leichtlin

유럽 원산, 구근식물로 여러해살이풀. 알뿌리는 공 모양이며 5~10cm 정도 자란다. 잎은 뿌리에서 모여나고 긴 선형이며 안쪽으로 골이져 있다. 4~5월에 긴 꽃줄기에 보라색꽃 수십 송이가 늘어지며 핀다. 공원이나 정원에 주로 심는다.

무스카리

베드가못 (꿀풀과)

Monarda didyma

동북 아메리카 원산의 쌍떡잎식물. 키는 100~120cm 정도 자란다. 숙근성 여러해살이풀로 줄기는 네모지고 직립한다. 잎은 난상피침형으로 마주난다. 향기가 있다. 6~9월 줄기끝에 분홍색, 빨간색의 꽃이 두상화로 핀다. 특유의 향기와 꽃에서 분비되는 꿀 때문에 밀원용으로 사용된다.

베드가못

사랑초

사랑초

사랑초 (괭이밥과)

Oxalis triangularis

브라질 원산의 여러해살이풀. 작은 식물로 잎은 녹색, 연두색, 빨강색, 분홍색 또는 자주색으로 자란다. 실내나 정원에 심어 키운다. 봄과 여름에 분홍색, 보라색, 흰색 또는 연분홍색 꽃이 핀다.

펠라고니움 (쥐손이풀과)

Pelargonium Cucullatum L. Herit.

펠라고니움속의 작은떨기나무로 키는 40~50cm 정도 자란다. 잎은 어긋나고 심장형으로 꼬깔 모양 또는 원반상을 이루고 우글쭈글하다. 줄기끝에 연분홍, 흰색, 적색, 분홍색 꽃이 핀다. 꽃잎은 5장으로 무늬가 있다. 꽃말은 '애정'이다.

펠라고니움

일본앵초 (앵초과)

primula sieboldii E. Morren

여러해살이풀로 키는 20~30cm 정도 자란다. 잎은 뿌리에서 나오고 가장자리에 톱니가 있고 주걱 모양이다. 5~6월에 핑크색 꽃이 된다. 일본앵초는 끝이 앵두나무 꽃처럼 생겼다고 해서 붙여진 이름이다. 옛날부터 약초와 향신료로 다양하게 사용하여 왔다. 일명 '베드로의 꽃', '오월의 열쇠'라고 한다.

일본앵초

중국금사매

만데빌라

중국금사매 (물레나물과)

Hypericum cninense Linne

중국 원산의 작은떨기나무, 키는 100~150cm 정도 자란다. 가지가 많다. 잎은 대생, 긴 타원형, 표면은 녹색이고, 후면은 분홍색이다. 6월에 줄기 끝에 노란색 꽃이 1~3송이가 핀다. 꽃받침은 5장, 꽃잎은 5장, 수술은 많다. 암술대는 끝이 5갈래로 갈라진다.

만데빌라 (협죽과)

Breeding mandebilla

브라질 원산의 여러해살이풀. 덩굴식물. 일명 '브라질 자스민', '동백 자스민'이라고 한다. 은은한 향이 있다. 원래 열대 지역에서는 연중 개화한다. 우리나라에서는 5~9월에 붉은색, 연분홍색, 흰 꽃이 핀다. 주로 화단이나 아파트 베란다에서 많이 키운다. 꽃말은 '천사의 나팔 소리'.

노랑마가렛 (국화과)

Chrysanthemum frutescens

화단에 심어 가꾸는 여러해살이풀. 샤스테이지와 데이지 꽃과 비슷하다. 일명 '나무쑥갓', '여름철구절초'라고 한다. 줄기는 밑에서 갈라지고 60~90cm 곧게 자란다. 꽃말은 '진실한 사랑', '예언', '사랑을 점치다', '비밀을 밝힌다' 등

노랑마가렛

무늬하수오 (마디풀과)

Tropidothrax cruciger

닭의 덩굴속에 속하는 여러해살이풀. 덩굴식물로 한약재로도 쓰인다. 뿌리는 옆으로 길게 뻗으며 둥근 덩이뿌리가 생긴다. 잎은 어긋나며 심장형, 가장자리에 톱니는 없다. 8~9월에 가지 끝에서 흰색 꽃이 무리지어 원추화서를 이루며 핀다. 열매는 세모 달걀 모양, 덩이 뿌리는 방추형, 흑갈색이다. 관절염, 신경쇠약, 신장보호 등의 재료로 쓰인다.

무늬하수오

여주

여주꽃

여주

여 주 (박과)

Momordica charantia Linné

화단에 심어 가꾸는 덩굴성 한해살이풀. 잎자루가 길고 손바닥 모양으로 잎 가장자리에 톱니가 있다. 6~9월에 노란색 꽃이 잎겨드랑이에 1송이씩 핀다. 긴 타원형 열매는 표면에 굴곡이 심하다. 주황색으로 익는데 불규칙하게 갈라지고 씨는 다육질로 단맛이 난다. 열매는 식용하고 씨는 약용한다. 일명 '유자'라고 한다.

루드베키아 (국화과)

Rudbeckia bicolor Nuttall

아메리카 남부가 원산지인 한해살이풀. 키 30~50cm 정도 자란다. 전체에 털이 밀생하며 어긋나기하는 잎에는 잎자루가 없으며 긴 타원상 주걱 모양이다. 가장자리는 밋밋하다. 6~8월에 두상화로 노란색 꽃이 피는데 밑에는 자갈색을 띤 노란색이다. 두상화서가 긴 화축 끝에 1개씩 핀다. 정원에 심어 키우는 꽃으로 인기가 높다.

루드베키아

루드베키아

루드베키아

작약

흰작약

작약

작 약 (미나리아재비과)

Paeonia lactiflora pallas

산지의 숲에서 자라는 여러해살이풀. 키는 50~90cm 정도 자란다. 근생엽은 1~2회 3출의 작은 잎으로 핀 깃꼴겹잎이다. 작은 잎은 피침형, 타원형, 양면에 털이 없고 가장자리가 밋밋하다. 잎맥은 붉은 빛을 띤다. 5~6월에 대형으로 흰색, 붉은색 등으로 다양하게 핀 원줄기 끝에 1송이씩 핀다. 꽃받침은 5장이고, 가장자리는 밋밋하며 꽃잎은 10장, 수술은 다수, 꽃은 관상용, 뿌리는 약용한다.

삼색제비꽃 (제비꽃과)

Viola tricolor Lnné

유럽산 V.tricolor의 재배 변종의 한두해살이풀. 키는 15~20cm 정도 자란다. 잎은 호생, 잎자루가 길다. 잎은 긴 타원형, 피침형, 둔한 톱니가 있다. 4~5월에 자주색, 노란색, 흰색 꽃이 잎겨드랑이에서 나온 긴 꽃줄기 끝에 1송이씩 핀다. 관상용으로 인기가 높다.

삼색제비꽃

삼색제비꽃

삼색제비꽃

서양란 심비디움

서양란 심비디움

서양란 심비디움

서양란 심비디움 (난초과)

Cymbidium spp

여러해살이풀. 난초과 식물로 땅속에 굵은 뿌리 줄기나 굵은 알뿌리를 가지고 있다. 우리나라에 80여 종이 있다. 잎은 홑잎, 긴 칼 모양으로 활 같이 휜다. 꽃은 4~6월에 잎 사이에서 줄기 끝에 10여 송이씩 모여 피는데 노란색, 분홍색, 자주색, 흰색 등이 있다. 온실이나 실내에서 키우는 식물로 겨울에도 꽃을 볼 수 있다.

석화꽃

석화꽃 (협죽도과)

Adenium obesum

예멘의 아덴 원산의 늘푸른떨기나무로 키는 1~2m 정도 자란다. 사막의 장미라고 부르는 이 꽃은 온실에서 잘 자란다. 꽃은 5~6월에 트럼펫 모양으로 산방화서를 이루며 핀다. 가장자리는 진분홍색, 가운데 갈수록 색이 옅어진다. 이 꽃 이름은 자생지의 한 곳인 아덴에서 유래되어 '아데나움'이라고도 한다. 꽃말은 '무모한 사랑', '열정'이다.

흰석화꽃

크로커스

크로커스

크로커스

크로커스 (붓꽃과)

Crocus Spp.

유럽 중부 원산의 여러해살이풀. 알뿌리식물로 10~16cm 정도 자란다. 뿌리는 공 모양, 잎은 알뿌리 끝에 모여난다. 마늘 모양이고 세로로 흰 줄이 있다. 2~3월에 잎 사이에서 나온 긴 꽃줄기 끝에 흰색 꽃과 노랑 꽃이 1송이씩 핀다. 그리스어인 KroKos(실)에서 나온 이름이다. 꽃말은 '믿는 기쁨', '청춘의 기쁨'이다.

천일홍

천일홍 (비름과)

Comphrena globosa Linné

열대 원산의 한해살이풀. 키는 40~50cm 정도 자란다. 전체에 털이 있고, 원줄기는 곧게 선다. 잎은 대생, 긴 타원형, 잎자루가 있다. 꽃은 7~10월에 가지 끝에 붉은색, 흰색 꽃이 두상화서로 이루며 꽃 아래 잎 모양의 포는 2개, 난상원형, 화피는 5장, 선상피침형, 끝이 뾰족하고 포보다 짧다. 수술 5개, 암술대 2개, 열매에 씨가 1개씩 들어 있다.

홍화산사

홍화산사 (장미과)

Crataegus leavigata

갈잎작은키나무로 산지에서 잘 자란다. 서양산사나무와 모노기니아 산사나무의 교잡종으로 '폴스스칼렛'이라고 한다. 키는 8~9m 정도 자란다. 가지에 가시가 나고, 잎은 어긋나고 불규칙한 톱니가 있다. 꽃은 5월에 잔가지 끝에 붉은 꽃이 6~8송이로 모여서 핀다. 수술 20개, 암술 3~5개 정도 된다. 열매는 둥글고 9~10월에 붉게 성숙된다. 5월에 꽃이 핀다고 해서 '메이플라워'라고도 한다.

꽃양배추

꽃양배추 (겨자과)

Brassica oleracea

한두해살이풀로 잎은 방사상으로 자란다. 잎색과 모양이 아름다워 관상용으로 이용한다. 본래 유럽에서 Collared Kale로서 소개되어 1926~1935년에 집중적으로 육성되었다. 겨울철 꽃으로 친숙하지만 꽃꽂이용으로도 많이 이용한다. 잎색은 미황색, 자홍색, 자적색, 흰색 등 녹색과 조화되어 아름다움을 자아낸다. 비타민C와 식이섬유 등이 풍부하고 항암효과가 뛰어나 슈퍼푸드 중 하나로 꼽히고 있다.

헬레보루스

헬레보루스 (미나리아재비과)

Helleborus Oriental Lam.

중부 유럽의 그리스, 터키 원산의 늘푸른 여러해살이풀. 키는 30~40cm 정도 자라며 잎에는 예리한 톱니가 있다. 꽃은 2월~4월까지 핀다. 꽃잎처럼 보이는 커다란 잎은 꽃받침으로 실제 꽃잎은 퇴화하여 작은 꿀샘 모양을 하고 있다. 가짜 꽃으로 곤충을 불러들인다. 열매로 성숙되며 황녹색으로 바뀐다. 겨울에 피는 장미라고도 부른다.

심산앵초 (앵초과)

Primuls sieboldii E, Morren

심산앵초는 앵두나무꽃처럼 생겼다고 해서 붙여진 이름이다. 이 꽃은 원예종으로 프라뮬러 종류가 많이 개량되었다. 여러해살이풀로 키는 10~20cm 정도 자란다. 잎은 타원형, 가는 섬모가 있다. 표면에 주름이 있고 가장자리가 얕게 갈라진다. 4월에 흰 꽃 또는 홍자색 꽃이 줄기 끝에 핀다. 꽃말은 '행복의 열쇠'

심산앵초

골 파(산파) (백합과)

Allium schoenoprasum Linné

산기슭의 양지에서 자라는 여러해살이풀. 키는 20~50cm 정도 자란다. 작고 추위에 잘 견디며 양파와 비슷하다. 줄기는 좁은 난형, 세로줄이 있다. 잎은 2~3장, 꽃줄기보다 짧다. 꽃은 7~8월에 파란색 또는 연보라색을 띠며 줄기 끝에 산형화서를 이루며 빽빽하게 핀다. 일명 '산파'라고 한다.

골파

홍학꽃

홍학꽃

홍학꽃

홍학꽃 (천남성과)

Anthurium andraeanum Linden

콜롬비아 원산의 관엽식물. 키는 30~60cm 정도 자란다. 잎자루가 있고 잎의 기부는 화살촉 모양으로 들어가 있으며 녹색이 난다. 꽃은 연중 꽃대 끝에 육수꽃차례로 약간 구부러져 미황색으로 핀다. 화서 기부에는 붉은색의 불염포가 심장형으로 붙어 있다. 이 꽃은 따뜻한 기온과 습도를 요구하며 반 그늘진 곳에서 잘 자란다. 일명 '안시리움'이라고 한다.

체리세이지 (꿀풀과)

Salvia gregii Gray

미국이 원산지인 여러해살이풀. 잎은 대생하며 난형이다. 연중 진홍색 꽃이 핀다. 체리와 향이 비슷해서 체리세이지라고 부른다. 세이지는 주로 향신료 만드는 재료로 쓰인다. 프랑스에서는 돼지고기 요리와 소시지를 만들 때 이용된다. 칠면조, 거위 고기의 속을 채우는 재료로도 쓰인다. 온실에서 키우는 식물로 나비 모양의 빨간색 꽃이 핀다.

체리세이지

후크시아 (바늘꽃과)

Fuchsia hybrida Voss

라틴 아메리카의 서늘한 지역과 뉴질랜드, 타히티 등이 원산지. 일명, '초롱꽃나무'라고 한다. 온실에서 재배하는 소관목이다. 키는 40~60cm 정도 자란다. 전체가 검은 자주빛이 돌고 잎은 대생, 가장자리에 톱니가 있다. 7~8월에 홍자색, 붉은색 또는 흰색 꽃이 가지 끝이나 잎겨드랑이에 핀다. 화분용이나 집안이나 온실에서 바구니에 넣어 매달아 기르기도 한다.

푸크시아

만양금

만양금 (자금우과)

Maesa japonica (Thunb.) Moritzi

세계에 약 100여 종이 분포되어 자라는 늘푸른떨기나무. 키는 80~100cm 정도 자란다. 가지는 녹색이고, 잎은 긴 타원형, 넓은 피침형으로 광택이 나고, 약간의 톱니가 있다. 4~6월에 잎겨드랑이에 총상화서를 이루며 황백색 꽃이 핀다. 화관은 황백색, 긴 종 모양, 열매는 장과, 둥글고 붉은색으로 성숙된다. 관상용, 또는 정원의 분재용으로 쓰인다.

천량금

천양금 (자금우과)

Maesa japonica (Thunb.) Moritzi

늘푸른떨기나무, 키는 15~20cm 정도 자란다. 중국 남부에 동북부까지 재배하는데 원산지는 정확치 않다. 일명 '속수자'라고 한다. 처음에는 줄기가 하나 나오고 줄기 상부에서는 잎 가운데서 줄기가 계속 나오는데 촘촘하게 서로 연결되어 자란다. 냄새는 없고, 맛은 맵다. 열매는 장과 둥글고 붉은색으로 성숙된다. 분재용으로 쓰인다.

가는잎금계국

화초고추

가는잎금계국 (국화과)

coreopsis tinctoria Nuttall

북아메리카 원산의 한두해살이풀. 키는 30~60cm 정도 자란다. 줄기에는 털이 없고, 잎은 대생, 2회 깃꼴겹잎, 갈대는 피침형이다. 7~10월에 작은 노랑 꽃이 두상화로 핀다.

화초고추 (가지과)

Capsicum annuum

중앙아메리카, 남아메리카 원산의 한해살이풀. 키는 40~60cm 정도 자란다. 잎은 좁고 길쭉한 피침형, 흰색 또는 연한 보라색 꽃이 핀다. 과실은 원추형으로 열매는 처음에는 황록색으로 달려서 보라색으로 변한 후에 성숙되면 주홍색으로 변한다.

가우라

가우라(나비꽃)

가우라 (콩과)

Gaura lindheimeri

북아메리카 원산, 한해살이풀. 키는 60~100cm 정도 자란다. 잎은 어긋나고 3출겹잎으로 털이 있다. 꽃은 7~8월에 잎겨드랑이의 가지에 흰색, 붉은색, 보라색의 작은 나비 모양의 꽃이 총상화서를 이루며 핀다. 일명 '나비꽃'이라고 한다. 녹색 잎의 끝부분이 날아오르는 백조를 연상시키는 산뜻한 느낌의 초화이다.

아가판투스

아가판투스 (백합과 또는 부추과)

Agapanthus africanus

남아프리카 원산, 구근 여러해살이풀, 초본식물로 키는 60~90cm 정도 자란다. 잎은 뿌리에서 모여 나고 줄 모양이다. 4~8월에 흰색, 보라색, 하늘색, 핑크색 꽃이 줄기 끝에 산형꽃차례를 이루며 핀다. 꽃잎은 6개, 수술은 6개, 암술은 1개, 열매는 삭과이다. 아가판투스는 그리스어 Agape(사랑), Antho(꽃)의 합성어이다.

돌부채

돌부채 (범의귀과)

Mukdenia rossii(Oliv.) Koidz

석회암 지대에서 자라는 여러해살이풀. 키는 30cm 정도 자란다. 줄기는 곧게 선다. 잎자루는 길고 잎은 손바닥 모양, 광택이 난다. 꽃은 4~5월에 흰색에 엷은 붉은색을 띠고, 줄기 끝에 핀다.

멜란포롬

애기해바라기

멜란포롬 (멜란티움과)

Melanthiaceae

속씨식물로 APG 분류 : 멜란티움과, 필레시아과, 리호고눔과, 청미래덩굴과, 시클란투스과, 판다누스과, 모니미아과 등 다양한 품종이 있다. 봄부터 초겨울까지 꽃이 피어 있는 강인한 식물이다.

애기해바라기 (국화과)

Helianthus debilis Nutt.

북아메리카 원산, 잎은 마주나기와 어긋나기 한다. 심장형, 긴 삼각형, 거친 톱니가 있다. 꽃은 머리 모양 꽃차례를 이루며 황색 꽃이 핀다. 열매는 수과로 털이 밀생한다.

비단톱풀 (국화과)

Achiilea millefolium Red Velvet

양지에서 잘 자라는 숙근초. 키는 50~70cm 정도 자란다. 6월에 개화하여 10월까지 꽃을 볼 수 있다. 대단위 군식을 하거나 혼합 식재 시에 좋은 효과를 볼 수 있다. 노랑색과 흰색의 톱풀 품종과 같이 식재하면 꽃색이 대비되면서 좋은 효과를 이룰 수 있다. 아파트, 골프장, 도로변, 정원에 심는다.

비단톱풀

보로니아 피나타 (운향과)

Boronia

호주 테즈메니아 섬 원산지, 늘푸른 떨기나무, 허브식물로 3~5월에 꽃이 핀다. 잎과 줄기에서 상쾌하고 싱그러운 허브향이 나온다. 피나타는 개화기가 긴 편이다. 오래 동안 계속 풍성한 꽃을 보여준다. 향수의 원료로 쓰이기도 한다. 꽃말은 '잊을 수 없는 당신의 향기'이다.

보로니아 피나타

풀협죽도

풀협죽도 (꽃고비과)

phlox paniculata Linné

북아메리카 원산, 여러해살이풀. 키는 1m 전후 자란다. 줄기는 밀생하고 곧게 선다. 잎은 마주나며, 피침형, 끝이 뾰족하다. 가장자리가 밋밋하고 잔털이 있다. 7~8월에 홍자색, 흰색 꽃이 원줄기 끝에 여러 송이가 핀다. 둥근 원추화서를 이루며 핀다. 관상용으로 인기가 높다.

종이꽃

종이꽃 (국화과)

Xerochrysum bracteatumx Tzvelev

호주가 원산지인 국화과의 여러해살이풀. 종이꽃은 돌돌 말린 꽃봉오리에서 순차적으로 겉잎부터 펼쳐진다. 몽우리 일대는 자줏빛의 꽃잎이 몽우리 전체를 싸고 있어서 붉은 꽃처럼 보인다. 그러나 활짝 피면 자줏빛 무늬의 겉꽃이 밑으로 내려가서 꽃받침이 핀다. 꽃말은 '영원한 사랑'.

은쑥 (국화과)

Artamisia bchmidtiana Nana

일본 원산, 여러해살이풀. 키는 15~30cm 정도 자란다. 줄기와 잎이 회록색에 은빛이다. 잎은 어긋나기, 피침형이며 향기가 있다. 잎이 마치 솜털 같이 갈라져 있어서 일렁이는 듯한 모습이 참 아름답다. 6~7월에 연노랑색 꽃이 긴 꽃대에 둥근 모양의 꽃이 1송이씩 핀다. 열매는 익어도 껍질이 갈라지지 않는다. 연한 줄기는 식용한다.

은쑥

아마란스 (비름과)

Amaranthus tricober Linné

남아메리카 안데스산맥 원산, 쌍자엽식물. 키는 1~2m 정도 자란다. 수퍼곡물이라고 불리는 아마란스는 전체 중 20%가 단백질로 이루어져 있다. 고혈압 및 동맥경화 등 성인병에 좋다. 칼슘 · 칼륨 · 인 · 철분 등이 들어 있는 종합 영양 곡물이다. 씨앗의 종류에 따라 잎과 꽃의 색깔이 달라지는 것이 특징이다. 꽃은 자주색, 주황색, 노란색, 보라색, 녹색, 검정색 등 다양하다. 아마란스 어원은 '영원히 시들지 않는 꽃'. 고대 그리스어에서 유래 5000년 전부터 신이 내린 곡물로 알려지고 있다.

아마란스

메리골드

메리골드

메리골드 (국화과)

Calendula officinalis Linné

남유럽이 원산으로 유럽, 중국, 일본에 분포한다. 양지바른 풀밭에서 자라는 여러해살이풀. 키는 15~90cm 정도 자란다. 가지가 많이 갈라지고 잎에는 털이 없다. 봄부터 가을까지 황색, 또는 오렌지 꽃이 두상화로 핀다. 일명 '천수국', '만수국'이라는 별칭이 있다. 천연 향신료로 사용한다.

금잔화 (국화과)

Calendula avvensis Linné

지중해 연안과 유럽 남부 원산의 한두해살이풀. 키는 10~30cm 정도 자란다. 잎은 호생, 긴 타원형, 부드럽고 가장자리에 톱니가 있다. 꽃은 7~8월에 붉은 빛이 도는 노란색 꽃이 줄기나 가지 끝에 두상화로 1개씩 달려 핀다. 꽃 가운데는 관상화가 있다. 열매는 수과, 가시 모양의 돌기가 있다. 일명 '금송화'라고도 한다.

금잔화

겹꽃삼잎국화 (국화과)

Ruddeckia laciniata var. hortensis Balley

북아메리카 원산의 귀화식물로 여러해살이풀. 키는 1~2m 정도 자란다. 붉은색이 돌며 가지가 갈라진다. 어긋나는 잎은 가장자리에 톱니가 있다. 꽃은 7~9월에 노랑색의 두상화로 핀다. 총포편은 엽상이고, 두 줄로 배열하며 진한 녹색, 설상화는 다수이고, 통상화는 수가 적다. 유사종으로 원추천이국 삼잎국화가 있다. 어린 잎은 식용한다.

겹꽃삼잎국화

밀집꽃

무늬빈카

밀집꽃 (국화과)

Helichrysum bractea

꽃잎은 물기가 전혀 없이 종이처럼 바스락거리는 한해살이풀. 꽃은 빨강, 노랑, 흰색, 주황색, 분홍색이 두상화서를 이루며 핀다. 꽃말은 '항상 나를 기억하라'. 꽃잎에는 규산이 함유되어 있다. 일명 '헬리크리섬'이라 한다.

무늬빈카 (협죽도과)

Vinca mainer Linné

북아메리카, 아시아, 유럽 원산의 상록덩굴식물. 키는 15~20cm 정도 자란다. 봄에 제일 먼저 피는 꽃 중의 하나로 엷은 푸른색 꽃이 핀다. 최근에 원예 식물로 들여왔다. 좁은잎빈카를 비롯해 분홍색 꽃이 피는 일일초, 잎에 노란 무늬가 있는 금맥무늬 빈카와 흰 꽃이 피는 빈카도 있다.

국화 (원예종)

풍접초

원예종 국화 (국화과)

Pellitory matricaria

유럽 동남부, 카프카스, 발칸반도 원산의 여러해살이풀. 키는 30~80cm 정도 자란다. 잎은 국화잎과 비슷하다. 6~7월에 두상화가 산방화서를 이루며 노란 꽃이 핀다. 설상화는 흰색이다. 잎은 쓴맛이 난다. 비비면 독특한 향기가 난다. 원예 품종이다.

풍접초 (풍접초과)

Cleome spinosa

열대 아메리카 원산의 한해살이풀. 키는 80~100cm 정도 자란다. 줄기는 곧게 서고, 잔털과 잔가시가 흩어져 난다. 잎은 어긋나고 손바닥 모양이며 겹잎, 타원형, 가장자리가 밋밋하다. 8~9월에 총상꽃차례로 홍자색 또는 흰색 꽃이 핀다. 열매는 삭과로 줄 모양이고 종자는 신장형이다.

원종설란

원종설란 (붓꽃과)

Crocus sativus Linne

지중해 연안, 소아시아, 이란 원산의 여러해살이풀. 비늘줄기가 있다. 음식에 맛이나 색을 내는 데 쓰이기도 하고 염료로도 쓰인다. 색다른 향기가 강하고 쓴맛이 있다. 지중해 연안에서는 쌀이나 생선 요리에 많이 쓰고, 스칸디나비아식의 빵 요리 등에 색을 내고 맛을 가미하는 데 쓰인다. 우리나라에서는 원예종이나 약용으로 재배한다. 꽃의 즙을 짜서 또는 말려서 진정제로 쓰인다. 일명 '샤프란'이라고 한다.

콩짜개난

콩짜개난 (진고사리과)

Lemmaphyllum microphyllum C. Presl

상독성 여러해살이풀. 난대성 양치식물로 공중 습도가 높거나 주변 습도가 높은 곳의 바위나 나무에 서식한다. 줄기는 황갈색으로 뿌리줄기 부분은 둥글고 불규칙하게 갈라진다. 잎 모양이 콩을 반쪽으로 쪼갠 모양을 하고 있어 '콩짜개난'이라고 한다. 6~7월에 연한 노란색 꽃이 핀다. 꽃 이름이 다양하다. 겨울초, 지전초, 풍부동, 금지갑 등 특이한 이름이 많다.

마거리트

마거리트

마거리트 (국화과)

Chysanthmum frutescens

유럽과 아메리카 원산으로 화단에 심어 키우는 여러해살이풀. 잎은 깃꼴로 갈라지며 무성하다. 키는 30~40cm 정도 자란다. 꽃은 5~7월에 가지 끝에 순백색 꽃이 핀다. 전 세계에 100~200여 종이 분포되어 있고, 한국에는 17종이 자라고 있다. '진실한 사랑', '예언', '사랑을 점친다', '비밀을 밝힌다' 등의 꽃말을 가지고 있다.

디모르포데카

디모르포데카

디모르포데카

디모르포데카 (국화과)

Dimorphotheca auratiaca

남아프리카 원산의 한해살이풀. '금잔화'와 비슷해서 '아프리카 금잔화'라고도 한다. 잎은 주걱 모양이고 가장자리에 잔톱니가 있다. 줄기잎과 더불어 솜 같은 털이 있다. 꽃은 두상화로 노랑 꽃이 꽃대에 피었다가 밤이되면 오므라든다.

아티초크꽃

장미수국

아티초크꽃 (국화과)

Cynara scolymus

지중해 연안 원산의 여러해살이풀. 키는 1.5cm ~2cm 정도 자란다. 잎은 깃 모양으로 깊게 갈라지고 톱니가 있다. 가을에 정식하여 이듬 해 5월에 수확이 가능하다. 꽃은 자주색 꽃이 두상화로 피는데 엉겅퀴꽃 같이 생긴 봉오리 속대는 식용한다.

장미수국 (장미과)

Hydrangea macrophylla (Thunb.) Seringe

서반구 아시아 동부가 원산지. 공처럼 무리져 흰 꽃이 핀다. 원예종 수국으로 키는 1m 이상 자라는 관목이다. 꽃 모양이 장미꽃 모양과 비슷하며 화훼용으로 재배 되고 있다.

라벤더

라벤더 (꿀풀과)

Lavandula anqustifolia Mill.

지중해 연안 원산의 쌍떡잎 식물로 여러해살이풀. 키는 30~60cm 정도 자란다. 전체에 흰색 털이 있다.
꽃잎 줄기를 덮고 있는 털들 사이에 향기가 나오는 기름샘이 있다. 7월에 줄기에 남색을 띤 짙은 보라색 꽃이 입술 모양으로 핀다. 줄기에 정유가 함유되어 있어, 잎이 마르면 짙은 향기가 오래 지속된다.

노랑향기별꽃

노랑향기별꽃 (백합과)

Ipheion uniflorum paf.

향기별꽃과 닮았으나, 노랑 꽃이 핀다. 백합과 구근 식물로 여러해살이풀. 키는 20cm 정도 자란다. 봄이면 독특한 모양의 화려한 꽃을 피운다. 남아메리카 원산으로 잎은 부추잎과 비슷하다. 일명 '자화부추'라고 한다. 베란다에서 월동하게 되면 가장 먼저 노랑 꽃이 풍성하게 핀다.

로즈마리

로즈마리꽃

로즈마리 (꿀풀과)

Rosmarinus officinalis Linné

지중해 원산의 허브식물, 프랑스, 스페인, 이탈리아, 미국 등에서 대량 재배한다. 음식 맛을 내는 데 쓰인다. 특히 양고기, 오리고기 요리, 닭고기, 소시지 등의 소스나 수프로 사용하는 천연 향신료이다. 화장품, 비누의 방향제로도 쓰인다.

우니플로룸

우니플로룸 (백합과)

Ipheion uniflorm paf.

남아메리카 원산의 백합과 여러해살이풀. 3월부터 7월까지 꽃이 핀다. 가을에 심어 봄에 꽃을 피우는 구근식물을 추식구근이라고 한다. 잎은 부추 잎과 비슷하다. 활짝 핀 꽃 모양이 밤 하늘의 별을 닮아 별꽃이라 하였다. 일명 자화부추(Ipheionuniflorum), 라고 한다. 은은한 부추 향이 난다. 꽃말은 '순수', '신비', '자존심', '화해', '용서' 등

자엽펜스테몬스

자엽펜스테몬스

자엽펜스테몬스

자엽펜스테몬스 (현삼과)

Penstemon hybridum Hort. Spp.

북아메리카 특히 미국 남부 지역이 원산. 키는 약 10cm 정도 약 250여 종으로 이루어져 있다. 현삼과의 초본성 식물로 원예종으로 온실에서 많이 심고 있다. 꽃은 흰색, 자주색, 주홍색, 푸른색 등 색깔이 다양하다.

큰이모풀

큰오이풀 (장미과)

Sanguisorba stipulata Rafinesque

고산 지역의 풀밭에서 자라는 여러해살이풀. 키는 30~90cm 정도 자란다. 근생엽은 밀생하여 1회 깃꼴겹잎, 작은 잎은 긴 타원형, 끝은 둥근모양, 가장자리에 톱니가 있다. 7~9월에 흰색 꽃이 핀다. 이삭화서는 곧게 서고, 아래서부터 핀다. 수술은 4개, 열매는 수과 사각형으로 성숙된다. 일명 '구름오이풀'이라고 한다.

죽절초

죽절초 (홀아비꽃대과)

Chloranthus glaber (Thunb.) Nakai

상록 수림에 자라는 상록떨기나무. 줄기는 모여난다. 잎은 마주나며 긴 타원형, 또는 넓은 피침형, 잎 가장자리에 톱니가 있다. 6~7월에 가지 끝에 흰 꽃이 핀다. 열매는 핵과로 붉게 익는다. 우리나라 제주도에 자생한다.

파초

파초일엽

파 초 (파초과)

Musa basjoo siebold

중국 원산의 여러해살이풀. 키는 4~5m 정도 자란다. 근경은 대형이고 위경은 첩첩이 쌓인 엽초로 되었다. 어린 잎은 돌돌 말리고, 크게 자란 잎은 긴 타원형으로 측맥이 뚜렷하다. 꽃은 황갈색으로 대형포에 싸이며, 화서 위쪽엔 수꽃, 아래쪽에 암꽃이 핀다. 꽃잎은 외화피 3개와 내화피 2장이 붙어 있다. 끝부분만 5갈래로 되었다. 그 속에 꿀이 들어있다.

파초일엽 (꼬리고사리과)

Asplenium antiquum Makino

일본, 대만, 한국이 원산의 열대식물로 따뜻한 바닷가의 나무나 바위에서 서식한다. 키 40~100cm 정도 자란다. 잎은 덩어리처럼 생긴 뿌리줄기에서 원을 그리며 무리져 나온다. 천연기념물 18호로 지정되어 보호받고 있다. 제주도 서귀포에서 자생한다.

포테르길라 (조록나무과)

Fothergilla gardeni. Linné

미국 동남부가 원산으로 봄에 피는 꽃과 단풍을 보기 위해 관상용으로 심기도 한다. 키는 1m 정도 자란다. 잎이 예쁘고 특이하다. 꽃에 꽃잎은 없으나 봄철에 눈에 잘 띄는 흰색에서 노란색의 수술이 만들어지며 잎은 거칠다. 밝은 오렌지색의 단풍이 아름답다. 가을이 되면 심홍색으로 변한다.

포테르길라

색단초 (돌나물과)

Saxifraga bronchialis

돌나물과의 늘푸른 여러해살이풀. 키는 20~30cm 정도 자란다.

색단초는 여름에는 푸르고 조밀하면서 풍성하게 탐스럽게 자라간다. 가을과 겨울에는 온통 붉게 단풍져 살아간다.

꽃은 4~6월에 흰 꽃이 핀다. 바위솔과 비슷한 면 있다.

색단초

스키미아

스키미아

Skimmia japonica thunb.

일본이 원산의 늘푸른떨기나무로 '황산계수나무'라고도 한다. 잎에 광택이 나고, 줄기는 나뭇 가지처럼 단단하고 수염이 오래간다. 알알이 맺힌 꽃봉오리들이 매우 인상적이다. 본래 스키미아는 초록이다. 레드 스키미아도 있어 크리스마스 장식용으로 많이 사용되고 있다. 시들지 않는 꽃, 꽃말은 '청순'이다.

황금비비추

황금비비추 (백합과)

Hosta longipes

산지의 골짜기나 정원에서 자라는 여러해살이풀. 키는 30~40cm 정도 자란다. 잎은 뿌리에서 돋아 나와 비스듬이 터지면서 자란다. 타원형, 심장형, 가장자리는 밋밋하지만 물결 모양으로 황금색이다. 7~8월에 연한 자주색 꽃이 총상화서를 이루며 핀다. 열매는 긴 타원형의 튀는 열매, 익으면 세 조각으로 갈라진다.

물칸나 (홍초과)

Canna generalis Bailey

인도 말레이시아 원산의 물가에서 자라는 열대 여러해살이풀. 키는 90cm~1.5m 정도 자란다. 잎은 넓은 타원형, 양 끝이 뾰족하다. 꽃은 붉은색, 노란색 등 다양하다. 꽃받침은 3장으로 짧고 꽃잎은 3장으로 꽃받침보다 크다. 일명 '꽃칸나', '꽃홍초'라고 한다.

물칸나

알로카시아 (천남성과)

Alocasia cdora

온실에서 키우는 관엽식물. 길게 뻗은 줄기와 넓은 잎으로 사람의 눈길을 사로 잡는다. '인테리어의 완성'이라 불릴 만큼 자태가 멋지고 매력적인 식물이다. 잎은 시원하게 뻗어 나간다. 같은 천남성과 식물로 식용 채소로 재배되는 토란 잎과 비슷하다. 언제 보아도 시원한 느낌을 주는 식물이다.

알로카시아

우두풀

우두풀 (넉줄고사리과)

woodsia polysticboides D.C, Eaton

여러해살이풀. 전국적으로 분포한다. 엽병은 적갈색이 돈다. 털과 비늘 조각이 달린다. 좁은 피침형, 끝이 몽뚝하게 끝난다. 가장자리에는 밋밋하거나 톱니가 있다. 열매는 가장자리에 털이 있고 7~9월에 익는다. 햇볕이 잘 쬐는 산지의 바위 곁에서 자란다.

석창포

석창포 (천남성과)

Acorus gramineus Bol.

우리나라 남부 지방에 분포하며, 골짜기나 물가에서 자란다. 근경은 옆으로 뻗는다. 밑부분에서 수염뿌리가 돋는다. 잎은 선형, 주맥은 없고 밋밋하다. 6~7월에 연한 황색 꽃이 수상화서를 이루며 핀다. 식물 전체에 좋은 향기가 있어 많이 재배한다. '창포'와 같이 목욕물에 넣어 이용하기도 한다.

월 도 (생강과)

Alpinia speciosa

동남아시아 원산의 온실성 관엽 식물로 여러해살이풀, 키는 1~2m 정도 자란다. 잎은 어긋나고 긴 타원상 피침형, 끝이 뾰족하다. 꽃은 6~7월에 흰색 또는 연분홍색 꽃이 줄기 끝에 이삭 모양으로 핀다. 화관은 3개로 갈라지며 입술꽃잎이 크고 노란 빛을 띤 붉은색 줄이 선명하다. 열매는 계란을 거꾸로 세워 놓은 듯 둥근 모양이며 붉게 성숙하며 종자가 나온다. 번식은 포기 나누기로 한다.

월도

고 분 (산형과)

Angelica tenuissima

산기슭이나 바위 틈에서 자라는 여러해살이풀. 키는 70~80cm 정도 자란다. 잎은 어긋나고 뿌리 잎은 잎자루가 길고 줄기잎자루 전체가 잎집이며 깃털 모양으로 3회 가늘게 갈라지는데 좁은 선 모양이다. 8~9월에 흰색 꽃이 복산형꽃차례를 이루며 핀다. 열매는 10월에 맺으며 편평한 원형이고, 가장자리에 날개가 있다.

고분

접란

풍지초

접 란 (백합과)

chlorophytum comosum

아프리카 원산의 관엽식물로 상록 여러해살이풀. 흰색 무늬가 있는 뿌리에서 나온 잎과 밑으로 처지는 긴 덩굴 끝에 새싹이 돋아서 새 포기로 자란다. 잎의 길이는 10~30cm 정도 자란다. 잎끝이 뾰족하다. 15cm 내외의 꽃줄기가 잎 사이에서 자라서 흰색 꽃이 총상화서로 핀다. 특징은 잎에 흰색 또는 노란색 무늬가 있다.

풍지초 (벼과)

Hakonechloa macra

생육이 왕성한 숙근성 여러해살이풀. 키는 30~60cm 정도 자란다. 자주색 줄기에 녹색 선이 들어간 노랑 잎이 풍성하게 달려 있는데 가을이 되면 빨강, 갈색으로 변한다. 초가을부터 억새와 같은 바람에 한들거리는 빨강 꽃이 핀다. 가장 대중적인 것은 '노랑무늬풍지초'이다.

눈꽃풀 (수련화과)

Galan thus nivalis

원명인 갈란투스(Galanthus)는 그리스어로 Gala(우유)+anthus(꽃)의 합성어이며, 우리 말로 '눈꽃풀'이라고 한다. 영어로는 스노우 드롭(snowdrop) 설강화라고 부르기도 한다. 남유럽 캅카스 원산의 원예종으로 겨울에서 이른 봄에 걸쳐 꽃이 핀다. 줄기는 10cm 정도 잎은 2~3개씩 모여난다. 꽃은 양지 바른 곳에서 2월이면 긴 꽃자루 끝에 은백색으로 아래를 향해 핀다.

눈꽃풀

부처손 (부처손과)

Selaginella tamariscins

산의 건조한 바위나 나무 위에서 자라는 상록 여러해살이풀. 키는 20~30cm 정도 자란다. 줄기는 여러 갈래로 갈라지면서 비늘 모양으로 달린다. 잎의 전면은 녹색이며 후면은 백록색이다. 잎은 4줄로 빽빽이 배열되며 끝이 실처럼 길어지고, 가장자리에 잔 톱니가 있다. 포자주머니는 이삭이 잔가지 끝에 달린다. 포자잎은 삼각형을 닮은 달걀형이고 가장자리에 톱니가 있다.

부처손

쑥국화류

사계소국

쑥국화류 (국화)

Tanacetum vulgare L.

북 온대 지방이 원산지로 노란 꽃이 두상꽃차례를 이루며 핀다. 설상화는 없다. 잎은 길게 갈라졌으며 어긋나고 줄기는 많다. 화원에서 종종 화초로 재배되기도 한다. 우리나라에는 함경도와 평안북도에 분포되고 있다.

사계소국 (국화과)

Chrysanthemum morifolium

쌍떡잎식물의 여러해살이풀. 원예종 국화로 햇빛을 좋아하고 내한성이 강하며 연중 개화한다. 일반 국화에 비해 꽃대가 가늘기 때문에 물을 많이 주면 안된다. 꽃말은 '맑음', '고상함'이다.

송엽국 (석류풀과)

Lampranthus spectabills

남아프리카 원산의 여러해살이풀. 키는 10~20cm 정도 자란다. 잎이 솔잎처럼 선형이면서 두툼한 다육질이다. 4~6월에 자주색, 노랑색, 흰색 꽃이 무리지어 피는데 낮에는 피어 있다가 해가 지면 오므라든다. 추위에 강하여 관상용으로 심는다. 소나무의 잎과 같은 잎이 달리는 국화라는 뜻이며, 일명 '람프란서'라고 부른다.

송엽국

레위시아 (쇠비름과)

Lewisia cotyledon

북아메리카 산악지대가 원산인 여러해살이풀 또는 한해살이풀. 다육성이 강하다. 한겨울 추운 곳에서 성장해야만 이른 봄에 꽃을 피운다. 꽃은 4~5월에 분홍, 흰 꽃이 핀다. 우리나라에서는 관상용으로 재배한다. 꽃말은 '천사의 눈물'이다.

레위시아

산마늘꽃

산마늘꽃 (백합과)

Allium microdictyon Prokh.

우리나라 북부 지방에 자라는 여러해살이풀. 땅속에 길쭉한 알뿌리가 있다. 2~3장의 크고 작은 잎이 자란다. 작은 공처럼 생긴 연보라색 꽃이 핀다. 열매는 검은 씨로 성숙된다. 꽃말은 '마음을 편안하게 가지세요'.

용둥굴레

용둥굴레 (백합과)

Polygonatum invoiucratum Maxim.

전국적으로 분포하며 산지에서 자라는 여러해살이풀. 키는 30~60cm 정도 자란다. 잎은 어긋나며 2줄 배열된다. 타원형 짧은 잎자루가 있다. 5~6월에 백록색 꽃이 잎겨드랑이에서 꽃자루에 2개씩 핀다. 열매는 장과로 둥글고 흑남색으로 성숙한다. 뿌리와 줄기는 차로 만들어서 마신다. 어린 순은 나물로 먹는다.

열대식물 꽃

시계꽃

시계꽃

시계꽃

시계꽃 (시계꽃과)

passiflora coerulea Linné

브라질 원산의 상록덩굴성 여러해살이풀. 길이는 4m 정도 자란다. 가지가 없고 덩굴손이 있다. 잎은 호생, 잎자루가 길고 손바닥 모양이다. 갈래는 피침형이고 턱잎이 있다. 꽃은 7~8월 피는데 양성화로 약 8cm 정도, 잎겨드랑이에 1송이씩 핀다. 3개의 포가 있다. 외화피는 안쪽이 흰색, 연붉은색, 연한 푸른색이고, 내화피는 안쪽이 연한 붉은색, 연한 푸른색이다. 열매는 장과 타원형, 황색으로 성숙된다.

백묘국

백묘국 (국화과)

Senecio cineraria

아프리카 원산, 고급스러운 은백색 벨벳 느낌의 백묘국은 솜털이 보송보송 달려 따뜻하고 포근한 느낌을 준다. 때문에 '설국'이라고도 한다.

잎이 독특하여 꽃보다 더 아름다워 사랑받는 식물이다. 꽃은 6~9월에 노란색 꽃이 핀다. '행복한 확인', '온화함', '당신을 지탱합니다' 등의 꽃말을 가지고 있다.

백묘국

멕시칸세이지

멕시칸세이지

멕시칸세이지 (꿀풀과)

Salvia leucantha Cav.

허브 식물로 독특한 꽃과 잎의 색과 모양으로 인기가 좋다. 은록색의 부드러운 재질감이 느껴지는 잎을 가지고 있다. 절화, 조경, 관상용으로 인기가 높다. 옛날 아라비아 속담에는 '세이지를 심은 집에서는 죽는 사람이 없다' 라는 말이 있을 정도로 이용된 약초 중 하나이다. 개화기는 8~10월이다.

여우꼬리풀

리아트라스

여우꼬리풀 (백합과)

Aletris sikkimensis Hook.f.

산지의 양지바른 곳에서 자라는 여러해살이풀. 키는 40~50cm 정도 자란다. 줄기잎은 뿌리잎보다 작고, 잎자루가 없다. 6~7월에 붉은색 꽃이 총상꽃차례를 이루며 여우 꼬리 모양으로 핀다. 열매는 삭과로 계란 모양으로 곧게 선다.

리아트라스 (국화과)

Ciatris spicata

아메리카 동북부 원산의 귀화식물. 키는 100~150cm 정도 자란다. 쌍떡잎식물, 구근성 숙근초로 줄기는 뻣뻣하여 직립한다. 잎은 선상 피침형, 옅은 마른 풀의 향이 있다. 6~7월에 보라색 꽃이 밀수상화서를 이루며 핀다.

황금연꽃 바나나

바나나

황금연꽃 바나나 (파초과)

Ensete lasiocarpum

중국 운남성 원산의 외떡잎식물로 늘 푸른 여러해살이풀. 키는 1.5~2.5m 정도 자란다. 줄기는 곧게 서고, 잎은 줄기에서 어긋나고, 긴 타원형, 잎자루가 둥글게 말린다. 6~9월에 노란색 꽃이 줄기 끝에 연꽃 모양으로 핀다. 해발 2,500m 고산까지 서식하며 열대식물로 온대 한대 지역에서 잘 자란다.

극락조화

사탕수수

극락조화 (파초과)

Strelitzia reginae

남아프리카 원산의 여러해살이풀. 키는 80~100cm 정도 자란다. 뿌리는 크고 굵으며, 줄기는 없다. 잎은 뿌리에서 나오고 긴 타원형의 가죽질에 회색빛이다. 등황색, 오렌지색 꽃이 꽃줄기 끝의 포에 5~6송이가 부채꼴로 핀다.

사탕수수 (벼과)

Saccharum officinrum L. Saccharum sinensis Roxburg

뉴기니아섬이 원산지로 브라질, 하와이, 쿠바, 인도네시아 등에 분포되어 자란다. 열대식물로 키는 2~6m 정도 자란다. 섬유질로 대나무처럼 보인다. 속은 텅 비어 있다. 그러나 단수액으로 가득차 있다. 단수액을 가공하여 설탕을 만든다. 인도 갠지스강 유역의 고대 인도에서 처음 재배하였다.

헬리오 트로프

헬리오트로프

헬리오트로프 (지치과)

Heliotropium arborascens

페루 원산의 헬리오트로프 속으로 붉은 꽃, 주황색 꽃, 보라색 꽃이 있는데 특히 보라색 꽃에서는 강한 바닐라 향이 난다. 이 꽃은 그리스 신화에 나오는 물의 요정 '클리티'의 꽃으로 전해지고 있다. 꽃말은 성실, 헌신, 영원한 사랑이다.

팜파스그라스 (벼과)

Cortaderia selloana

남미 아르헨티나 원산의 늘푸른식물. 키는 2~3m 정도 자란다. 잎이 날카로워 손을 베이기 쉽다. 활 모양의 늘어진 잎들이 둥근 형태로 자라다가 꽃대가 올라와 가을부터 겨울까지 꽃을 피운다. 가을 바람에 부드럽게 흔들려 '서양억새'라고도 한다.

팜파스그라스

브라질리안캔들 (아욱과)

Pavoia multiflora

브라질 원산의 상록관목. 키는 2m 정도 자란다. 줄기는 밑에서 가지가 벌어지고 곧게 선다.

잎은 어긋나고 연녹색이며 끝이 뾰족한 긴 타원형, 꽃은 줄기 끝에서 길게 나온 꽃줄기에 붉은 촛대처럼 생긴 꽃을 감고 암술은 그 가운데 10개 내외가 약간 나온다.

이 꽃은 브라질에서 처음 발견되어 '브라질리안 캔들'이라고 한다.

브라질리안캔들

팬타스

팬타스

팬타스

팬타스 (꼭두서니과)

Pentas egyptian Star

열대 아프리카 원산의 여러해살이풀. 꽃잎이 5개로 갈라지기 때문에 학명 'Pentas'와 잎이 창 모양이어서 'Lanceolate'라는 종소명이 결합되었다. 키는 30~60cm 정도 자란다. 곧게 서거나 눕고 부드러운 털이 있다. 5~10월에 분홍색, 붉은색, 흰색 꽃이 핀다. 일명 '호산단화'라고 한다.

펜스테몬스 (현삼과)

Penstemon digitalis Nuttex Sins

북아메리카 원산의 여러해살이풀. 키는 80~100cm 정도 자란다. 전 세계에 250여 종이 분포되어 자라고 있다. 꽃은 줄기 끝에서 원추형이나 수상으로 핀다. 빨강, 노랑, 살구색, 흰색 등 색상이 다양하다. 화단용이나 꽃꽂이용으로 많이 사용한다. 꽃말은 '은혜'.

펜스테몬스

익소라 (꼭두서니과)

Lxora chinensis Lam

인도, 중국, 말레이시아 원산의 상록 관목. 키는 실내 정원에서 키울 때 20~30cm 정도이다. 꽃은 분홍색, 주황색 등으로 핀다. 꽃이 피어 있는 시간이 길고 짙은 녹색의 잎이 매혹적으로 빛나서 인기 있는 상록저목이다. 꽃이 피어도 열매를 맺지 않는 것이 특징이다. 꽃말은 '추억'.

익소라

검은눈의수잔

검은눈의수잔

검은눈의수잔

검은눈의수잔 (아편과)

Thunbergia alata Bojer

아프리카 원산으로 꽃의 중앙이 검은 빛으로 보이기 때문에 '검은눈의수잔'으로 불린다. 6~7월에 흰색, 노랑, 오렌지색 등의 꽃이 핀다. 꽃말은 '사랑을 위해 멋을 부린 남자'이다.

덴드동

덴드동

덴드동 (마편초과)

Clerodendrum ugrandense

남아메리카, 열대 아시아 원산의 여러해살이풀. 덩굴성식물로 지지대를 타고 올라 가게 해준다. 가지가 하나면 순지르기를 해주어서 가지 수가 많게 해주면 좋다. 꽃은 하얀 꽃잎 보자기 안에 빨간 공이 들었다. 이것 역시 꽃으로 핀다.

큰귤 꽃

큰귤나무 (운향과)

Citrus reticuiata spp.

중국 남부, 필리핀, 인도차이나 북부 지방을 포함한 동남아가 원산. 귤은 쓰임새와 부위에 따라 한방에서 다양하게 불린다. 귤핵은 귤나무 또는 기타 동속식물의 씨, 등피는 귤나무의 잘 익은 열매 껍질, 지각은 광귤나무, 하귤은 덜 익은 열매, 진피는 귤나무 또는 잘 익은 열매 껍질, 그리고 청피는 귤나무의 덜 익은 껍질을 말한다. 제주도에서 대량 재배한다.

당귤나무꽃

당귤나무 (운향과)

Citrus sinensis

늘푸른작은키나무로 일명 오렌지라고 한다. 잎은 어긋나고 두꺼우며 타원형, 가장자리는 밋밋하거나 물결 모양의 잔톱니가 있다. 꽃은 초여름에 흰색으로 핀다. 강한 향기가 난다. 열매는 단맛이 풍부하며 날로 먹거나 주스로 만들어 먹는다. 서양에서는 결혼식 때 신부가 이 꽃을 들고 있으면 열매가 주렁주렁 달리는 것처럼 다산성과 자녀에게 은총 있기를 기원하는 관습이 있다.

폭죽덩굴 (메꽃과)

Ipomea quamoclit

남미 원산의 여러해살이 덩굴성 화초 식물. 줄기를 직립시키지 않고 다른 식물이나 물체, 구조물 등에 부착하거나 감아올라가면서 성장한다. 우리나라에서는 월동이 안 되어 한해살이로 분류한다.

폭죽덩굴

미니아주가 (꿀풀과)

Ajuga Spp.

유럽이 원산으로 일명 서양 조개나물이라고 한다. 키는 6~10㎝ 정도 자란다. 잎은 마주나기, 줄기 잎은 달걀 모양, 잎자루는 없고 가장자리에 물결 모양의 톱니가 있다. 꽃은 통꽃으로 꽃잎이 갈라져 네 쪽이 아래를 향해 처지면서 보라색 꽃이 핀다. 끝이 둥글고 몽툭하여 마치 장갑을 펴 놓은 형상이다. 4~6월에 푸른 보라색 꽃이 잎겨드랑이에 모여 핀다. 몸 전체에 털이 있다.

미니아주가

크라술라

크라술라 (돌나무과)

Crassula ovata Druce

남아프리카 원산의 다육식물. 키는 1~2m 정도 자란다. 꽃은 작은 별 모양으로 분홍색, 자색, 흰색 꽃이 핀다. 잎의 모양이 비취를 닮았다 하여 비취나무(Jade Plant)라고 부른다. 유통 과정에서는 흔히 '화월', '염자' 등으로 부르고 있다.

프리지드 라벤다

프리지드 라벤다 (꿀풀과)

Lavandula dentata Linne

지중해 연안 원산의 상록관목. 키는 30~100cm 정도 자란다. 잎은 어긋나고 선형이며 회녹색이다. 맵고 화한 독특한 향이 나는 허브 식물로 향의 여왕으로 부른다. 6~7월에 보라색, 흰색 꽃이 핀다. 라벤다에는 약 25종이 있다. '스파이크 라벤다', '프렌치라벤다' 등이 있다. 꽃말은 '풍부한 향기', '청결', '대답해주세요', '기대한다' 등

온시디움

화벌목

온시디움 (난초과)

Oncidium spp.

온시디움은 착생란의 일종이다. 아메리카 대륙 전체에 분포하지만 중남미의 해발 1,500~1,700m 고지에서 집중적으로 자생한다. 세계적으로 750종이 분포한다. 나무에 착생하여 뿌리로 공기 호흡을 한다. 7~8월에 노란색으로 개화한다. '나비난초'라고도 한다.

화벌목

Helwingia japonics var. japonica

일본이 원산지로 잎사귀 가운데 까만 열매가 생기는 특이한 식물. 꽃도 잎사귀 가운데에서 핀다. 국내에서는 '무늬희목', '무늬꽃돚단배', '닺꽃나무'라고 부른다. 당뇨병 치료제로 사용된다.

이끼용담

이끼용담 (용담과)

Grpsophila cerastioides D. Don

여러해살이풀, 키는 10~25cm 정도 자란다. 줄기는 작고 낮게 기면서 자란다. 털이 많이 나있다. 잎은 마주나며 부드러운 솜털로 덮여 있다. 꽃은 5~6월에 흰색 꽃이 깔대기 모양으로 핀다. 화피는 5개 꽃잎 가운데가 하트 모양처럼 움푹 들어갔다. 자주색 맥이 있다. 일명 '히말라야 안개꽃'이라고 한다.

복바위취

복바위취 (범의귀과)

Heuchera banguinea

북아메리카, 멕시코 원산의 쌍떡잎 식물, 여러해살이풀. 줄기는 30~40cm 정도 자란다. 잎은 식물체 아래쪽에서 나오는 짧은 잎자루가 있다. 원 모양으로 얕게 파여 있다. 꽃은 7~8월에 종 모양의 분홍색, 흰색 꽃이 핀다. 꽃잎처럼 보이는 것은 꽃받침 잎으로 꽃잎은 거의 보이지 않는다.

뉴질랜드앵초

뉴질랜드앵초 (게스네리아과)

Generiaceae streptocarpus

베네치아 뉴질랜드 앵초는 스트랩토카무푸스 군의 교잡종이다. 열악한 환경에서도 잘 적응하며 사시사철 꽃이 핀다. 꽃색은 수시로 바뀌며 일조량이 부족하면 꽃이 피지 않는다. 꽃대 하나에 남보라 꽃이 여러 송이가 핀다. 잎으로도 삼목이 가능한 생명력이 강한 식물이다.

바버나

바버나 (마편초과)

Verbena spp.

아메리카 원산의 열대성 또는 온대성 식물로 약 250여 종이 있다. 일년생, 영년생, 반덩굴생인 것들이 많이 분포한다. 키는 30cm 정도 잎은 진한 녹색, 꽃은 분홍색부터 빨강, 청색, 유백색 등으로 다양하다.

카라

카라

카라

카라 (천남성과)

Calla palustris/Zantedeschia

남아프리카 원산의 여러해살이풀. 봄에 심는 구근초로 추위에 약해서 주로 원예용으로 재배한다. 키는 70~80cm 정도 자란다. 잎은 화살 모양으로 광택이 난다. 일명 '산부채'라고도 한다. 심장형 모양의 잎이 달리고 흰색의 화려한 불염포가 있다. 화려하게 빛나는 붉은색의 장과들이 모여 달린다. 독성이 강하다.

크로톤 (대극과)

Codiaeum variegatum var. Pictum

말레이반도, 태평양제도 원산의 상록성관목. 키는 50cm~2.5m까지 자란다. 잎의 크기와 모양, 색의 변화가 다양하다. 잎의 모양에 따라 광엽계, 비엽계, 나선계 등 7계통으로 나눈다. 잎 색깔도 녹색, 흰색, 노란색, 주황색, 빨간색 등으로 다양하고 변화가 있어 매우 아름답다. 일반적으로 늙은 잎일수록 주황색과 빨간색이다.

크로톤

아펠란드라 (쥐꼬리망초과)

Aphelandra squarrosa

중앙 아메리카 브라질 원산. 잎에는 줄무늬가 있고 녹색이다.

키는 30~40cm 정도 자란다. 줄기는 붉은 갈색을 띠며, 잎의 길이는 15~20cm 정도 자란다. 강한 색채의 작은 꽃이 피기 때문에 오히려 잎이 더 아름답다. 잎이 넓어 증산작용을 통해서 공기 정화가 된다. 꽃은 줄기 끝에 화수가 나오는데 그 끝에 선명한 황금색의 포가 4열로 나온다. 포의 기부에서 벼 모양의 황금색의 노란 꽃이 핀다. 향기는 없다.

아펠란드라

무늬호장군

무늬호장군

무늬호장군

무늬호장군 (마디풀과)

Fallopia custdatum var. Spectabie

산지에서 자라는 여러해살이풀. 키는 1~2m 정도 자란다. 6~8월에 흰색 꽃이 핀다. 열매는 세모진 난상타원형으로 윤기가 난다. 한방에서는 뿌리를 호장근이라고 하며 이뇨, 진정제로 쓰인다. 호장군은 어린 줄기의 무늬가 호랑이가죽(호피)을 닮았고, 잎에 무늬가 있어 관상 가치가 높다. 처음에는 분홍색이 강하다가 점점 흰색으로 변한다.

크로톤

크레우스 (대극과)

Creus blunei Beerth

스페인 동북부 까딸루냐 원산. 잎이 화려한 식물로 관목 또는 소교목으로 변이종이 많다. 잎은 화려하고 광택이 나고 가죽질이다. 잎에는 점무늬가 있고 빨강색, 연두색, 금색, 분홍색, 노란색 등 다양하다. 주로 말레시아 태평양 동편에 많이 분포되어 있다. 우리나라에서도 식물원이나 정원에 많이 키운다.

마리안느

마리안느 (천남성과)

Dieffenra chia CV. Marianne

열대 아메리카 원산의 여러해살이풀. 줄기는 1.5~2m 정도 자란다. 다육질, 잎에서는 광택이 나고, 주맥의 양측에는 V자형의 황백색 줄무늬가 있다. 뒷면은 연록색 잎이 두껍고 푸른 편이다. 잎은 사선으로 쌍방향으로 자란다. 줄기 자른 부분에서 수액이 나오면 주의해야 한다. 강한 독성이 있다.

왁스플라워

왁스플라워 (도금양과)

Waxflower

호주 원산지로 늘푸른떨기나무. 키는 2~4m 정도 자란다. 잎은 어긋나고 피침형, 끝은 뾰족하다. 꽃은 6~11월 사이에 핀다. 꽃에서 사탕처럼 달콤한 향이 나고 잎을 문지르면 레몬 같은 '아로마' 향이 난다. 향기가 진하고 좋아서 에센스 오일을 추출하기도 한다. 호주매화와 비슷한 흰 꽃이 핀다. 꽃말은 '변덕쟁이'.

비파나무꽃

비파나무 (장미과)

Heuchera banguinea

늘푸른큰키나무로 키는 8~10m 정도 자란다. 수피는 연한 갈색 가는 털로 덮여 있다. 잎은 어긋나고 타원상 긴 계란 모양, 가장자리에 치아 모양 톱니가 있다. 꽃은 10~11월 흰색 꽃이 원뿔꽃차례를 이루며 핀다. 열매는 구형으로 이듬 해 6월에 황색으로 성숙한다.

비파나무열매

핑크뮬리 (벼과)

Muhlenbergia capillaris

미국 서부의 따뜻한 지방이 원산인 여러해살이풀로 키는 30~90cm 정도 자란다. 줄기는 곧게 서고 마디에 털이 있다. 잎은 줄기에서 나며, 줄 모양이다. 잎몸은 털이 없고 대체로 편평하다. 간혹 가장자리가 말려 더 좁아 보인다. 꽃은 작은 이삭으로 납작하다. 주로 하나의 꽃이 수상꽃차례(이삭꽃차례)를 이룬다. 이 수상꽃차례가 모여 뭉친 것이 원추꽃차례를 이루며 분홍색에서 자주색 꽃이 핀다. 열매는 낟알 열매로 계란형, 갈색으로 표면에 세로로 홈이 있다.

핑크뮬리

뿔남천 (매자나무과)

Mahonica japonica

늘푸른떨기나무. 키는 1~3m 정도 자란다. 잎은 어긋난다. 가지 위에 모여 달리는데 1회 홀수 깃꼴겹잎이고 딱딱한 가죽질이며 광택이 난다. 잎은 타원형이고 끝이 뾰족하고 가장자리에 톱니가 있다. 표면은 녹색, 겨울에는 붉은 갈색으로 변한다. 3~4월에 자잘한 노란색 꽃이 줄기 끝과 가지 끝에서 총상화서를 이루며 핀다. 열매는 9~10월에 둥근 장과로 검은색으로 성숙한다.

뿔남천

알라만다

알라만다 (협죽도과)

Allamanda schottii Pohi.

브라질 원산의 협죽도과로 일년 내내 노란색 꽃을 볼 수 있는 반덩굴성 식물이다. 잎은 마주나거나 3~4장이 돌려나며 긴 타원형으로 끝이 뾰족하며 가죽질로 광택이 난다. 깔대기 모양의 노란색 꽃이 피며 꽃잎은 5갈래로 갈라지고 향기가 있으며 층부는 주황색의 줄무늬가 있다. 열매는 가시가 있는 삭과, 날개가 있는 편평한 종자가 있다. 열대지방의 대표적인 관상수로 꽃말은 '희망을 가지세요'이다.

섬개야광나무

섬개야광나무 (장미과)

Cotoneaster wilsonii Xlakai

아시아 원산의 갈잎떨기나무. 멸종위기의 야생 식물이다. 키는 1.5m 정도 자란다. 줄기는 자주색, 잎은 마주나고 가장자리는 밋밋하다. 5~6월에 가지 끝에 원추화서를 이루며 흰 꽃이 핀다. 꽃자루 밑에 달려 있는 잎처럼 생긴 포는 흑자색을 띤다. 열매는 둥글고 적자색으로 성숙된다. 울릉도에만 서식하는 천연기념물 제 51호로 보호종이다.

브라질 아브틸론 (아욱과)

Abutilon hybridium

브라질 원산의 늘푸른떨기나무. 커다란 하트 모양의 연두색 잎에 노란색이나 흰색 반점이 있는 꽃이 핀다. 주황색, 분홍색도 있다. 꽃은 작고 흔들 거리며 색상의 화려함을 자랑한다. 부풀어 오른 듯한 화피의 모습이 손전등처럼 생겼다. 꿀이 많이 있다. 청사초롱꽃과 비슷한 모습이다.

브라질 아브틸론

노 니 (꼭두서니과)

Morinda citrifolia

열대식물로 태평양섬 원주민들이 전통 민간 요법 치료제로 사용하는 유명한 약재 식물이다. 열매, 잎, 뿌리, 줄기는 지혈제, 외상 치료제 등 만병통치 약으로 사용해 왔다. 강력한 항산화제를 공급하여 면역체계를 강화시키는 효능이 알려지면서 '신이 내린 선물'이라고도 한다. 노니(Noni)라는 이름은 하와이에서 유래되었다. 타히티 섬에서는 노노(Nono) 라고 한다.

노니

란타나

란타나

란타나 (마편초과)

Lantana camara

열대 아프리카 원산으로 전원용으로 심어 재배한다. 키는 3~4m 정도 자란다. 잎은 마주나며 달걀 모양의 타원형, 끝이 뾰족하다. 잎 가장자리에 둔한 톱니가 있다. 뒷면은 회백색 털이 빽빽하다. 꽃은 잎겨드랑이에서 나온 긴 꽃줄기 끝에 두상꽃차례로 핀다. 3~4cm 크기의 노랑 꽃이 핀다. 시간이 지남에 따라 계속 변화하기 때문에 칠변화(七變花)라고 한다. 열매에는 독성이 있다.

아브틸론

아브틸론 (아욱과)

Abutilon hybridium

우루과이 원산의 늘푸른떨기나무. 키는 60~90cm 정도 자란다. 하트 모양의 연두색 잎에 노란색 또는 흰색 반점이 있다. 6~9월에 흰색, 주황색, 분홍색 꽃이 핀다. 우리가 쉽게 볼 수 있는 브라질 아브틸론(청사초롱 꽃)과는 많이 다르다. 꽃이 깨끗하고 우아하게 느껴진다. 꽃말은 '당신을 버리지 않겠습니다', '당신을 따르겠습니다'.

매화말발도리

매화말발도리 (장미과)

Deutzia spp. CV. japonese Apoicat Flerver

중부 이남 지방의 산지 바위틈에서 자라는 갈잎떨기나무. 키는 1m 안팍까지 자란다. 잎은 마주나고, 긴 타원형, 4~5월에 흰색 꽃이 묵은 가지에 1~3개씩 피고 9월에 열매로 성숙된다. 매화를 닮았다하여 '매화말발도리'라고 한다. 한국 특산 식물이다.

개나리자스민

캐롤라인자스민

개나리자스민 (물푸레나무과)

Forsythia spp.

낙엽활엽관목. 키는 2~3m 정도 자란다. '개나리자스민'은 노란 꽃 모양이 마치 개나리를 닮아서 붙여진 이름이다. 자스민은 덩굴성 식물로 길게 덩굴손을 뻗어 성장하므로 걸이 화분에 심어서 키우기도 한다.

캐롤라인자스민 (마전과)

Gelsemium semoervireps

미국 북 캐롤라이나가 원산인 덩굴식물로 '개나리자스민'이라고도 한다. 4월부터 노란색 꽃이 핀다. 향기로운 자스민과 비슷하지만 자스민은 아니다. 잎에는 알카로이드 성분의 독성이 있어서 다량 섭취하면 치명적인 것으로 알려져 있다.

강냉이나무

강냉이나무 (콩과)

Cassia roxburghii

스리랑카, 남인도 원산의 쌍떡잎 식물. 장미목의 콩과로 키는 3~4m 정도 자란다. 줄기는 가지가 많이 뻗으며 휘어져 처진다. 잎은 어긋나며 줄기에 깃꼴겹잎의 15쌍 내외의 잔잎이 마주 달린다. 꽃은 원줄기와 가지 끝 잎겨드랑이에서 긴 꽃줄기가 나와 노란 꽃이 총상화서를 이루며 핀다. 꽃에서 강냉이 냄새가 난다하여 강냉이 나무로 불리는 허브식물.

자스민

자스민 (물푸레나무과)

Jasminum

이란이 원산인 자스민은 향기 나는 꽃이다. 피는 관목으로 대부분 덩굴손이 없이 기는 가지를 갖는다. 꽃은 흰색, 노란색, 분홍색 꽃이 나팔 모양 또는 바람개비 모양이다. 잎은 2장 이상의 잔잎으로 이루어져 있다. 열매는 검은 장과 2갈래로 갈라진다.

불비네 프루테스센스

불비네 프루테스센스 (백합과)

Bulbine frutescens

남아프리카 공화국이 원산인 여러해살이풀로 다육질이며 가지가 뻗어 나간다. 줄기는 나무색, 잎은 창 모양이며 청록색이다. 4~5월에 별 모양으로 노란색 꽃이 총상화서를 이루며 핀다. 노란 꽃대가 마치 고양이 꼬리와 닮았다 하여 'Cats Tail'이라고 부르기도 한다. 열매는 작고 캡슐 모양, 검은 씨가 있다.

부겐베리아

부겐베리아 (분꽃과)

Bougainvillea glabra

남아메리카 원산의 덩굴성 식물로 '종이꽃(paper flower)'이라고도 한다. 가시가 있다. 꽃은 4월에서 11월까지 연중 개화한다. 자주빛 꽃받침이 꽃처럼 보인다. 꽃받침 안에 흰색 꽃이 앙증맞게 핀다. 번식은 삽목한다. 프랑스 탐험가 Bougainville의 이름에서 꽃 이름이 유래되었다. 꽃말은 '조화와 열정', '영원할 사랑' 등의 예쁜 뜻이 있다.

말발도리

말발도리 (범의귀과)

Devtzia parviflora Bunge

산기슭의 골짜기 바위 틈에서 자라는 갈잎떨기나무. 키는 2m 정도 자란다. 잎은 마주나기, 난상 타원성, 또 난상 퇴침형, 끝이 뾰족하다. 가장자리에 톱니가 있다. 잎자루가 있다. 5~6월에 흰색 또는 분홍색 꽃이 산방화서를 이루며 핀다. 별 모양의 털이 있다.

금작화

금작화 (콩과)

Cytisus Scoparius

갈잎떨기나무로 키는 2~3m 정도 자란다. 많은 가지를 치며 자란다. 잎은 어긋나기, 작은 잎은 도란형으로 짧은 털이 덮여 있다. 꽃은 짧은 가지 끝에 황색 꽃이 핀다. 꽃날개잎은 적색, 꽃받침은 2개로 갈라진다. 과실은 꼬투리로, 종자는 검은색으로 성숙한다.

삼지닥 나무

스칸테스히베르티아

삼지닥 나무 (서향나무과)

Edgeworthia ebrysantha Lindley

중국 원산의 갈잎떨기나무. 키는 2~3m 정도 자란다. 가지는 3갈래로 갈라진다. 잎은 어긋나기, 넓은 피침형, 잎 뒷면에 털이 산재한다. 3월에 노란색 꽃이 잎보다 먼저 두상화서를 이루며 핀다. 꽃봉오리는 늦가을에 일찍 탈락하는 포에 쌓여 있으며 꽃자루는 밑으로 처진다.

스칸테스히베르티아 (딜레니아과)

Sbbertia scandens(Willb.)

호주 원산의 덩굴성 식물로 줄기는 2m 정도 자란다. 잎은 광택이 난다. 진노랑 꽃이 1송이씩 가을에서 겨울까지 핀다.

무늬석곡 (난초과)

Dendrobium meniliforme(L.)BW.

상록성 여러해살이풀. 키는 5~25cm 정도 자란다. 줄기는 마디가 많으며 마디 사이는 통통하다.

잎은 마주나며 피침형으로 가죽질이다. 5~6월에 흰색 또는 연분홍색 꽃이 2년된 줄기 끝에 핀다. 꽃의 외화피는 피침형이고 끝이 뾰족하다. 내화피는 외화피와 같은 모양이다.

무늬석곡

헬리오트롭 (지치과)

Hellotropium arborescens

남미 페루, 에콰도르 원산의 허브 식물로 달콤한 바닐라 초콜릿과 같은 향기가 많은 식물이다. 꽃은 보라색, 자주색, 흰 꽃이 핀다. 햇빛이 잘 드는 다습하면서 배수가 잘 되는 곳에서 잘 자란다. 이 꽃은 새순의 끝에서 꽃이 피는 형태로 자라나기 때문에 피고 진 꽃을 그대로 두면 영양분이 그쪽으로 가기 때문에 진 꽃은 과감하게 잘라준다. 말려서 아름다움과 향을 간직하고 싶으면 꽃이 20% 정도 피었을 때 수확해서 그늘에 말리면 좋다.

헬리오트롭

무늬호자나무

무늬호자나무

무늬호자나무 열매

무늬호자나무 (꼭두서니과)

산기슭의 나무 그늘에서 자라는 늘푸른떨기나무. 키는 1~1.5m 정도 자란다. 가지가 많고, 잎은 넓은 타원형으로 광택이 나고 가장자리는 밋밋하다. 5~7월에 잎겨드랑이에서 흰색 꽃이 1~2송이씩 핀다. 화관은 통모양, 열매는 둥근 모양으로 붉은색으로 성숙한다.

마타피아

마타피아 (대극과)

Jatropha integerrima

중앙아메리카, 서인도제도 원산의 늘푸른떨기나무. 키는 80cm~3m 정도 자란다. 잎은 어긋나기, 끝이 뾰족한 타원형, 3갈래로 갈라진다. 5~9월에 줄기 끝에 적자색 꽃 십여 송이가 모여 핀다. 열매는 미용 재료로 쓰인다. 15℃ 이상 따뜻한 실내에서 키우기 적합하며 분홍, 빨강색 꽃이 핀다.

둘바기아비올라세아

둘바기아비올라세아 '알바' (부추과)

Tulbaghia violacea 'Alba'

남아프리카 원산의 여러해살이풀. 키는 30~60cm 정도 자란다. 잎은 줄 모양으로 가늘고 길다. 꽃은 여름에 피는데 통꽃으로 노랑 또는 흰 꽃이 핀다. 라일락 향기가 난다.

자귀나무

왕자귀나무

자귀나무 (콩과)

Albizzia julibrissin Durazzini

산기슭에서 자라는 갈잎떨기나무. 키는 3~5m 정도 자란다. 잎은 마주나기, 2회 깃꼴겹잎, 작은 잎은 낫 모양으로 생겼다. 꽃은 양성화로 7~8월에 가지 끝이나 잎겨드랑이에 많은 꽃이 산형꽃차례로 핀다. 열매는 10cm 정도의 협과로 성숙한다.

왕자귀나무 (콩과)

Albizzia Kalkora (Roxb.) prain

산기슭 양지에서 자라는 갈잎떨기나무. 자귀나무와 닮았으나 잎이 크고 6~7월에 흰 꽃이 피며, 수술이 자귀나무보다 많다.

홍자귀나무

홍자귀나무 (콩과)

Albizzia juiibrissin

중부 이남, 산기슭에서 자라는 갈잎떨기나무. 키는 3~5m 정도 자란다. 잎은 호생, 2회 깃꼴겹잎, 작은 잎은 낫 모양이고 큰 잎은 두 번씩 갈라진다. 잎이 서로 사이좋게 안고 잠자는 모습을 연상시키므로 옛사람 들은 '야합수(夜合樹)'란 이름을 붙였다. 열매는 긴 콩꼬투리가 다닥다닥 붙어서 수없이 달린다.

홍자귀나무

병솔나무꽃

병솔나무 (도금양과)

Callistemon lanceolatus

오스트레일리아 동북부 원산의 늘푸른작은키나무. 키는 7~8m 정도 자란다. 줄기는 잿빛으로 매끄럽다. 가지는 버들처럼 늘어진다. 잎은 피침형으로 가장자리에 톱니는 없다. 꽃은 수상꽃차례를 이룬다. 그 모습이 병을 닦는 솔처럼 생겼기 때문에 병솔나무라고 하였다. 열매는 콩알 크기로 성숙된다.

마취목

마취목 (진달래과)

pieris japonica

한국, 일본, 중국 원산의 늘푸른 작은키나무. 잎에 독이 있어서 소나 말이 먹으면 취하거나 마비가 되었다는 데서 유래되었다. 이 나무는 달여서 농작물에 해로운 벌레, 파리, 구데기 등의 살충제로도 쓰인다. 꽃은 2~4월에 가지 끝에 늘어지며 핀다. 잎은 호생, 가장자리에 톱니가 있다.

오렌지자스민

오렌지자스민

오렌지자스민

오렌지자스민 (물푸레나무과)

Jasminum spp

인도네시아 원산의 열대식물로 6~7m까지 자란다. 흰 꽃이 피는데 꽃에서 오렌지와 자스민이 혼합된 향이 난다. 열매는 빨간색으로 성숙된다. 꽃말은 '당신은 나의 것', '사랑의 기쁨'이다.

아라비카 커피나무

아라비카 커피나무꽃

아라비카 커피

아라비카 커피나무 (꼭두서니과)

Caffea arabica

에티오피아, 예멘이 원산지로 해발 500~1,000m 고지대에서 기온 15~25℃의 맑은 공기에서 잘 자란다. 향미가 풍부하고, 카페인 함유량이 '로부스타' 종보다 적다. 브라질, 콜롬비아, 멕시코 등에서 많이 재배하고 있으며 전 세계 생산량의 약 70% 차지한다. 고도가 높을수록 열매는 천천히 여물게 된다.

호주 매화

호주매화

호주매화

호주매화 (도금양과)

Leptospemum spp

호주 원산의 늘푸른떨기나무로 꽃이 매화꽃을 닮았다하여 '호주매화'라는 이름이 붙여졌다. 잎의 끝은 뾰족하고 어린 잎 뒷면에는 털이 있다. 꽃은 흰색, 진홍색, 분홍색 꽃이 2cm 크기로 핀다. 키는 2~5m 정도 자란다. 뉴질랜드 원주민인 마오리족들의 천연 약재료로 사용되었다.

야자수

야자수

야자수 (야자나무과)

Trachycarpus excelsa

남아메리카, 아시아 원산, 종려나무과에 딸린 늘푸른큰키나무, 전 세계에 약 2,500여 수종이 있다. 키는 20~30m 정도 자란다. 나무꼭대기에 잎이 모여서 자란다. 잎은 깃 모양으로 갈라진다. 잎겨드랑이에 커다란 열매가 많이 열린다. 꽃은 일년 내내 피고, 열매가 자라는 기간은 일년 반이 걸린다. 열대지방의 경제식물로 음료수, 비누, 식초, 버터 원료로 사용된다.

파파야 잎

파파야

파파야 꽃

파파야

파파야 (파파야과)

Carica papaya

중미와 남아메리카 원산의 늘푸른큰키나무, 키는 약 5~6m 정도 자란다. 지름 20cm, 줄기는 잿빛을 띤 녹색이고 가지가 갈라지지 않는다. 콜롬버스가 파파야를 처음 맛본 뒤 달콤한 향에 반해서 '천사의 열매'라고 표현했을 만큼 그 맛이 뛰어나다. 껍질은 한약재로 쓰인다. 열매 가운데는 흑갈색 씨가 있다. 단백질 분해 효소인 '파파인(papain)'이 들어 있어 소화 촉진제로 사용한다.

피카라

피카라 (물밤나무과)

Pachira aquatica

멕시코 열대 남아메리카 원산의 대형 관엽식물. 꽃과 열매는 식용한다. 생육 적정 온도는 20~25℃, 월동 가능 온도는 최저 5~7℃ 이상, 직사광선보다는 약한 햇볕에서 잘 자란다. 실내 정화식물로 효과가 크고, 인테리어용 목재로 많이 쓰인다.

영어명의 '행운목(Good luck tree)', '돈나무(Money tree)'는 잎이 사람의 손을 닮았고 돈 바구니를 만드는 데서 유래되었다. 씨는 날로 먹거나 구워먹기도 한다. 어린 잎과 꽃도 식용한다.

무화과꽃

무화과 (뽕나무과)

Ficus carica Linne.

지중해 동부 지역이 원산으로 키는 3~4m 정도 자란다. 잎은 두 손을 펴서 합친 만큼 크다. 어긋나기로 달리고 꽃이 필 때 꽃받침과 꽃자루가 길쭉한 주머니처럼 굵어진다. 이 때 수많은 작은 꽃들이 주머니 속으로 들어가 맨 윗부분만 조금 열린다. 이때 무화과 좀벌이란 전용 곤충을 불러들인다. 영양분을 먹으며 자란 좀벌의 암수가 짝짓기를 하는 동안 수정을 돕는다. 이렇게 은밀하게 이루어지므로 사람들은 낌새를 못챈다.

바바수 종려나무 (야자나무과)

Attales speciosa

남아메리카(브라질) 원산의 바바수 종려나무는 코코스 야자처럼 쓰임새가 다양하다. 열매가 녹색일 때는 고무를 훈연시키는 데 쓰이고, 익으면 영양가 높은 음식이 된다. 줄기는 목재, 잎은 집의 칸막이 벽에 사용한다. 열매자루 또는 꽃자루에 있는 액체는 발효해서 알코올 음료로 마신다.

바바수종려나무

벤자민 고무나무 (뽕나무과)

Ficus benjamina

인도, 아열대 지역이 원산, 영어 이름인 'Weeping Fig'(우는 뽕나무)는 나무 가지를 부드럽게 늘어뜨리고 있는 이 나무 모습에서 유래하였다. 벤자민 고무나무는 가정, 쇼핑몰, 공공건물의 로비 등 다양한 곳에서 자주 볼 수 있는 인기 있는 식물로 실내 공기 오염 물질, 특히 포름알데히드를 제거하는 능력이 매우 뛰어나다. 황금색의 열매가 열린다. 꽃말은 '변덕쟁이'이다.

벤자민 고무나무

소피아 고무나무

소피아 고무나무 (뽕나무과)

Ficus elastica sofa

아마존 열대우림 원산. 잎에 무늬는 없고 윤기가 난다. 녹색이나 연두색이며 키는 100~150cm 정도 자란다. 생육 습도가 40~70%일 경우 그 이상 자란다. 이 나무는 미세먼지, 유독가스를 흡수하고 머리를 맑게 해준다. 미항공우주국(NASA)에 추천하는 공기 정화 식물 4위에 선정되기도 했다. 이 나무는 빛이 부족한 실내 장소에서도 잘 견디며 병충해에도 강하다.

루피너스

루피너스 (콩과)

Lupinus hirsutus Linne.

북아메리카 서부 원산의 한해살이풀. 키는 30~70cm 정도 자란다.

우리나라에서는 가을에 파종하여 5~6월에 꽃이 핀다. 많은 원예종이 있다. 꽃의 색이 다양해 화단이나 화분에 식재하여 관상한다.

향기가 좋아 절화용으로도 이용한다. 이 꽃은 번식력이 강한 꽃이다. 긴 꽃대에 다닥다닥 붙어 있는 꽃을 보면 강한 욕구가 엿보인다.

홍가시나무

홍가시나무 (장미과)

Photinia glabra(Thunb.) Maxim

늘푸른떨기나무로 키는 3~7m로 자란다. 잎은 어긋나기하며, 가장자리에 잔 톱니가 있는 긴 타원형이다. 5~6월에 흰 꽃이 피며 열매는 지름 5mm 정도인데 11월에 붉게 익는다. 잎이 새로 나올 때와 단풍이 들 때 붉은 색을 띠므로 홍가시나무라고 한다. 원산지는 일본이며 우리나라, 중국 등지에서도 자란다.

홍화상록풍년화

홍화상록풍년화 (조록나무과)

Lorpetalum chinense var. rubra

중국 남부, 히말라야 산맥 원산의 늘푸른떨기나무로 키는 2~3m 정도 자란다. 나뭇잎은 녹색, 청동색, 와인색을 띤다. 새순은 청동빛 붉은색이며 자라면서 잎은 올리브 그린색으로 바뀐다. 3~5월에 분홍색, 핑크색 꽃이 리본 모양의 꽃잎을 지닌 채 나무 가득 피어난다.

튜란타

블루세이지

튜란타 (마편초과)

Duranta regens

멕시코, 브라질, 서인도제도, 태국이 원산지. 마편초과에 속하는 떨기나무의 관엽식물로 보라색 꽃이 핀다. 꽃에서 초콜릿 향기가 난다. 일명 '발렌타인 자스민'이라고 한다. 많은 가지를 느려뜨리며 자란다. '튜란타'는 키우기 쉬운 식물로 특별한 관리가 필요 없을 정도로 주기적으로 가지를 적당히 잘라주면 된다.

블루세이지 (꿀풀과)

Salvia farinacea Benth

멕시코와 미국 남부 텍사스 원산지의 실비어속의 여러해살이풀. 허브 식물로 잎은 은록색의 부드러운 느낌을 준다. 잎의 색깔이 곱고 꽃이 아름다워 인기가 좋은 식물이다.

용왕꽃 (프로테마과)

Protea cynaroides Linne.

남아프리카 원산. 키는 40cm~2m까지 자란다. 잎은 광택이 나고 줄기에 꽃봉오리가 달린다. 꽃은 크고 다채로운 포엽에 둘러싸여 있다. 꽃잎은 수없이 잘게 갈라진다. 꽃은 늦가을에서 겨울까지 핀다. 남아프리카를 비롯해서 호주, 말레이시아, 남동아시아, 중남미 등지에 분포한다. 남아프리카 공화국 국화이기도 하다.

용왕꽃

프로테아 (프로테아과)

Protea speciosa

호주, 남아프리카 원산으로 떨기나무과 고목으로 구성되어 있다. 꽃은 작지만 빽빽하게 붙어 화려한 꽃차례를 형성하는 것이 이 식물의 특징이다. 꽃은 4개의 수술, 4개의 꽃덮이로 구성되었다. 수술은 꽃덮이 조각의 끝부분에 달린다. 온대 지역에서는 온실에서 관상용으로 재배하고 있다.

프로테아

히비스커스

히비스커스

히비스커스

히비스커스 (아욱과)

Hibiscus syriacns

인도, 중국이 원산이며, 우리나라 무궁화와 같은 학명을 가진다. 늘푸른떨기나무로 키는 2~5m 정도 자란다. 꽃잎에 이뇨 작용을 돕는 칼륨이 함유되어 있다. 차로 우려 먹으면 몸속의 노폐물을 제거하는 효과가 있다. 꽃은 넓은 깔대기 모양이 잎겨드랑이에 1송이씩 핀다. 미국 하와이주에서 300여 종이 개발되었다. 하와이주 주화로 되어 있다. 일명 '하와이 무궁화'로 부른다.

백정화

백정화

백정화 (꼭두서니과)

Serissa japonica Thunb.

아시아 동남부가 원산인 늘푸른떨기나무로 키는 1m 정도 자란다. 잎은 마주나며 좁은 타원형 끝이 뾰족하다. 가장자리에 무늬가 있다. 5~6월에 잎겨드랑이에 연한 홍자색 또는 흰색 꽃이 핀다. 깔대기형에 5갈래로 갈라진다. 안쪽에는 백색의 털이 있고 열편은 다시 3개로 얕게 갈라진다. 수술은 5개, 꽃부리는 판통에 붙어 있고 암술보다 긴 것과 짧은 것 두 종류가 있다. 원예 품종에는 겹꽃과 만첩인 것 또는 잎에 반문이 있는 것 등이 있다.

파라칸타

파라칸타 (장미과)

pyracanthe angustifolia C.K.Schneid.

장미과의 늘푸른떨기나무로 피라칸사, 피라칸사스. 등으로 불리기도 한다. 잎은 어긋나고 꽃은 5~6월에 백색 또는 회백색으로 핀다. 열매는 구형으로 10~12월에 황적색으로 성숙한다. 키는 1~2m 정도 자란다. 겨울에도 열매가 매달려 있어서 관상용으로 좋은 효과를 내고 있다. 불타는 듯 화려한 열매로 사랑받는 식물이다.

뱅크시아

뱅크시아 (프로테아과)

Banksia integrifolia

호주가 원산인 야생화로 늘푸른 떨기나무. 특이한 꽃과 열매 때문에 원예 식물로 인기가 있다. 키는 15~30m 정도 자란다. 잎의 가장자리에 톱니가 있다. 잎들은 보통 가지를 따라 불규칙한 나선형으로 배열한다. 꽃은 길쭉한 막대기 모양의 꽃차례에 축을 이룬다. 꽃 색깔은 노란색, 주황색, 빨강색, 분홍색, 보라색 등으로 다양하게 핀다. 시간이 지나면 꽃이삭은 말라서 주황색, 황갈색, 또는 어두운 갈색으로 변한다.

빨강새우초 (쥐꼬리망초과)

Beloperone guttato Brandegee

초본상의 떨기나무, 반목본성 식물로 25~100cm 정도 자란다. 그러나 온실에서는 3m 이상 자라는 반 덩굴성 식물이다. 줄기와 잎은 녹색이며 잎은 난상 긴 타원형으로 마주난다. 줄기 끝에는 10cm 정도의 긴 화수가 있다. 화수는 새우등처럼 생겼다. 꽃은 흰 꽃, 포는 주황색 내지 홍갈색이며, 겨울부터 봄까지 핀다. 원산지는 열대 아메리카로 약 30종이 있다.

빨강새우초

황금새우초 (쥐꼬리망초과)

Pachystachys lutea

중남미 원산의 열대성 관목. 노란색의 꽃받침 사이에서 하얀 꽃이 피는데 수명은 아주 짧다. 노란 꽃받침은 수명이 길어서 1개월 이상 핀다. 6월에서 10월까지 핀다. 반그늘에서도 잘 자라지만 겨울에는 실내에서 햇빛이 잘 드는 곳에서 잘 자란다. 꽃말은 '열망'.

황금새우초

시네시오

시네시오 (국화과)

Senecio radicans

남아프리카 원산의 다육식물로 키는 20~35cm 정도 자란다. 잎은 녹색, 또는 연두색이고 향기는 없다. 꺾꽂이로 번식한다. 꽃은 줄기 끝에 빨강색 꽃이 핀다. 생육 온도는 21~55℃, 습도는 40% 미만이면 잘자란다.

그레빌레아

그레빌레아 (프로테아세과)

Grevillea rosmarinifolia

호주, 인도네시아, 뉴질랜드 원산의 아열대성 늘푸른떨기나무. 키는 25~50cm(원예종), 1.5~2m(야생) 정도 자란다. 그레비아속은 전 세계에 300여 종이 분포되어 있으며 원예종으로 50여 종이 있다. 잎은 솔잎 모양으로 가늘고 좁은 피침형이다. 꽃은 겨울부터 초여름까지 붉은색, 흰색 등으로 핀다. 긴 수술이 펼쳐지면서 꽃잎도 벌어진다. 햇빛을 받으면 붉은색이 선명해지며 오묘하고 아름다운 빛깔을 띤다.

울렉스 오이로패우스 (박과)

Ulex europaeus L.

박과의 한해살이풀. 덩굴풀로 여름에 노란 통꽃이 잎겨드랑이에서 피고 열매는 긴 타원형으로 장과이다. 단단하고 독특한 향이 있다. 시원한 맛이 있어 열매의 즙을 뜨거운 물에 타서 차로 마신다.

울렉스 오이로패우스

함수화 (목련과)

Mincheliatigo speng

열대와 아열대 지방 동남아시아 원산의 쌍떡잎식물의 늘푸른떨기나무이다. 키는 30~40cm 정도 자란다. 잎은 타원형으로 끝이 뾰족하고 초록색이며 윤기가 난다. '맥련화', '함소화'라고도 부른다. 국내에서는 '초대초령목', '피고초령목'으로도 부른다. 꽃은 아이보리색이고 꽃보다 향이 더 좋은 강한 메론향과 감미로운 바나나 향기가 난다.

함수화

꽃기린

흰꽃기린

꽃기린 (대극과)

Euphorbia milii

마다카스카르가 원산지인 쌍떡잎 식물로 다육식물. 키는 1.5~2m 정도 자란다. 꽃이 솟아 피어오르는 모양이 기린을 닮았다 하여 '꽃기린'이라 한다. 따뜻한 곳을 좋아한다. 5℃까지는 견딘다. 주로 온실에서 키우는 열대 식물이다. 붉은 꽃, 분홍, 흰색 꽃이 핀다.

부룬펠시아

가울테리아

부룬펠시아 (가지과)

Brunfelsia australi

아마존 열대우림이 원산지인 늘푸른 떨기나무로 향기가 짙다. 90cm 정도 자란다. '부룬펠시아 자스민'이라고 한다. 꽃이 필 때는 보라색인데 꽃의 수명이 다하면 하얀 꽃으로 바뀌는 특징이 있다. 실내에서 키우면 꽃이 차례로 피고 지고를 계속한다. 꽃은 4월에 피는 열대식물이다. 꽃말은 '사랑스러움'.

가울테리아 (진달래과)

Gaultheria procumbens Linne

늘푸른떨기나무. 종 모양으로 은방울꽃처럼 조롱조롱 하얀 꽃이 피었다가 열매를 맺으면 10월 경 빨강색으로 익어서 다음 해 봄까지 달려 있어 눈을 즐겁게 한다. 잎과 줄기는 고급 차로 즐길 수 있다.

칼랑코에

칼랑코에 (돌나물과)

Kalanchoe blossteldiana Poelln.

마다카스카르섬 원산의 다육식물 화초로 인기가 높다. 키는 30~50cm 정도 자란다. 겨울부터 봄에 이르기까지 붉은색, 또는 노란색의 작은 꽃이 많이 모여 큰 꽃을 이루며 핀다. 홑꽃은 '칼랑코에'라고 하고, 겹꽃은 '칼란디바'라고 한다.

그래스트리

그래스트리 (크산토로이아과)

Xanthorrhoea johnsonii A. T. Lee

호주 동부 지방이 원산으로 약 17종이 자란다. 줄기는 굵고 단단하다. 야자나무처럼 보이기도 한다. 키는 5m 정도 자란다. 줄기 끝에 빳빳하고 풀 같은 잎들이 촘촘하게 난다. 잎 사이로 길게 늘어난 서양 부들 꼴을 닮은 수상꽃차례가 3m 이상 솟아 있다. 오래된 잎의 아랫부분에서는 고무 같은 빨간색, 노란색, 수지가 나오기 때문에 그래스고목이라고 하였다. 니스를 만드는 데 쓰인다.

마다가스카르자스민

마다가스카르자스민 (박주가리과)

Madagascar jasmine

유럽에서는 신부의 꽃다발로 많이 사용된다. 잎은 크며 다육질이다. 꽃은 여름에 잘 피며 강한 냄새를 뿜는다. 10~4월은 실내의 양지 바른 곳에 두고, 5~9월은 밖에 내놓아야 한다. 여름에는 가볍게 해가림을 해준다. 번식은 꺾꽂이로 5~7월이 적기다. 생육 적정 온도는 낮 25℃, 밤 15℃, 월동은 5℃ 이상이다.

학자스민

학자스민 (물푸레나무과)

Jasminum polyanthum

아열대식물, 늘푸른떨기나무 덩굴식물. 잎은 마주나며 우상 복엽으로 5~7개의 소엽을 가진다. 꽃은 2~8월까지 줄기 끝이나 잎겨드랑이에 총상화서 또는 원추화서를 이루며 밤이면 별 같은 꽃을 피운다.

불수감

불수감

불수감

불수감 (운향과)

Citrus medica L. var Sarcodatylis Swingle

중국 남쪽 지방, 광둥지역이 원산으로, 가지에 가시가 있고 길게 자란다. 꽃잎은 5~7개이고, 흰색 또는 자주색을 띠는 것도 있다. 열매는 10월 상순에 착색되기 시작하여 1월쯤 황금색을 띤다. 향기가 오래 지속되고, 열매의 끝이 손가락처럼 갈라진 것이 마치 부처님의 손같이 생겼다고 하여 '불수감'이란 이름이 붙여졌다. 나무 이름은 불수귤나무 라고 한다.

박쥐란 (고란초과)

Platycerium bifurcatum

보르네오, 자바, 열대 아시아가 원산지로 큰 나무나 바위에 기생하여 사는 착생식물. 이 난은 모양이 다른 두 종류의 잎을 가지고 있다. 하나는 '영양엽'이라고 하는 콩팥 모양과 양배추 잎, 또 하나는 '외투엽'인데 사슴뿔 모양과 비슷하다. 늘어지면서 90cm 정도 자란다. 잎에는 흰가루 같은 잔털이 있다. 박쥐란은 잎 끝에 달린 포자로 번식한다. 독특한 연출과 쉬운 관리라는 두 가지 장점을 두루 갖춘 식물이다.

박쥐란

오공국화 (국화과)

Chrysanthemum

여러해살이풀. 샛노란색 꽃이 오랫동안 개화한다. 추위에 강하고 남쪽에서는 노지에서 월동이 가능하다. 줄기는 옆으로 뻗으며 자라며 잔털이 있다. 잎은 마주난다. 잎맥이 뚜렷하며 가장자리에 둥근 톱니가 있다. 꽃은 노란색으로 이른 봄부터 여름까지 계속된다. 5장의 꽃잎에는 주름이 져 있다. 꽃말은 '승리의 아침'이다.

오공국화

소철

소철

소철

소 철 (소철과)

Cycas revoluta Thunberg

살아 있는 화석식물의 일종인 늘푸른잎나무. 키는 1~4m 정도 자란다. 잎은 딱딱하고 광택이 난다. 잎은 1회 깃꼴겹잎, 작은 잎은 선형, 잎 가장자리는 밋밋하고 밑으로 말린다. 꽃은 암수딴그루로 6~8월에 수꽃차례는 원기둥 모양으로 줄기 끝에 곧게 선다. 암꽃은 둥글게 모여 핀다. 관상용으로 재배하며 씨는 식용 또는 약용한다.

무늬실유카 (용설란과)

Yucca tilamentosa Linne. 'Golden Sword'

북미 원산의 늘푸른떨기나무. 키는 1~1.5m 정도 자란다. 잎은 가장자리에서 실이 갈라지기 때문에 실유카라고 한다. 뿌리에서 잎이 모여나와 사방으로 퍼진다. 잎 중앙에는 노란 줄이 있다. 꽃은 6~7월에 백색으로 원추화서를 이루며 핀다. 아열대, 온대 건조 지역의 건조한 기후에 강하다.

무늬실유카

부리있는 유카 (용설란과)

yucca rostrata

미국 텍사스 주 남서쪽, 멕시코 원산. 줄기는 4m 정도 너비 80cm로 자란다. 잎은 대칭으로 뻗고 청록색, 줄기 밑부분에 마른 잎이 붙어 있다. 3~4월에 흰색 꽃이 핀다. 한랭한 기온에 내성이 강하고, 여름에는 강한 햇빛이 필요하다.

부리있는 유카

크리스마스선인장

크리스마스선인장

크리스마스선인장

크리스마스선인장 (선인장과)

Zygocactus truncatus K. Schumann

브라질 원산의 착생 식물이며 줄기의 길이는 20~30cm 정도 자란다. 일명 게발선인장으로 더 잘 알려져 있다. 넓적한 가지가 계속 연결되며 자란다. 엽맥에 꽃이 달리고 새로운 가지가 난다. 꽃 모양과 색깔은 일정하지는 않지만 분홍색, 붉은색, 자주색 등 다양하게 핀다. 번식은 꺾꽂이와 접목한다.

맘밀라리아 콤프레사

맘밀라리아 콤프레사

맘밀라리아 콤프레사

맘밀라리아 콤프레사 (맘밀리아속)

Mammillaria compressa A.P.de Candolle

원산지가 멕시코 산루이스포토시로 줄기는 곤봉 모양에서 원기둥 모양이 된다. 키는 20cm 정도 자란다. 지름은 10cm 전후, 혹줄기는 단단하고, 유액이 있고 솜털과 강모가 난다. 방사상 가시는 4~6개 균일하지 않다. 종 모양의 자주색, 분홍색 꽃이 핀다. 열매는 곤봉 모양의 붉은색이며, 씨앗은 갈색이다.

게발선인장

게발선인장 (선인장과)

Zygocactus truncatus K. Schumann

브라질 원산의 착생식물이며 키는 30cm 정도 자란다. 넓적한 줄기는 계속 연결되며 자란다. 줄기에는 테두리가 톱니 모양의 돌기가 있고, 끝이 잘린 것같이 보인다. 꽃은 주로 여름철에 분홍색, 붉은색, 자주색 꽃이 겹꽃으로 핀다. 꺾꽂이와 접목 번식한다.

미크란토세레우스 폴리안투스

미크란토세레우스 폴리안투스 (미크란토 세레우스속)

Micranthocereus polyanthus Backeberg

브라질 원산으로 줄기는 원기둥이며, 녹색에 흰 털로 덮여 있고 바늘 같은 큰 가시는 3~7개, 방사상 가시는 20~30개이다. 한여름철 낮에 깔대기 모양의 담홍색, 분홍색 꽃이 핀다. 번식은 종자와 꺾꽂이로 한다.

황금술통선인장

황금술통선인장 (선인장과)

Echinocactus grusonii Hildmann

멕시코 산루이스포토시 주가 원산. 줄기는 구형, 키는 1m 정도 자라는데 매우 느리게 자란다. 등줄기는 30개로 예리하다. 가시는 황금색에서 흰색으로 변한다. 꽃은 안쪽은 노란색, 바깥쪽은 갈색으로 핀다.

파로디아 레닝하우시

파로디아 레닝하우시 (파로디아속)

Parodia leninghausii F.H Brandt

브라질 남부 원산. 줄기는 단생후 군생한다. 구형에서 원기둥 모양이 된다. 키는 1m 정도 자란다. 방사상가시는 15개, 꽃은 정상 중심부 부근에 핀다. 열매는 구형, 씨앗은 종 모양이며 적갈색이다.

둥근잎연화바위솔

둥근바위솔

둥근바위솔

둥근잎연화바위솔 (돌나물과)

Orostachys malacophyllus (pall.) Fischer

산이나 바닷가 바위 틈에서 자라는 여러해살이풀. 키는 30cm 정도 자란다. 꽃이 피고 열매를 맺게 되면 지상부는 죽는다. 주걱 모양의 다육질이다. 9~10월에 흰색 꽃이 총상화서로 다닥다닥 달려 핀다. 꽃자루는 아주 짧고 끝이 뾰족하다. 관상용으로 많이 이용한다.

바위솔

바위솔

바위솔

바위솔 (돌나물과)

Orostachys japonicus (Maxim.) A. Berger

산의 바위 틈 그리고 오래된 기와 지붕 등 척박한 데서 자라는 여러해살이풀. 키는 20~30cm 정도 자란다. 꽃이 피고 열매를 맺으면 줄기가 말라 버린다. 9~10월에 줄기 끝에 자잘한 흰 꽃이 다닥다닥 달려 핀다. 꽃이 진 다음 잎겨드랑이에서 싹 또는 가지를 내어 번식한다.

지붕지기

지붕지기 (돌나물과)

crostachys japonica(Macim.) A. Berger

여러해살이풀. 바위 위나 지붕 위 습한 기왓장에서 자란다. 일명 '바위솔'이라고 한다. 근생엽은 로제트형으로 퍼지고 원줄기에 다닥다닥 달린다. 잎은 육질의 피침형이다. 8~9월에 흰 꽃이 총상화서를 이루며 핀다. 둥근바위솔과 비슷하나, 잎 끝이 뾰족한 것이 다르다.

바위솔석위

바위솔석위 (고란초과)

Pyrrosia lingus(Thunb.) Farw.

아시아, 일본, 대한민국, 대만 원산의 상록 양치식물. 키는 1.0cm~2.5cm 정도 자란다. 잎은 긴 타원형으로 가장자리는 밋밋하다. 잎 뒷면에는 별처럼 생긴 털이 있다. 잎과 식물 전체를 그늘에 말린 것을 석위라 한다. 한방에서 임질, 기관지염의 치료나 이뇨제로 쓰이고 있다. 일명 '애기석위'라고 한다.

조슈아나무

조슈아나무

조슈아나무

조슈아나무 (용설란과)

Yucca brevifolla

늘푸른작은키나무로 직립한다. 키는 10~15m 정도 자란다. 잎은 단엽으로 선형, 표면이 단단하다. 잎가장자리는 흰색을 띠고 톱니처럼 잘게 갈라진다. 잎은 가지 끝에 빽빽하게 나선형으로 배열되어 뭉친다. 꽃은 2~4월에 원뿔 모양의 꽃차례로 흰색 꽃이 빽빽하게 모여난다. 열매는 반육질성으로 타원형, 납작한 종자는 표면 매끈하다.

가지바위솔

단가시배선인장

가지바위솔 (돌나물과)

Orostachys ramosa Y.N.Lee

여러해살이풀. 키는 16~30cm 정도 자란다. 잎은 주걱 모양, 잎은 뾰족하다. 녹색 또는 자주색을 띤 녹색이다. 꽃은 1개씩 피는데 꽃대가 짧다. 작은 포는 피침형의 녹색이나 끝은 자주색이다. 꽃잎은 5장 수술은 10개 꽃밥은 자주색, 분홍색, 노란색이다.

단가시배선인장 (선인장과)

Opuntia dillenii Haworth

미국 서남부 원산. 잎처럼 변한 타원형의 편평한 줄기는 가시가 많이 갈라지며 잎은 날카로운 가시로 바뀌었다. 가시는 역 고리로 되어 있어 찔리면 잘 빠지지 않기 때문에 맨손으로 다루지 않는 것이 좋다. 여름철에 주걱 모양의 가지 위에 노란색 꽃이 핀다. 번식은 종자나 꺾꽂이로 한다.

좀바위솔

좀바위솔 (꿩의비름과)

Orostachys minuta(Kom,)A, Berger

여러해살이풀. 키는 10~15cm 정도 자란다. 흔히 '작은 바위솔' 또는 '애기바위솔'이라고 한다. 높은 산 바위에서 자생한다. 잎은 비늘 모양의 긴 타원형이며 꽃은 자홍색 꽃이 이삭화서를 이루며 조밀하게 늘어서고, 열매는 긴 타원형으로 10~11월에 성숙된다.

짐노칼리시움 유리플레우름

짐노칼리시움 유리플레우름 (짐노칼리시움속)

Gymmocalycium eurypleurum Ritter

파라과이 원산. 줄기는 단생하며, 넓적한 구형, 갈색을 띤 녹색이며 지름 10cm로 낮게 자란다. 큰 가시와 방상 가시가 유사하다. 흰빛이 도는 연분홍색 꽃이 봄에서 여름에 핀다. 종자로 번식한다.

풍명환

풍명환 (맘밀리아속)

Mammillaria bombycina Quehl

멕시코 원산. 줄기는 처음에는 단생하나 뒤에 군생한다. 구형의 원기둥 모양이며, 키는 15~20cm 정도 자란다. 혹줄기는 원기둥 또는 원통 모양이며 단단하다. 어릴 때 솜털이 나고 성숙된 후에는 가시가 많다. 밝은 다홍색 꽃이 봄부터 여름철에 핀다. 번식은 꺾꽂이, 관상용.

에크메아

에크메아 (파인애플과)

Aechmea fasciata Baker

브라질 원산으로 나무나 바위 등에서 착생하며 자라는 식물로, 키는 50~60cm 정도 자란다. 잎은 단단하며 가장자리에 가시가 있고, 얼룩무늬가 있으며 회색이 도는 녹색이다. 자홍색의 포엽이 오래 지속되어 관상 가치가 높다. 직사광선을 피해 밝은 그늘에서 잘 자란다. 원예 품종.

오봉알로에

오봉알로에

오봉알로에 (백합과)

Aloe Vogtsii

남아프리카 공화국 원산의 다육식물로 키는 30~60cm 정도 자란다. 잎은 뿌리와 줄기에 달리고 어긋난다. 잎은 로제트 모양으로 퍼진다. 잎 뒷면은 둥글고 앞면은 오목하다. 잎에는 날카로운 가시가 있다. 흰색 또는 주홍색 꽃이 총상화서를 이루며 핀다.

알로에

알로에 (백합과)

Aloe barbadensis Linne,

아프리카 원산으로 100여 종이 세계 각지에서 재배되고 있다. 우리나라에서는 관상용이나 약용 및 식용으로 온실에서 재배한다. 잎은 뿌리에서 뭉쳐나고 그 중앙에서 줄기와 화경이 뻗는다. 연한 회백색이고 가지가 갈라진다. 산형화서를 이루며 등황색 꽃이 핀다.

구즈마니아

구즈마니아

화이트샷

구즈마니아 I (파인애플과)

Guzmania cv. Iingulata

중남미가 원산, 관엽식물로 꽃보다 잎이 아름다워서 사랑받는 식물, 화려한 색깔 때문에 꽃으로 오해를 받는 식물이다. 품종에 따라 화포의 색깔은 빨간색, 진분홍색, 노란색 등 다양하다. 잎은 안쪽으로 말려들어가 있다. 마치 오목한 그릇처럼 비가 오면 이곳에 물을 보관했다가 서서히 물을 먹는 특유의 식물이다.

노랑구즈마니아

분홍구즈마니아

빨강구즈마니아

구즈마니아Ⅱ (파인애플과)

Guzmania dissitifiora

중앙 아메리카 원산으로 키는 30~40cm 정도 자란다. 잎은 가죽질, 표면이 반들반들 하다. 꽃을 감싸고 있는 윗부분의 잎들이 빨갛게 물들어 보기가 좋다. 봄과 여름에 분홍색, 빨강색, 노랑색 꽃이 핀다. 이 식물은 습도가 높은 것을 좋아하며, 음지에서 잘 자란다. 아파트 베란다일 경우 차광을 강하게 하는 것이 좋다. 생육에 알맞는 온도는 25~30℃이며 추위에 약하다.

흰구즈마니아

구즈마니아

미국꽃창포

등모아나나스 (파인애플과)

Vriesia carinata

여러해살이풀, 꽃과 잎이 아름다워 관엽 가치가 있는 식물이다. 주로 나무 위와 바위 면에 붙어서 자란다. 줄기는 짧고 잎은 단단하고 톱니가 있다. 잎 밑 부분이 서로 통처럼 둘러싸며 가운데 물탱크처럼 물이 괴도록 되었다. 방패 모양의 털이 여기에서 양분과 수분을 흡수한다. 꽃잎과 꽃받침 조각이 3개이고 받침은 끝까지 남아있다. 수술은 6개, 씨방은 상위이거나 하위이며 3실이다. 포가 발달하여 빛깔과 모양의 변화가 많고 잎 무늬가 아름답다. 열매는 삭과, 번식은 포기나누기나 종자로 한다.

미국꽃창포

미국꽃창포 (붓꽃과)

Iris louisiana Black Gamecock

미국꽃창포는 여러해살이풀로 키는 70~90cm 정도 자란다. 검은색에 가까운 보라색으로 풍부하게 피어나는 벨벳 느낌이 나는 고급스러운 꽃이다. 국내에서 자라는 창포나 귀화식물인 노랑꽃창포보다 꽃잎이 크며 개화량이 풍부하고 기간이 길다. 자라는 환경은 창포와 비슷하다. 연못가 또는 습기가 유지되는 곳에서 가장 적합하다.

촛불맨드라미 (비름과)

Celosia cristata

한해살이풀로 줄기는 곧장서며 키는 30~40cm 정도 자란다. 잎은 어긋나고 계란모양 또는 바소꼴이며 잎자루가 있다. 꽃은 7~8월에 줄기 끝에 촛불 모양의 붉은색 꽃이삭이 핀다. 편평한 줄기의 윗부분이 마치 수탉의 볏과 같이 보인다. 열매는 계란 모양으로 3~4개의 종자가 있다. 꽃은 지사제로 약용하거나 관상용으로 이용한다.

촛불맨드라미

알뿌리베고니아 (베고니아과)

Begonia tuberhybrida

여러해살이풀로 키는 30~90cm 정도 자란다. 잎은 대개 사람의 심장 모양이다. 꽃은 초여름에서 가을까지 피는데 붉은색, 흰색, 노란색 등 다양하다. 열매는 꼬투리로 성숙한다. 이 꽃은 안데스 산맥 해발 3000~3800m의 고산지대에서 자생한다. 이들 자생종이 서로 복잡하게 교배되어 원예종이 개발되었고 현재 2500억 품종이 알려져 있다.

알뿌리베고니아

모나르다

모나르다 (현삼과)

Monarda didyma

여러해살이풀로 키는 50~90cm 정도 자란다. 줄기는 4각이며 잎은 마주나며 피침형으로 끝이 뾰족하며 잎 길이는 15cm 정도 된다. 꽃은 6~9월까지 피며 향기가 있다. 줄기 끝에 조밀하게 군생하면서 방사상으로 핀다. 꽃 색깔은 분홍색, 백색, 자주색 등이 핀다. 개량된 품종이 많으며 줄기와 잎에서 향기가 강하여 향료 식물로도 이용한다.

수레국화

수레국화 (국화과)

Centaurea cyanus

한해살이풀 또는 두해살이풀로 키는 30~90cm까지 자란다. 가지가 다소 갈라지며 흰 솜털로 덮여 있다. 잎은 어긋나고 깃처럼 깊게 갈라지면서 줄 모양이다. 가장자리는 밋밋하다. 꽃은 여름에서 가을까지 다양한 색깔로 핀다. 꽃 전체의 형태는 방사형으로 배열 되어 있고 날카롭고 긴 타원형 또는 타원형 줄 모양으로 가장자리는 파란색을 띤다. 이 꽃은 독일 국화이다.

애기범부채 (붓꽃과)

Tritonia crocosmaeflora

여러해살이풀로 1879년 프랑스의 Lemoine(1823~1911)가 crocosmia aurea와 C.pottsii를 교잡하여 만든 원예 식물로 우리나라 제주도 비자림에 자생상으로 귀화 되어 있다. 잎은 칼모양 곧추서며 키는 60~100cm까지 자란다. 줄기 밑에 모여 2줄로 부채살처럼 배열되며 어긋나 있다. 꽃은 7~8월에 심홍색, 진홍색, 오렌지, 황금색, 주홍색 꽃들이 다양하게 핀다. 꽃자루는 없다. 열매는 씨앗이 있으며 포에 깊게 싸여 있다.

애기범부채

양 하 (생강과)

Zingiber mioga

여러해살이풀로 아시아 열대 지방을 원산지로 둔 생강과의 식물이다. 국내에서는 산지나 들에서 접할 수 있는 식물로 그 중 제주도에서 특히 즐겨먹는 채소이다. 잎은 긴 타원형 모양에 밑부분이 잎집으로 되어 서로 감싸면서 줄기 모양으로 40~90cm 정도 자란다. 꽃은 8~9월에 긴 타원 모양의 꽃차례를 이루며 황색 꽃이 핀다. 독특한 향이 있어 향미채소로 사용 되고 있다. 한방에서는 약재로 쓰인다. 여성 생리 불순, 백대하 등에 치료 하고 있다.

양하꽃

양하잎

리시마키아

리시마키아 (앵초과)

Lysimachia nummularia

늘푸른 여러해살이풀로 원산지는 중부 유럽, 영국, 동북 아메리카이다. 키는 40~60cm 정도 자란다. 잎은 마주나며 계란형, 또는 원형, 끝은 뾰족하거나 둔하다. 잎자루는 짧다. 잎이 노란색인 품종도 있다. 꽃은 5~8월에 잎겨드랑이에서 나온 꽃대에 1개씩 노란색으로 핀다. 열매는 여러 개의 방에서 튀어나오는 삭과로 구형이며, 암술대가 짧게 남는다. 자생종인 좀가지풀과 비교할 때, 꽃자루가 길고 줄기가 길게 자라나며 바닥을 덮는 점이 특징이다.

아게라텀

아게라텀 (국화과)

Ageratum houstonianum

한해살이플로 키는 20~60cm 정도 자란다. 잎은 마주나거나 어긋난다. 계란 모양 또는 심장 모양이며 가장자리에 둔한 톱니가 있다. 꽃은 여름부터 가을까지 산방꽃차례에 많은 두상화가 핀다. 주로 보라색, 흰색 꽃이 핀다. 종자는 작으나 발아력이 좋고 꺾꽂이도 잘 된다. 이 꽃은 일명 멕시코 엉겅퀴라고 한다. 멕시코 원산이다. 불로화라고도 부르기도 한다.

인디안국화 (국화과)

Gaillardia pulchella

한해살이풀로 키는 30~50cm까지 자란다. 잎은 어긋나고 긴 타원형 또는 피침형이며 끝이 뾰족하고 가장자리에 톱니가 있다. 꽃은 5~10월에 머리모양의 꽃차례는 2가지 색을 가진다. 상부는 황색이 나며 기부는 장미색 또는 갈홍색이 난다. 본래 여러해살이풀인데 연간 꽃이 피기 때문에 한해살이풀이라고 한다. 일명 '가일라르디아'라고 한다.

인디안국화

목 향 (국화과)

Inula helenium

여러해살이풀로 키는 80cm~2m까지 자란다. 줄기는 곧게 서고 잔털이 밀생한다. 잎은 어긋나고 타원형 또는 긴 타원형으로 가장자리에 톱니가 있다. 꽃은 7~8월에 황색 꽃이 두상꽃차례를 이루며 1개씩 핀다. 열매는 수과로 연한 적갈색 관모가 있다. 뿌리는 한방에서 발한, 이뇨, 거담제로 사용한다.

목 향

비누풀

비누풀 (패랭이꽃과)

Saponaria officinalis

여러해살이풀로 키는 30~90cm까지 자란다. 잎은 버들잎 모양으로 두개씩 마주난다. 긴 타원상, 피침형, 잎조리는 뾰족하다. 꽃은 흰색, 연분홍색 꽃이 줄기 끝에 모여 핀다. 꽃받침은 5갈래, 꽃잎은 5장, 수술 10개, 암술대는 2개이다. 열매는 삭과로 계란 모양으로 꽃받침에 싸여 있다.

카밀레

카밀레 (국화과)

Matricaria chamomilla

한해살이풀 또는 두해살이풀로 키는 30~60cm 정도 자란다. 잎은 어긋나며 2~3회 우상으로 갈라지고 열편은 선형이며 긴 털이 다소 있거나 없고 가장자리가 밋밋하다. 꽃은 6~9월에 두상화로 엉성한 산방꽃차례를 이루며 흰색 꽃 또는 노란 꽃이 핀다. 열매는 수과로 타원 모양, 약간 굽고 끝이 편평하며 몇 개의 모가 난 줄이 있다. 한방에서 감기, 기관지 천식, 과민성 위장염에 약재로 사용한다.

아스파라가스 (백합과)

Asparagus officinalis

열대 및 아열대 아시아 지역이 원산으로 남부 유럽, 영국에서 재배 한다. 고급 채소로 통하는 아스파라가스는 숙취에 좋은 아미노산의 일종인 아스파라긴산이 처음 발견된 채소이다. 씁쓰름하면서도 담백한 맛과 아삭한 식감이 특징으로 생으로 먹거나 데치기, 굽기, 튀김 등의 조리법을 통해 샐러드 등 다양한 메뉴에 활용되고 있다. 아스파라가스는 그리스 로마 시대부터 섭취한 고급 채소로 16세기 후반부터 전세계에 보급되기 시작했으며 우리나라에는 1970년 대부터 재배되었다.

아스파라가스

만년청 (백합과)

Rohdea japonica

늘푸른 여러해살이풀로 키는 30~50cm 정도 자란다. 굵은 땅속줄기 끝에서 잎이 모여 난다. 잎은 넓은 바소꼴이며 육질이고 윤기가 난다. 꽃은 5~7월에 연한 노란색이나 흰색의 꽃이 수상꽃차례에 빽빽이 달린다. 꽃자루는 잎 사이에서 나온다. 수술은 6개, 암술대는 짧으며 3갈래이다. 열매는 장과로 둥글며 8월이면 붉게 성숙한다. 뿌리에 로데인(rhodein)이라는 배당체가 들어 있어 강심제와 이뇨제로 사용한다. 일본 원산의 귀화식물이다.

만년청꽃

만년청열매

몬스테라

몬스테라 (천남성과)

Monstera deliciosa

늘푸른 덩굴성 식물. 키는 20m까지 자란다. 마디 마디 기근이 발생하여 땅에 닿으면 뿌리가 내린다. 잎의 크기는 직경이 큰 것은 1m 정도 되는 것도 있다. 광택이 나며 진녹색이다. 잎맥 사이에는 타원형의 구멍이 뚫린 특징이 있다. 꽃은 흰색으로 피고 크림색의 열매가 달리는데 좋은 향기가 있다. 열대 아메리카가 원산이다. 번식은 4~5월에 꺾꽂이로 한다. 온실에 키우는 관엽식물이다.

좁은잎해란초

좁은잎해란초 (현삼과)

Linaria vulgaris

여러해살이풀로 바닷가 모래땅, 햇빛이 잘 들고 배수성이 좋은 사질 토양에서 자란다. 키는 15~40cm 정도 자란다. 일명 운란초, 운천이라고도 부른다. 잎은 좁은 피침형, 가장자리는 밋밋하다. 꽃은 연한 흰색, 노란색, 분홍색, 자주색 등의 꽃이 총상꽃차례를 이루며 핀다. 해란초에 비해서 잎이 어긋나고 3장씩 돌려난다. 잎몸은 선상 피침형 또는 넓은 선형으로 길쭉하다. 꽃부리의 윗 입술은 2갈래로 갈라지며 아래 입술은 3갈래로 갈라진다.

부록

이질풀

입술 모양(송이풀)

종 모양(금강초롱꽃)

꽃에는 갖춘꽃과 안갖춘꽃이 있다. 꽃받침, 암술, 수술, 꽃잎을 모두 이루고 있는 것을 갖춘꽃이라고 하고 4가지 중 한 가지라도 빠져 있는 꽃을 안갖춘꽃이라고 한다.

나비 모양(완두콩)

투구 모양(각시투구꽃)

깔대기 모양(능소화)

꽃뿔 모양(현호색)

십자 모양(피나물)

수레바퀴 모양(물레나물)

꽃이 꽃대에 피는 모양을 꽃차례 또는 화서라고 한다. 꽃차례는 다음과 같다.
산방꽃차례, 원추꽃차례, 수상꽃차례, 권산꽃차례, 산형꽃차례, 육수꽃차례, 두상꽃차례, 총상꽃차례, 취산꽃차례, 미상꽃차례, 겹산형꽃차례, 집산꽃차례 등이 있다.

산방꽃차례(섬기린)

원추꽃차례(노루오줌)

수상꽃차례(타래난)

권산꽃차례(봄맞이)

육수꽃차례(홍학꽃)

산형꽃차례(개상사화)

산형꽃차례(산수유)

두상꽃차례(엉겅퀴)

미상꽃차례(산오이풀)

총상꽃차례(맥문동)

취산꽃차례(돌꽃)

겹산형꽃차례(궁궁이)

이삭꽃차례(애기부들)

나뭇잎 구조

피침형(복숭아)

달걀형(감나무)

나뭇잎에도 갖춘잎과 안갖춘잎이 있다. 잎에는 잎몸, 잎자루, 턱잎의 이 세 가지를 모두 이루고 있는 잎을 갖춘잎이라고 한다. 그 중 한 가지라도 없는 잎을 안갖춘잎이라고 한다.

삼각형(며느리밑씻개)

신장형(시크라멘)

타원형(홍콩야자)

선형(주목)

심장형(둥근나팔꽃)

바늘형(소나무)

원형(자라풀)

꽃은 꽃대로 예쁘고, 잎은 잎대로 푸르다. 그러나 열매를 품은 꽃이나 잎처럼 아름다울 수가 있을까? 우리의 어머니가 자식을 품어 기르듯이, 자연은 열매를 맺어 영원한 모성을 자랑한다. 그러기에 열매는 그 사랑의 빛깔만큼 화려하고, 그 생명의 숨결만큼 풍성하다.

금낭화

천남성

오미자

며느리밑씻개

뱀딸기

꽈리

민들레씨

인삼씨

제비꽃씨

꽃창포 열매

박주가리씨

할미꽃씨

범부채꽃 열매

산수유

인가목

말오줌때

구기자

누리장나무

산사나무

앵두나무

섬야광나무

백당나무

식나무

산딸기

주목

월귤

단풍나무

안토시아닌과 카로티노이드

인간의 몸에 좋다고 하는 광합성 항산화제로 널리 알려진 안토시아닌(anthocyanin)과 카로티노이드(carotinoid)는 수용성 물질로 주로 꽃과 과일에 많다. 안토시아닌이 많이 든 과일의 예쁜 색은 동물을 유인하여 씨앗을 퍼뜨리게 한다. 그리고 꽃의 고운 색은 곤충을 유인하여 꽃가루받이를 한다. 뿐만 아니라 항산화제로 작용한다. 그래서 안토시아닌이 많이 든 블루베리, 체리, 포도, 붉은 양배추와 같이 진한 색을 띤 것이 사람 몸에 좋은 것이다. 가을 단풍이 붉게 물든 것도 안토시아닌 때문이다. 카로티노이드는 공기 속에서 산화되기 쉬운 불안정한 물질로 당근의 색소인 노랑, 오렌지, 분홍의 색소로 식물체에 합성되어 꽃, 과실, 잎에 축적되면서 광합성을 하는 데 빛의 흡수를 돕는다.

붉은 단풍잎

철쭉잎

화살나뭇잎

담쟁이덩굴잎

노란 단풍

진달래잎

단풍나뭇잎

과일

감

은행

견과 호두처럼 완전히 익었을 때 수분을 거의 함유하지 않은 열매.

겹산형꽃차례 산형 차례가 여러 개 모여 전체적으로 겹을 이룬 꽃차례를 뜻함.

겹잎 하나의 잎몸이 갈라져서 두 개 이상의 작은 잎으로 구성된 잎을 말한다. 갈라진 작은 잎의 배열에 따라 깃골겹잎, 3출겹잎, 손바닥모양겹잎으로 나눈다. 복엽이라고도한다.

겹집산꽃차례 집산꽃차례의 일종, 꽃차례축의 끝에 꽃이 달리고, 그 밑 겨드랑이에서 굵기가 같은 2개의 가지가 발달하여 끝에 꽃이 달리고, 다시 겨드랑이에 같은 굵기의 가지가 발달하는 것이 반복되는 꽃차례이다.

겹쳐나기 꽃잎이나 꽃받침 조각이 마치 기왓장처럼 포개져 있는 상태, 꽃봉오리일 때의 꽃잎은 대부분이 겹쳐나기 모양이다.

경생엽 줄기에서 나는 잎을 뜻한다.

관모 수과열매 등에서 볼 수 있는 것으로 열매위에 달린 털뭉치, 국화가 식물에서 꽃받침이 털로 변한것.

관목 떨기나무를 뜻한다.

관통형 마주나는 잎 2개가 줄기 부분에서 서로 붙어버려서, 마치 줄기가 잎을 관통한 것처럼 보이는 잎 모양이다.

괴경 덩이 줄기를 뜻함.

괴근 덩이 뿌리를 뜻함.

교목 큰키나무.

구과 솔방울.

구근 땅 속에 있는 영양 번식 기관의 총칭으로 잎이 저장 기관이 되는 비늘줄기, 줄기가 저장 기관이 되는 구경, 뿌리가 저장 기관이 되는 근경 등이 있다.

귀화식물 본래 국내에 자생하고 있지 않던 식물이 외국에서 들어와 야생화에 성공한 식물을 뜻한다.

근경 뿌리줄기.

근생엽 뿌리에서 난 잎.

가는줄기 땅위를 기면서 자라는 줄기, 경우에 따라서는 마디에서 뿌리가 내리며, 곧게 위로 줄기가 자라기도 한다.

기생 땅에서 양분이나 수분을 얻지 않고 다른 생물로부터 직접 양분과 수분을 얻어 자란다. 겨우살이와 새삼 등이 있다.

깃꼴겹잎 작은 잎들이 총잎자루에 붙어 있는 모양이 마치 깃털 모양 같다고 하여 붙여진 명칭이다.

깃조각 깃꼴겹잎의 각 조각인 작은 잎, 양치류처럼 잎이 깃털 모양으로 깊게 갈라진 경우에도 사용하는 용어로 우편이라고도 한다.

까끄라기 벼과 식물에서 포영이나 호영의 끝부분이 자라서 털 모양이 된 것. 벼과 식물을 분류하는 데 중요한 역할을 한다.

깔때기 모양 꽃부리 말 그대로 깔대기 모양을 한 꽃을 말함.

꼬투리 콩과식물의 전형적인 열매로 심피 하나로 이루어진 씨방이 발달한 열매. 두과 또는 협과라고 한다.

꽃덮이 꽃잎과 꽃받침을 함께 일컬을 때 쓰는 용어로 화피라고도 한다. 안쪽 것을 내화피, 바깥쪽을 외화피라고 한다.

꽃받침 꽃의 가장 바깥쪽에 있으며 꽃부리와 함께 꽃덮이를 이룬다. 통상은 녹색이지만 아닌 경우도 있다.

꽃밥 수술의 일부분으로서 꽃가루를 만드는 주머니.

꽃부리 꽃덮이 중에서 꽃받침 안쪽에 있다. 꽃잎으로 이루어진다. 꽃잎이 서로 떨어져 있는 것을 이판, 화관이 서로 붙어있는 것을 합판 화관이라고 한다.

꽃뿔 꽃부리나 꽃받침의 일부가 길고 가늘게 뻗어 돌출된 부위, 보통 속이 비어 있거나 끝샘이 있다.

꽃술대 수술과 암술이 융합된 복합체이다. 고도로 특수화한 기관이며, 박주가리와 난초과 식물의 특징이다.

꽃잎 꽃부리(화관)를 구성하는 요소로, 수술과 꽃받침 사이에 있다. 어떤 식물은 꽃받침이 꽃잎처럼 보이는 경우도 있다.

꽃자루 꽃 또는 꽃차례의 자루로 화경이라고도 한다. 열매가 익은 후에도 자루가 남아 있는 것을 과경이라고 한다.

꽃줄기 그 끝에 꽃이 달리는 줄기로, 대개 잎은 달리지 않는다. 화경이라고 한다.

꽃차례 가지에 꽃이 배열되는 상태로 화서라고도한다. 꽃이 피는 순서에 따라 유한꽃차례와 무한꽃차례로 구별한다. 유한꽃차례는 위에서 아래쪽을 향하고, 무한꽃차례는 아래에서 위쪽을 향해 꽃이 차례로 피게 된다. 형태에 따라서는 총상꽃차례와 집산 꽃차례로 구분한다.

꽃턱 줄기에 꽃잎, 꽃받침 등 꽃의 전 기관이 붙는 부위를 말하며 화탁이라고도 한다.

꿀샘 꿀을 분비하는 다세포의 선, 꽃샘이 꽃에 있는 경우는 화내꿀샘, 꽃 이외의 부분에 있는 것을 화외 꿀샘이라고 한다. 밀선이라고도 한다.

다민생초본 여러해살이풀.

용어 해설

다육식물 두꺼운 잎이나 굵은 줄기에 다량의 수분을 가진 식물, 선인장처럼 건조한 곳이나 염분이 많은 곳에서 자라는 식물이 많다.

단성화 수술이나 암술 중 한 쪽만 있는 꽃, 또 다 갖추고 있어도 한 쪽만 기능을 하는 꽃도 포함된다. 수꽃과 암꽃의 구별이 있다.

대과 익어가면서 열매 껍질이 건조해지고 하나의 선을 따라 세로로 나뉘어 씨를 노출하는 열매로 모란과, 일본조팝나무에서 볼 수 있다.

대생 마주나기를 말한다.

덩굴손 줄기나 잎의 일부가 변하여 물체를 감을 수 있게 변형된 부분이다. 콩과, 박과 식물에서 흔히 볼 수 있다.

덩굴줄기 나팔꽃이나 칡, 더덕 등과 같이 다른 물체에 의존하여 기어오르며 자라는 줄기, 식물의 종류에 따라 왼쪽으로만, 또 오른쪽으로만 감기면서 자란다.

덩이뿌리 많은 양의 양분을 저장하여 비대해진 뿌리.

덩이줄기 감자처럼 땅속줄기가 너무나 통통해진 나머지 덩어리처럼 된 것으로 괴경이라고도 한다.

동아 겨울에 성장을 멈추고 있는 식물의 싹. 여러해살이풀은 땅속이나 지표 부근에 나무는 줄기나 가지에 있다. 월동아라고도 한다.

두과 꼬투리.

두상꽃차례 무한꽃차례의 일종, 국화과 식물에서 흔히 볼 수 있다. 두상화서라고도 한다.

두해살이풀 싹이 튼 후 꽃 피고 열매 맺고 죽을 때까지의 기간이 2년인 초본 식물, 2년초라고도 한다.

돌려나기 줄기의 한 마디에 잎이나 가지가 3개 이상 나는 상태로 윤생이라고도 한다.

땅속줄기 땅속을 수평으로 기어서 자라는 줄기로 지하경이라고도 한다.

떨기나무 큰키나무와 상대되는 용어, 대체로 사람과 키가 비슷한 높이의 나무, 관목이라도고 한다.

로제트(Rosette) 뿌리에서 나는 잎(근생엽)이 땅 위에 방사상으로 퍼진 상태를 의미한다. 민들레, 질경이 달맞이 등에서 볼 수 있다.

마주나기 줄기에 잎이 달리는 방법의 하나로 한 마디에 한 쌍의 잎이 서로 반대 방향을 향해 나 있는 상태로 대생이라고도 한다.

무성아 살눈.

밀전 꿀샘.

바늘모양 가늘고 길며 끝이 뾰족한 바늘처럼 생긴 모양.

바늘잎 소나무 잎과 같이 바늘 모양으로 생긴 잎으로 침엽이라고도 한다.

방사상침화 꽃잎의 배열이 가운데 축을 중심으로 하여 여러 방향으로 대칭을 이루는 꽃으로 별 모양으로 터진다. 장미꽃, 도라지 꽃에서 볼 수 있다.

방패형 연잎처럼 잎가루가 잎의 끝에 붙지 않고 잎 뒷면의 중앙이나 중앙부 가까이에 붙어 있어 방패처럼 보이는 잎의 모양.

배상화서 술잔꽃차례.

복합꽃차례 꽃차례 축이 하나에서 여러 개로 갈라지며, 갈라진 가지에 꽃이 달리는 꽃차례를 뜻한다.

비늘잎 측백나무속, 편백나무속 식물의 잎처럼 편평한 모양의 잎.

비늘줄기 저장기관의 역할을 하는 짧은 땅속줄기, 나리속 식물에서 흔히 볼 수 있다. 크기가 특히 짧은 비늘줄기는 살순, 또는 주아라고 한다.

삭과 붓꽃속, 양귀비속, 질경이속, 유카속의 4가지 유형이 있다. 튀는 열매라고도 한다.

산방꽃차례 무한꽃차례의 일종, 밑부분에 있는 꽃의 작은 꽃가루가 길기 때문에 꽃차례를 이루는 꽃들이 거의 평면으로 배열된 모양이다. 찔레꽃이나 붓꽃나무류에서 흔히 볼 수 있으나 기하학적으로 정확하지는 않다.

산형꽃차례 무한꽃차례의 일종으로, 꽃차례측의 끝에 작은 꽃자루를 갖는 꽃들이 방사상으로 배열한 꽃차례이다. 앵초속 식물, 미나리과 식물에서 볼 수 있다.

선형 길이와 폭의 비가 5:1에서 10:1 정도이고 이중 가장 자리가 거의 평형을 이루는 잎, 꽃잎, 꽃받침 조각 등의 모양을 묘사하는 용어.

소엽 작은잎.

손바닥모양겹잎 잎자루 끝에 보통 5~7개의 잎이 손바닥 모양으로 달린 잎으로 으름덩굴에서 볼 수 있다.

수과 껍질이 얇으며 씨앗과 분리되는 열매로 해바라기나 딸기에서 흔히 씨라고 하는 것이 수과이다.

수상화서 이삭 꽃차례.

수술 종자식물에서 꽃가루를 만드는 꽃의 수기관으로, 꽃밥과 수술대로 이루어진다. 수술대가 없고 꽃밥만 있는 수술도 있다.

수술대 수술의 일부분으로 꽃밥을 받치는 자루를 말한다.

술잔꽃차례 항아리 모양의 기관속의 암꽃 하나와 수꽃 다수가 모여 있는 꽃차례로 배상화서라고도 한다. 등대풀 등에서 볼 수 있는 특수한 꽃차례이다.

심장형 염통 모양.

심피 암술을 이루는 잎 모양의 구조에 대한 해부학적 용어로 꽃의 가장 안쪽이며, 한 개나 여러 개의 배주를 포함한다.

십자마주나기 마주나는 두 쌍의 잎이 아래위로(위에서 볼 때) 십자를 이루는 상태.

십자모양꽃 꽃잎 네 개가 십자 모양으로 붙어 있는 꽃으로 십자화과 식물에서 볼 수 있다.

씨 방 암술 아래쪽의 부푼 부분으로, 심피에서 생겨나며 배주를 포함한다. 씨방은 보통 꽃턱 같은 꽃의 다른 부분과 융합되어 열매로 발달한다.

암수한그루 암꽃과 수꽃이 구별되지만 같은 개체에 함께 달리는 경우를 말한다. 쐐기풀, 수박 등이 여기에 속한다. 자웅동주라고 한다.

암술 종자식물에서 열매를 이루는 암기관으로 하나 또는 여러 개의 심피로 이루어지며, 보통 암술머리, 암술대, 씨방으로 이루어진다. 암술대가 없는 경우도 있다.

암술대 암술머리를 받치고 있는, 즉 암술머리와 씨방 사이의 조직. 모양과 수가 다양하여 식물 분류의 중요한 기준이 된다. 화주라고도 한다.

어긋나기 줄기에 잎이 붙는 방법의 하나로, 마디마다 한 개의 잎이 줄기를 돌아가면서 배열되어 있는 상태로 호생이라고 한다.

여러해살이풀 여러 해 동안 살아가는 초본식물을 뜻한다. 겨울이 되면 땅 윗부분은 죽지만, 땅속뿌리나 땅속 줄기는 살아 있어, 이듬 해 봄이 되면 다시 싹을 낸다. 다면초라고도 한다.

염통 모양 염통 형태의 잎 모양으로 심장형이라고도 한다.

엽맥 잎이 그물망처럼 보이는 조직. 엽맥의 배열 상태는 잎 모양과 관련되며, 통삼평행맥과 그물눈맥으로 구분한다.

엽병 잎자루를 뜻한다.

엽설 잎혀를 뜻한다.

엽신 잎몸을 뜻한다.

영과 열매의 껍질과 씨앗이 붙은 형태의 열매로 흔히 곡류, 또는 날잎이라 부르는 것이다. 벼과 식물에서 볼 수 있다.

무상복엽 깃꼴겹잎을 뜻한다.

우편 깃 조각을 뜻한다.

용어 해설

원뿔꽃차례 층상꽃차례, 이삭꽃차례 등의 축이 갈라져서 전체적으로 원뿔 모양을 이룬 꽃차례로 원추화서라고도 한다.

원추화서 원뿔꽃차례를 뜻한다.

윤생 돌려나기를 뜻한다.

2년생초본 두해살이풀 뜻한다. 또는 2년초라고도 한다.

이삭꽃차례 길고 가느다란 꽃차례 축에 꽃자루가 없는 꽃이 촘촘히 달린 꽃차례, 수상화서라고도 한다.

인경 비늘줄기를 뜻한다.

인엽 비늘잎을 뜻한다.

1년생초본 한해살이풀을 뜻한다.

잎몸 잎에서 잎자루를 제외한 넓은 부분, 엽신이라고도 한다.

잎자루 잎몸과 줄기를 연결하는 부분으로 엽병이라고도 한다. 쓴풀이나, 톱풀 같이 잎자루 없이 잎몸이 직접 줄기에 붙는 형태로 무병엽이라고도 한다.

자방 씨방을 뜻한다.

자엽 떡잎이나 씨에 양분을 저장하는 일

자웅동주 암수한그루를 뜻한다.

작은잎 겹잎을 구성하는 작은 잎 하나하나를 말한다.

잡성화 한 그루에 암꽃과 수꽃이 다 피는 꽃.

정상복엽 손바닥 모양 겹잎을 뜻한다.

줄기에 난 잎 줄기에 나 있는 것이 정확한 잎, 경생엽이라고 한다.

중성화 암술과 수술이 모두 없는 꽃.

짝수깃꼴겹잎 겹잎을 구성하는 작은 잎의 갯수가 짝수인 깃꼴겹잎.

초본 가을이 되면 땅 윗부분이 완전히 말라버리는 식물.

총상화서 긴꽃차례축에 꽃자루의 길이가 같은 꽃들이 들러붙고, 아래에서 위쪽 순서로 꽃이 피는 꽃차례.

총포 꽃차례 밑에 붙은 포.

취산꽃차례 꽃차례의 끝에 달린 꽃 밑에서 한쌍의 꽃자루가 나와 각각 그 끝에 꽃이 한 송이씩 달리고, 바로 그 꽃 밑에서 또 각각 한쌍의 작은 꽃자루가 나와 그 끝에 꽃이 한 송이씩 달리는 꽃차례.

타원형 길이가 폭의 정도 되는 길고 둥근 잎의 모양.

턱잎 잎자루가 줄기에 붙어 있는 곳의 좌우에 달린 비늘 같은 잎으로 탁엽이라고도 한다.

폐쇠화 제비꽃 또는 땅콩에서 볼 수 있으며, 보통 땅속에서 피는 꽃을 지칭한다.

포충낭 땅귀이개와 통발과 같이 잎이 주머니 모양으로 되어 작은 벌레를 잡는 기관.

피침형 창처럼 생겼으며 길이가 폭의 몇 배가 되고, 밑에서 3분의 1 정도 되는 부분이 가장 넓으며, 끝이 뾰족한 잎의 모양을 말한다.

한해살이풀 싹이 트고 자라며, 꽃이 피고 열매를 맺으며 죽는 일이 일년 내에 일어나는 초본식물.

합판화 꽃잎이 서로 붙어 있는 꽃.

핵과 다육질의 껍질을 지닌 열매로 속에 단단한 내과피가 씨앗을 둘러싸고 있다.

헛수술 양성화에서 수술이 형태만 갖추고 기능을 나타낼 수 없는 것.

협과 꼬투리를 뜻한다.

호생 어긋나기를 뜻한다.

호영 벼과식물 꽃의 맨 밑을 바치고 있는 한쌍의 작은 조각.

홀수깃꼴겹잎 겹잎을 구성하는 작은 잎의 숫자가 홀수인 깃꼴겹잎.

화경 꽃자루, 꽃줄기를 뜻한다.

화관 꽃부리를 뜻한다.

화서 꽃차례를 뜻한다.

화총 꽃이 모여 붙어 다발처럼 된 것.

화탁 꽃 턱을 뜻한다.

화피 꽃 덮이를 뜻한다.

학명 찾아보기

A

B

C

M

T

꽃 이름 찾아보기

ㄴ

◎

주요 참고 문헌

김태정,	『원색도감 한국의 야생화』	(주)교학사, 2007
송기엽 · 윤주복,	『야생화 쉽게 찾기』	진출판사, 2003
이성규,	『신비한 식물의 세계』	대원사, 2016
이영노,	『새로운 한국식물도감』	(주)교학사, 2006
이창복,	『대한식물도감』	향문사, 2014
최우일,	『들꽃산책Ⅱ』	네오프린텍, 2010
최우일,	『들꽃산책Ⅲ』	nosvos, 2012
현진오,	『사계절 꽃산행』	궁리, 2005

최우일 (崔宇一)

- 경기도 화성 출생
- 강원대학교 · 중앙대학교 SD대학원 수학
- 육군 정훈학교 사진교관
- 육군본부 보도부 사진 · 영화 담당관
- 단국대학교 서울 · 천안캠퍼스 총무처장 역임
- 단국대학교 출판부장 역임
- (주)미래지주 · (주)한그루 대표이사 역임
- 월 사진 연구소 대표(현)
- 개인전시회 10회 · 그룹전시 62회
- 한국사진작가협회 회원(1980년)
- 한국두루미보호협회 회원
- 사단법인 한국식물사진가협회 회원
- 동호인 신상회 회원
- 대한민국 국무총리 포상 수상(2002년)

개인전시회

- 제1회 『靜과動』 미도파백화점 화랑(1980년)
- 제2회 『한국의 사계』 동방프라자 미술관
- 제3회 『전통민속놀이사진전』 88스포츠과학올림픽조직위
- 제4회 『한국 전통민속전』 미국 오레건주 애쉬랜드
- 제5회 『四季百選』 서울 갤러리
- 제6회 『들녘』 롯데백화점 미술관 (잠실)
- 제7회 『그린필드』 우정힐스 클럽하우스
- 제8회 『들꽃산책 사진전』 단국대학교 병원
- 제9회 『두루미 · 백조』 단국대 죽전 · 천안 캠퍼스
- 제10회 『丹頂』 천안시(산새) · 경남 남해 원예예술촌 미술관
- 『한 · 일 국제 두루미 사진전』 일본 북해도 釧路 국제 전시관

주요저서

- 풍경 촬영교실 – (하서출판사)
- 인물촬영교실 – (하서출판사)
- 카메라 촬영백과 – (하서출판사)
- 우리삶 우리놀이 – (단국대학교 출판부)
- 사진감상과 촬영테크닉 – (우일각)
- 붉은머리학의 사랑노래 – (우일각)
- 들꽃산책Ⅲ – 식물도감 – (NOSVOS)
- 사진촬영테크닉 – 풍경편 – (NOSVOS)
- 사진촬영테크닉 – 인물편 – (NOSVOS)

기록 영화 촬영

- 지상의 왕자 육군본부 보도부 제작
- 공구부대 육군본부 보도부 제작
- 상륙부대 육군본부 보도부 제작
- 스키부대 육군본부 보도부 제작

사진 작품집

- 『靜과 動』 (춘추각)
- 『韓國의 四季』 (춘추각)
- 『들 녘』 (춘추각)
- 『丹 頂』 (춘추각)
- 『 들꽃산책Ⅱ 』 (네오출판사)
- 『丹 頂Ⅱ 』 (네오출판사)
- 『자연의 숨결』 (월각)

꽃의세계

2020년 1월 10일 인쇄
2020년 1월 15일 발행

지은이 | 최우일
펴낸이 | 김수복
기　획 | 김남필
제　작 | 성두현
편　집 | 김민배
디자인 | 유재정
펴낸곳 | 단국대학교출판부
등　록 | 1968년 6월 27일 제03-00095호
주　소 | 경기도 용인시 수지구 죽전로 152
전　화 | 031-8005-2405
팩　스 | 031-8021-7154

값 33,000원

ISBN 978-89-7092-590-5 03480

* 'NOSVOS'는 라틴어 'Nos(우리가)'와 'Vos(당신을)'의 합성어로
지혜로운 삶을 지향하는 분들에게 유익한 도서를 펴내겠다는 의지를 담고 있습니다.